全国职业院校技能大赛成果转化教材
高职高专电梯工程技术专业系列教材

电梯技术

主　编　刘　勇　毛　蕊　姚雅峰
副主编　王延盛　张菲菲　许元晓
参　编　蒙永轩　方俊华　罗泽湛
主　审　周庆华

机械工业出版社

本书共有7个项目，分别为初识电梯、电梯的组成及结构解析、电梯的安全装置及保护系统、电梯电力拖动与电气控制系统、电梯的安装与维修、电梯物联网技术、电梯的安全操作与常规保养。本书还配有活页手册。包含评价任务单、特种设备取证考试知识点提要、特种设备取证考试样题、电梯技术考试样题及样题参考答案。

为了便于读者自学，本书力求理论联系实际，由浅入深，循序渐进，具有内容全面、图文并茂等特点。

本书可作为高等院校机电一体化技术专业、电气自动化技术专业及电梯工程技术专业的教材，也适合作为电梯从业人员岗前培训教材。

为方便教学，本书配有电子课件、模拟试卷等，凡选用本书作为授课教材的教师，均可来电（010-88379375）或登录机械工业出版社教育服务网（www.cmpedu.com）注册下载。

图书在版编目（CIP）数据

电梯技术／刘勇，毛蕊，姚雅峰主编.—北京：机械工业出版社，2022.2（2023.1重印）

高职高专电梯工程技术专业系列教材

ISBN 978-7-111-46823-3

Ⅰ.①电… Ⅱ.①刘… ②毛… ③姚… Ⅲ.①电梯—高等职业教育—教材 Ⅳ.①TU857

中国版本图书馆CIP数据核字（2022）第015532号

机械工业出版社（北京市百万庄大街22号 邮政编码100037）

策划编辑：王宗锋 责任编辑：王宗锋 苑文环

责任校对：樊钟英 王明欣 责任印制：郜 敏

中煤（北京）印务有限公司印刷

2023年1月第1版第2次印刷

184mm×260mm·16印张·354千字

标准书号：ISBN 978-7-111-46823-3

定价：49.80元

电话服务 网络服务

客服电话：010-88361066 机 工 官 网：www.cmpbook.com

010-88379833 机 工 官 博：weibo.com/cmp1952

010-68326294 金 书 网：www.golden-book.com

封底无防伪标均为盗版 机工教育服务网：www.cmpedu.com

前 言

随着我国经济的不断发展，人民物质生活水平的不断提高，作为建筑物中的垂直交通工具——电梯已深深融入我们的生活。但近年来，伴随着电梯行业的飞速发展，我国电梯研发、制造、安装、调试、检验和维保的专业人员出现严重缺口，且电梯事故频发也使得这种特种设备备受关注。在此背景下我们组织编写本书。

本书特色如下：

1. 本书采用最新的工程实践创新项目（EPIP）教学模式，以实际工程为导引，以项目实践为统领，以学生为主体，反映产业升级、技术进步和职业岗位变化的要求，注重能力培养与职业素养的养成。

2. 本书服务于国家先进制造业，紧扣现行国家标准和行业规范，校企双元合作开发；充分利用全国职业院校技能大赛资源和优秀教学成果，将电梯国赛资源和教学成果转化并融入教材。

3. 本书从强化学生工程伦理意识与职业道德入手，注重“工匠文化”熏陶，在教学目标、教学内容、教学方法等方面融入价值引领内容。特别是在“项目导入”“知识拓展”环节，通过权威媒体新闻通讯、前沿技术报导等，进行思政教育，潜移默化地引导学生形成良好的职业自信，提升道德素养。

4. 本书为教育部第四批职业技能等级证书1+X标准智能网联电梯维护配套教材。为适应1+X证书制度试点工作需要，推进书证融通、课证融通的教材改革实施，及时将与职业技能等级证书相关的现行标准、新技术以及新的管理规范引入专业教材中。

5. 本书注重“互联网+”教辅资源的开发，制作了立体化配套资源，版式设计新颖，并配有随书活页手册，能有效激发学生学习的欲望。

本书编写团队由高职院校一线“双师型”教师和知名企业专家共同组成，刘勇、毛蕊、姚雅峰任主编，王延盛、张菲菲、许元晓任副主编，蒙永轩、方俊华、罗泽湛参加编写，周庆华担任主审。刘勇教授曾在电梯企业从业20余年，2021年成功获批天津市刘勇技能大师工作室，其他编写人员均具有丰富的教学经验和企业实践经历。

本书在编写过程中得到了天津机电职业技术学院、广东非凡教育设备有限公司、奥的斯电梯（中国）有限公司等相关人员的大力支持，他们为本书提供了大量宝贵的资料和建议，在此表示由衷的谢意！此外，在本书编写过程中，编者参考了国内外出版物中的相关资料以及网络资源，在此对相关人员表示深深的谢意！

限于编者水平，书中难免存在不足之处，恳请读者批评指正。

编　者

全国职业院校技能大赛成果转化教材
高职高专电梯工程技术专业系列教材

电梯技术

活页手册

机械工业出版社

目 录

第 1 部分 评价任务单

项目 1 评价任务单

<table>
<tr><td>班级</td><td></td><td>姓名</td><td></td><td>学号</td><td></td><td>成绩</td><td colspan="2"></td></tr>
<tr><td>项目 1</td><td colspan="8">初识电梯</td></tr>
<tr><td>评价项目</td><td>考核内容</td><td colspan="4">评分标准</td><td>自我评价</td><td>小组评价</td><td>教师评价</td></tr>
<tr><td rowspan="3">职业素养
（30 分）</td><td>安全意识、责任意识</td><td colspan="4">① 作风严谨，自觉遵章守纪，出色完成项目学习任务（10 分）
② 能够遵守规章制度，较好完成学习任务（7 分）
③ 遵守规章制度，但未完成项目学习任务或完成学习任务但忽视规章制度（5 分）
④ 不遵守规章制度，未完成项目学习任务（0 分）</td><td></td><td></td><td></td></tr>
<tr><td>学习态度</td><td colspan="4">① 积极参与教学活动，全勤（10 分）
② 缺勤达本项目总学时的 10%（8 分）
③ 缺勤达本项目总学时的 20%（6 分）
④ 缺勤达本项目总学时的 30%（4 分）</td><td></td><td></td><td></td></tr>
<tr><td>团队合作意识</td><td colspan="4">① 与同学协作融洽，团队合作意识强（10 分）
② 与同学能沟通，协同工作能力较强（8 分）
③ 与同学能沟通，协同工作能力一般（6 分）
④ 与同学沟通困难，协同工作能力较差（4 分）</td><td></td><td></td><td></td></tr>
<tr><td rowspan="8">专业能力
（70 分）</td><td rowspan="4">电梯简史</td><td colspan="4">① 早期电梯以什么方式驱动？（5 分）</td><td></td><td></td><td></td></tr>
<tr><td colspan="4">② 电梯集选控制技术是什么时候出现的？（5 分）</td><td></td><td></td><td></td></tr>
<tr><td colspan="4">③ 液压电梯的优点是什么？（10 分）</td><td></td><td></td><td></td></tr>
<tr><td colspan="4">④ 电梯安全保障的基本要求是什么（10 分）</td><td></td><td></td><td></td></tr>
<tr><td rowspan="3">电梯的种类</td><td colspan="4">① 电梯按用途分类有哪几种？（10 分）</td><td></td><td></td><td></td></tr>
<tr><td colspan="4">② 电梯的驱动方式有哪些？（10 分）</td><td></td><td></td><td></td></tr>
<tr><td colspan="4">③ 电梯的控制方式有哪几种？（10 分）</td><td></td><td></td><td></td></tr>
<tr><td>工作条件</td><td colspan="4">电梯工作的技术条件是什么？（10 分）</td><td></td><td></td><td></td></tr>
<tr><td colspan="6">总评：</td><td></td><td></td><td></td></tr>
<tr><td>学习总结</td><td colspan="8"></td></tr>
</table>

项目 2　评价任务单

班级		姓名		学号		成绩	
项目 2	电梯的组成及结构解析						

评价项目	考核内容	评分标准	自我评价	小组评价	教师评价
职业素养（30 分）	安全意识、责任意识	① 作风严谨，自觉遵章守纪，出色完成项目学习任务（10 分） ② 能够遵守规章制度，较好完成学习任务（7 分） ③ 遵守规章制度，但未完成项目学习任务或完成学习任务但忽视规章制度（5 分） ④ 不遵守规章制度，未完成项目学习任务（0 分）			
	学习态度	① 积极参与教学活动，全勤（10 分） ② 缺勤达本项目总学时的 10%（8 分） ③ 缺勤达本项目总学时的 20%（6 分） ④ 缺勤达本项目总学时的 30%（4 分）			
	团队合作意识	① 与同学协作融洽，团队合作意识强（10 分） ② 与同学能沟通，协同工作能力较强（8 分） ③ 与同学能沟通，协同工作能力一般（6 分） ④ 与同学沟通困难，协同工作能力较差（4 分）			
专业能力（70 分）	电梯的曳引机构	① 曳引装置由哪些部件组成？（5 分）			
		② 曳引减速器有哪些类型？（5 分）			
		③ 常用曳引轮槽形有哪两种？（5 分）			
		④ 提高电梯曳引能力有哪些方法？（5 分）			
		⑤ 电梯常用钢丝绳结构有哪几种？（5 分）			
		⑥ 怎样对曳引钢丝绳进行防护？（5 分）			
		⑦ 制动器的作用是什么？（5 分）			
		⑧ 常用电梯制动器的形式是什么？（5 分）			
	电梯的轿厢及门系统	① 电梯轿厢由哪些主要部件组成？对轿厢紧急报警装置和照明有何要求（5 分）			
		② 护脚板的作用是什么？（5 分）			
		③ 开门机的特点是什么？层门和轿门各有哪些基本要求？（5 分）			
	电梯的导向机构与对重	① 导靴有哪两种？其作用是什么？（5 分）			
		② 什么是导轨？其作用是什么？（5 分）			
		③ 对重装置的平衡系数取值是多少？（5 分）			
总评：					
学习总结					

项目 3　评价任务单

班级		姓名		学号		成绩	
项目 3	电梯的安全装置及保护系统						
评价项目	考核内容	评分标准			自我评价	小组评价	教师评价
职业素养 （30 分）	安全意识、责任意识	① 作风严谨，自觉遵章守纪，出色完成项目学习任务（10 分） ② 能够遵守规章制度，较好完成学习任务（7 分） ③ 遵守规章制度，但未完成项目学习任务或完成学习任务但忽视规章制度（5 分） ④ 不遵守规章制度，未完成项目学习任务（0 分）					
	学习态度	① 积极参与教学活动，全勤（10 分） ② 缺勤达本项目总学时的 10%（8 分） ③ 缺勤达本项目总学时的 20%（6 分） ④ 缺勤达本项目总学时的 30%（4 分）					
	团队合作意识	① 与同学协作融洽，团队合作意识强（10 分） ② 与同学能沟通，协同工作能力较强（8 分） ③ 与同学能沟通，协同工作能力一般（6 分） ④ 与同学沟通困难，协同工作能力较差（4 分）					
专业能力 （70 分）	电梯的安装装置	① 安全钳分为哪两类？其作用是什么？（10 分）					
		② 限速器的作用是什么？（10 分）					
		③ 限速器绳预张力的作用是什么？（10 分）					
		④ 缓冲器有哪几种？其作用是什么？（10 分）					
		⑤ 液压缓冲器的作用原理是什么？（10 分）					
		⑥ 门锁的作用是什么？（10 分）					
	其他安全防护装置	超载限制装置的作用是什么？（10 分）					
总评：							
学习总结							

项目 4 评价任务单

<table>
<tr><td>班级</td><td></td><td>姓名</td><td></td><td>学号</td><td></td><td colspan="2">成绩</td><td></td></tr>
<tr><td>项目 4</td><td colspan="8">电梯电力拖动与电气控制系统</td></tr>
<tr><td>评价项目</td><td>考核内容</td><td colspan="4">评分标准</td><td>自我评价</td><td>小组评价</td><td>教师评价</td></tr>
<tr><td rowspan="3">职业素养
（30 分）</td><td>安全意识、责任意识</td><td colspan="4">① 作风严谨，自觉遵章守纪，出色完成项目学习任务（10 分）
② 能够遵守规章制度，较好完成学习任务（7 分）
③ 遵守规章制度，但未完成项目学习任务或完成学习任务但忽视规章制度（5 分）
④ 不遵守规章制度，未完成项目学习任务（0 分）</td><td></td><td></td><td></td></tr>
<tr><td>学习态度</td><td colspan="4">① 积极参与教学活动，全勤（10 分）
② 缺勤达本项目总学时的 10%（8 分）
③ 缺勤达本项目总学时的 20%（6 分）
④ 缺勤达本项目总学时的 30%（4 分）</td><td></td><td></td><td></td></tr>
<tr><td>团队合作意识</td><td colspan="4">① 与同学协作融洽，团队合作意识强（10 分）
② 与同学能沟通，协同工作能力较强（8 分）
③ 与同学能沟通，协同工作能力一般（6 分）
④ 与同学沟通困难，协同工作能力较差（4 分）</td><td></td><td></td><td></td></tr>
<tr><td rowspan="7">专业能力
（70 分）</td><td rowspan="3">电梯的拖动系统</td><td colspan="4">① 电梯按拖动系统的类别和控制方式分为哪几类，各适用什么范围？（10 分）</td><td></td><td></td><td></td></tr>
<tr><td colspan="4">② 简述电梯能源再生技术工作原理（10 分）</td><td></td><td></td><td></td></tr>
<tr><td colspan="4">③ 电梯安全运行的充分和必要条件是什么？（10 分）</td><td></td><td></td><td></td></tr>
<tr><td rowspan="2">电梯电气控制部件</td><td colspan="4">① 电梯操纵箱开关、按钮的功能和使用方法是什么？（10 分）</td><td></td><td></td><td></td></tr>
<tr><td colspan="4">② 电梯电气控制系统主要由哪些部件组成？（10 分）</td><td></td><td></td><td></td></tr>
<tr><td rowspan="2">电梯控制系统原理</td><td colspan="4">① 简述电梯计算机控制系统的特点（10 分）</td><td></td><td></td><td></td></tr>
<tr><td colspan="4">② 简述电梯可编程序控制器的特点（10 分）</td><td></td><td></td><td></td></tr>
<tr><td colspan="6">总评：</td><td></td><td></td><td></td></tr>
<tr><td>学习总结</td><td colspan="8"></td></tr>
</table>

项目 5　评价任务单

班级		姓名		学号		成绩	
项目 5	电梯的安装与维修						
评价项目	考核内容	评分标准			自我评价	小组评价	教师评价
职业素养（30 分）	安全意识、责任意识	① 作风严谨，自觉遵章守纪，出色完成项目学习任务（10 分） ② 能够遵守规章制度，较好完成学习任务（7 分） ③ 遵守规章制度，但未完成项目学习任务或完成学习任务但忽视规章制度（5 分） ④ 不遵守规章制度，未完成项目学习任务（0 分）					
	学习态度	① 积极参与教学活动，全勤（10 分） ② 缺勤达本项目总学时的 10%（8 分） ③ 缺勤达本项目总学时的 20%（6 分） ④ 缺勤达本项目总学时的 30%（4 分）					
	团队合作意识	① 与同学协作融洽，团队合作意识强（10 分） ② 与同学能沟通，协同工作能力较强（8 分） ③ 与同学能沟通，协同工作能力一般（6 分） ④ 与同学沟通困难，协同工作能力较差（4 分）					
专业能力（70 分）	电梯安装工艺与流程	① 电梯安装与维修的重要性主要体现在哪些方面？（10 分）					
		② 电梯改造和安装的定义是什么？两者的根本区别何在？（10 分）					
	机械安装	永磁同步无齿轮曳引机的主要特点是什么？（10 分）					
	电梯的常见故障与排除	简述电梯常见故障及解决方法（10 分）					
	图纸设计	试设计一台额定载重量为 1t 的中分式载货电梯轿厢、层门、井道、机房尺寸，并绘制出相应的土建示意图，标出尺寸及注意事项（30 分）					
总评：							
学习总结							

项目 6　评价任务单

<table>
<tr><td>班级</td><td></td><td>姓名</td><td></td><td>学号</td><td></td><td>成绩</td><td colspan="2"></td></tr>
<tr><td>项目 6</td><td colspan="8">电梯物联网技术</td></tr>
<tr><td>评价项目</td><td>考核内容</td><td colspan="4">评分标准</td><td>自我评价</td><td>小组评价</td><td>教师评价</td></tr>
<tr><td rowspan="3">职业素养
（30 分）</td><td>安全意识、责任意识</td><td colspan="4">① 作风严谨，自觉遵章守纪，出色完成项目学习任务（10 分）
② 能够遵守规章制度，较好完成学习任务（7 分）
③ 遵守规章制度，但未完成项目学习任务或完成学习任务但忽视规章制度（5 分）
④ 不遵守规章制度，未完成项目学习任务（0 分）</td><td></td><td></td><td></td></tr>
<tr><td>学习态度</td><td colspan="4">① 积极参与教学活动，全勤（10 分）
② 缺勤达本项目总学时的 10%（8 分）
③ 缺勤达本项目总学时的 20%（6 分）
④ 缺勤达本项目总学时的 30%（4 分）</td><td></td><td></td><td></td></tr>
<tr><td>团队合作意识</td><td colspan="4">① 与同学协作融洽，团队合作意识强（10 分）
② 与同学能沟通，协同工作能力较强（8 分）
③ 与同学能沟通，协同工作能力一般（6 分）
④ 与同学沟通困难，协同工作能力较差（4 分）</td><td></td><td></td><td></td></tr>
<tr><td rowspan="8">专业能力
（70 分）</td><td rowspan="3">物联网主要参数设置</td><td colspan="4">① 能够设置电梯设备识别代码及设备基础信息识别码（10 分）</td><td></td><td></td><td></td></tr>
<tr><td colspan="4">② 能够设置电梯设备实时运行状态信息与格式（10 分）</td><td></td><td></td><td></td></tr>
<tr><td colspan="4">③ 能够设置电梯设备统计信息与格式（10 分）</td><td></td><td></td><td></td></tr>
<tr><td rowspan="2">故障、事件和报警</td><td colspan="4">① 能够查找故障、时间和报警信息（5 分）</td><td></td><td></td><td></td></tr>
<tr><td colspan="4">② 能够消除故障、时间和报警信息（5 分）</td><td></td><td></td><td></td></tr>
<tr><td rowspan="3">利用物联网设置维保流程</td><td colspan="4">① 了解并掌握物联网电梯维修工单流程（10 分）</td><td rowspan="2"></td><td></td><td></td></tr>
<tr><td colspan="4">② 了解并掌握物联网电梯保养工单流程（10 分）</td><td></td><td></td></tr>
<tr><td colspan="4">③ WEB 维保管理功能模块设置（10 分）</td><td></td><td></td><td></td></tr>
<tr><td colspan="6">总评：</td><td></td><td></td><td></td></tr>
<tr><td>学习总结</td><td colspan="8"></td></tr>
</table>

项目 7　评价任务单

班级		姓名		学号		成绩	
项目 7	电梯的安全操作与常规保养						

评价项目	考核内容	评分标准	自我评价	小组评价	教师评价
职业素养 （30 分）	安全意识、责任意识	① 作风严谨，自觉遵章守纪，出色完成项目学习任务（10 分） ② 能够遵守规章制度，较好完成学习任务（7 分） ③ 遵守规章制度，但未完成项目学习任务或完成学习任务但忽视规章制度（5 分） ④ 不遵守规章制度，未完成项目学习任务（0 分）			
	学习态度	① 积极参与教学活动，全勤（10 分） ② 缺勤达本项目总学时的 10%（8 分） ③ 缺勤达本项目总学时的 20%（6 分） ④ 缺勤达本项目总学时的 30%（4 分）			
	团队合作意识	① 与同学协作融洽，团队合作意识强（10 分） ② 与同学能沟通，协同工作能力较强（8 分） ③ 与同学能沟通，协同工作能力一般（6 分） ④ 与同学沟通困难，协同工作能力较差（4 分）			
专业能力 （70 分）	电梯的安全操作	① 电梯安全操作的基本要求是什么？（10 分）			
		② 电梯发生紧急故障时应采取怎样的应急措施？（10 分）			
		③ 安全乘坐电梯有哪些注意事项？（10 分）			
	电梯的使用管理	① 电梯有哪些主要的行政管理要求？（10 分）			
		② 电梯技术档案应有哪些内容？（10 分）			
	电梯定期检查与保养	电梯定期检查与保养包括哪些内容？（20 分）			
总评：					
学习总结					

第2部分 特种设备取证考试知识点提要

关于电梯的重点知识点：

1）电梯的日常维护保养单位应当对其维护保养的电梯的安全性能负责，接到故障通知后，应采取必要的应急救援措施。维护保养单位应当在半小时（直辖市或设区市）或一小时内（其他地区）赶到现场。事故单位负责人应该在一小时以内汇报到相关政府部门。

2）因与电梯维保单位签定了维保合同，则使用单位也需要再建立健全特种设备安全管理制度和岗位安全责任制度，电梯的安全问题应全部由电梯维保单位负责。对维保的电梯至少每15日进行一次清洁、润滑、调整和检查，主动协助电梯使用单位及时办理电梯的定期检验手续，按安全技术规范要求做好自检，并对其安全性能负责。使用单位安全管理人员应对维保记录进行确认。

3）电梯等为公众提供服务的特种设备的运营使用单位，应当对特种设备的使用安全负责，设置特种设备安全管理机构或者配备专职、兼职的特种设备安全管理人员（包括客运索道、大型游乐设施）。

4）电梯运行失控时，限速器及安全钳等装置可以使电梯强行制停，不使其坠落。

5）电梯轿厢内的报警装置应通到有人值班处。

6）电梯周期日常维护保养项目表中有半月、月、季、半年、年保养项目内容及要求。

关于特种设备重点：

特种设备的定义及种类是指涉及生命安全、危险性较大的锅炉、压力容器（含气瓶，下同）、压力管道、电梯、起重机械、客运索道、大型游乐设施、场（厂）内专用机动车辆，并包括其附属的安全附件、安全保护装置。根据特种设备的结构特征和属性，通常将特种设备主要分为承压类和机电类两大类。承压类特种设备指锅炉、压力容器、压力管道三类特种设备；机电类特种设备指电梯、起重机械、客运索道、大型游乐设施、厂（场）内机动车辆五类特种设备。

1）特种设备出现故障或者发生异常情况，特种设备使用单位应当对其进行全面检查，消除事故隐患，方可继续使用。

2）未经定期检验或者检验不合格的特种设备，要监控使用。（不能使用）

3）特种设备达到设计使用年限可以继续使用的，应当按照安全技术规范的要求通过检验或者安全评估，并办理使用登记证书变更，方可继续使用。

4）特种设备安全技术档案内容不包括特种设备安装、改造、修理技术资料。（包括）

5）特种设备安全责任的主体是（特种设备生产经营使用单位）。

6）特种设备作业人员在作业过程中发现事故隐患或其他不安全因素，应当立即向（现场管理人员和单位有关负责人）报告。

7）特种设备使用单位对在用特种设备应至少（每月）进行一次自行检查，并作出记录。

8）特种设备使用单位应当按照安全技术规范的定期检验要求，在安全检验合格有效期届满前（一个月）向特种设备检验检测机构提出定期检验要求。

9）特种设备在投入使用前或者投入使用后（30 日）内，特种设备使用单位应当向特种设备安全监督管理部门办理使用登记。

10）特种设备事故处理的四不放过原则是（a b c d）。

a. 事故原因不查清不放过

b. 事故责任人没处理不放过

c. 事故相关者没得到应有的教育不放过

d. 事故的防范措施不落实不放过

11）《特种设备作业人员证》每（4）年复审一次。持证人员应当在复审期满 3 个月前向发证部门提出复审申请。

12）(存在严重事故隐患，无改造、维修价值的) 设备应报废，并向原登记机关注销。

13）办理特种设备使用登记应提交的资料是（a b c d）。

a. 特种设备使用登记表

b. 特种设备出厂质量证明文件

c. 设备安装质量证明资料

d. 使用单位组织机构代码证或个人身份证明

14）特种设备使用单位应当建立岗位责任、隐患治理、应急救援等安全管理制度，制定操作规程，保证特种设备安全运行。

能力提升思考题：

简述本单位特种设备概况（分类、数量、使用登记、定期检验、作业人员持证上岗、档案管理等情况）、特点及安全状况。

要点：（1）熟悉本单位特种设备情况，分类正确，数量清晰，定期检验工作开展情况，作业人员数量及上岗情况，档案管理情况等。

（2）能根据本单位特种设备情况总结归纳出本单位特种设备使用的基本情况，安全风险点，隐患情况。

第 3 部分
特种设备取证考试样题

一、判断题

1. 特种设备属于共有的，共有人可以委托物业服务单位或者其他管理人管理特种设备，受托人履行法律规定的特种设备使用单位的义务，承担相应责任。共有人未委托的，由共有人或者实际管理人履行管理义务，承担相应责任。(　　)

2. 特种设备使用单位未制定特种设备事故应急专项预案的，负责特种设备安全监督管理的部门应当责令限期改正；逾期未改正的，责令停止使用有关特种设备，处一万元以上十万元以下罚款。(　　)

3. 固定式压力容器的年度检查可以由使用单位安全管理人员组织经过专业培训的作业人员进行，也可以委托依法取得核准的检验检测机构持证的压力容器检验人员进行。(　　)

二、填空题

1. 特种设备安全工作应当坚持 ________、________、________、________ 的原则。

2. 按照《特种设备安全监察条例》规定，特种设备事故按人员伤亡和损失程度分为 ________、________、________、________。

三、选择题

1.《中华人民共和国特种设备安全法》实施的时间是(　　)。

A. 2013 年 2 月 1 日　　B. 2013 年 6 月 29 日
C. 2014 年 1 月 1 日　　D. 2015 年 1 月 1 号

2. 特种设备使用单位应当按照安全技术规范的定期检验要求，在安全检验合格有效期届满前(　　)向特种设备检验检测机构提出定期检验要求。

A. 10 天　　B. 半月　　C. 一个月　　D. 60 日

3.《特种设备作业人员证》每(　　)年复审一次。持证人员应当在复审期满 3 个月前向发证部门提出复审申请。

A. 1　　B. 2　　C. 3　　D. 4　　E. 5

4. (　　)设备应报废，并向原登记机关注销。

A. 存在严重事故隐患，无改造、维修价值的

B. 超过检验周期的

C. 发生过一般事故的

D. 管理混乱的

5. 未经许可，擅自从事气瓶或移动式压力容器充装活动的，由特种设备安全监督管理部门予以取缔，处（　　）罚款。

A. 10 万元以上 50 万元以下　　B. 1 万元以上 5 万元以下

C. 2 万元以上 10 万元以下　　D. 5 万元以上 20 万元以下

6. 违反《中华人民共和国特种设备安全法》规定，特种设备使用单位使用未取得许可生产，未经检验或者检验不合格的特种设备，或者国家明令淘汰、已经报废的特种设备的，责令停止使用有关特种设备，处（　　）以上三十万元以下罚款。

A. 三万元　　B. 五万元　　C. 一万元　　D. 十万元

7. 违反《中华人民共和国特种设备安全法》规定，特种设备生产、经营、使用单位未配备具有相应资格的特种设备安全管理人员、检测人员和作业人员的，责令限期改正；逾期未改正的，责令停止使用有关特种设备或者停产停业整顿，处（　　）以上五万元以下罚款。

A. 一万元　　B. 三万元　　C. 2000 元　　D. 5000 元

8. 特种设备使用单位应当履行的义务主要有（　　）。

A. 依法办理使用登记

B. 设置安全机构，配备安全管理人员

C. 主动申报定期检验

D. 严格人员持证上岗

E. 及时消除安全隐患

9. 发生事故，对负有责任的单位除要求其依法承担相应的赔偿等责任外，依照下列规定处以罚款：（　　）

A. 发生一般事故，处十万元以上二十万元以下罚款

B. 发生较大事故，处二十万元以上五十万元以下罚款

C. 发生重大事故，处五十万元以上二百万元以下罚款

D. 发生特大事故，处二百万元以上五百万元以下罚款

四、简答题

简要说明特种设备使用单位安全档案包括哪些内容？安全技术档案包含哪些内容？如何进行管理？

第 4 部分 电梯技术考试样题

一、选择题（每题 2 分，共 20 分）

1. 端站保护的第一道防线是（　　）。

A. 终端限位开关　　B. 极限开关　　C. 强迫减速开关　　D. 极限开关

2. 电梯主电源开关切断时（　　）供电电路不应断电。

A. 轿厢风扇　　B. 检修　　C. 指示灯　　D. 层楼信号

3. 钢丝绳头浇灌巴氏合金时，锥套应（　　）。

A. 在常温下浇灌　　B. 加温到 40 ～ 50℃后浇灌

C. 加热到 100℃后浇灌　　D. 加温到 270 ～ 300℃后浇灌

4. 对电梯维修保养人员应以（　　）原则安排工作内容。

A. 只管维护，不参加修理　　B. 保养为主，维修为辅

C. 运行为主　　D. 维修为主

5. 电梯轿厢运行至上端站，碰上强迫减速开关，则电梯（　　）。

A. 快速转变成慢速　　B. 立即停止　　C. 失电停车　　D. 电压继电器失电

6. 线槽内导线总面积不大于槽净面积的（　　）。

A. 40%　　B. 50%　　C. 60%　　D. 65%

7. 自动扶梯的额定速度不应超过：自动扶梯倾斜角不大于 30° 时，为（　　）m/s；自动扶梯倾斜角大于 30° ，但不大于 35° 时，为（　　）m/s。（　　）

A. 0.50；0.75　　B. 0.65；0.75　　C. 0.75；0.50　　D. 0.75；0.65

8. 限速器动作时，限速器绳的张紧力不得小于以下两个值的较大者：（　　）；或安全钳装置起作用（　　）。（　　）

A. 300N；所需的力　　B. 300N；所需力的 2 倍

C. 400N；所需的力的 2 倍　　D. 400N；所需的力的 4 倍

9. 安全钳楔块面与导轨侧面间隙应为（　　），且各间隙均匀一致。

A. 1 ～ 2mm　　B. 2 ～ 3mm　　C. 3 ～ 4mm　　D. 4 ～ 5mm

10. 电梯的额定载重量和额定（　　）是电梯的两个主要参数。

A. 功率　　B. 速度　　C. 电压　　D. 转速

二、填空题（每空 2 分，共 36 分）

1. 安全钳可分为（　　）式和（　　）式两种。

2. 限速器是当轿厢（　　）运行时，迫使曳引机停止运转，并使轿厢制停于（　　）的安全装置 .

3. 导靴分别安装在（　　）和（　　）上，一部电梯通常有（　　）对导靴。

4. 电梯工作时，电压波动允许不超过（　　）。

5. 电梯机房的温度不应高于（　　）。

6. 为了使晶体管工作在放大区，外加电源的极性应使发射结处于（　　）状态，集电结处于（　　）状态。

7. 自动扶梯或自动人行道倾斜角是指梯级、踏板或胶带运行方向与（　　）构成的最大角度。

8. 上下极限动作试验：设在井道上下两端站的极限位置保护开关，应在轿厢或对重（　　）前起作用，并在（　　）期间保持其动作状态。

9. 曳引钢丝绳断丝集中在一个或两个绳股中，在一个捻距内的最大断丝数超过（　　）时，应更换钢丝绳。曳引钢丝绳断丝表面有较严重的磨损和锈蚀，其磨损后直径小于原直径（　　）时，应更换钢丝绳。

10. 曳引机承重梁如需埋入承重墙内，则支承长度应超过墙厚中心（　　），且不应小于（　　）。

三、简答题（每题 10 分，共 30 分）

1. 简述安全钳装置的作用。

2. 分析曳引轮绳槽磨损的主要原因有哪些?

3. 扶梯的非操纵逆转保护装置的作用是什么?

四、计算题（共 14 分）

有一部电梯额定载重是 1000kg，轿厢净重是 1100kg。若平衡系数是 0.5，求对重装置的总重量。

第5部分
样题参考答案

特种设备取证考试样题　参考答案

一、判断题

1. 正确　　2. 正确　　3. 错误

二、填空题

1. 安全第一、预防为主、节能环保、综合治理
2. 一般事故、较大事故、重大事故、特别重大事故

三、选择题

1. C　2. C　3. D　4. A　5. A　6. A　7. A　8. ABCDE　9. ABC

四、简答题

答：1. 设备台账、人员台账、隐患台账、日常巡查记录、特种设备安全操作规程及管理制度，特种设备作业人员安全与节能培训档案、特种设备安全专项应急预案等。

2. 安全技术档案应当包括以下内容：(一) 特种设备的设计文件、产品质量合格证明、安装及使用维护保养说明、监督检验证明等相关技术资料和文件；(二) 特种设备的定期检验和定期自行检查记录；(三) 特种设备的日常使用状况记录；(四) 特种设备及其附属仪器仪表的维护保养记录；(五) 特种设备的运行故障和事故记录。

3. 安全技术档案管理要做到特种设备一台一档，及时更新，专人保管，齐全规范。

电梯技术考试样题　参考答案

一、选择题

1. C　2. A　3. B　4. B　5. A　6. C　7. C　8. B　9. C　10. B

二、填空题

1. 瞬时、渐进　　2. 超速、导轨　　3. 轿厢、对重、4
4. 7%　　5. 40℃　　6. 正向偏置、反向偏置
7. 水平面　　8. 接触缓冲器、缓冲器被压缩　　9. 6 根、90%
10. 20mm、75mm

三、简答题

1. 答：由于限速器作用而引起动作，迫使轿厢或对重装置制停在导轨上，同时切断控制回路的安全装置。

2. 答：(1) 曳引轮垂直偏差过大；(2) 曳引轮材质有缺陷；(3) 曳引绳与曳引轮硬度不匹配；(4) 曳引绳受力不均匀或曳引绳内应力未消除。

3. 答：在自动扶梯或自动人行道运行中非人为的改变其运行方向时，能使其停止运行的装置。

四、计算题

答：$W=G+KQ=1100\text{kg}+0.5*1000\text{kg}=1600\text{kg}$

二维码索引

（续）

序号	名称	图形	页码	序号	名称	图形	页码
15	安装导轨及厅门		120	21	电梯物联网简介		156
16	电梯层轿门安装及联动		121	22	迅达 IOT 特点		156
17	安装钢丝绳		128	23	电梯物联网系统		157
18	安装随行电缆		131	24	电梯困人救援		176
19	安装机房设备		132	25	乘坐电梯礼仪		177
20	仿真电梯故障排除案例		150				

目　录

项目 1
初识电梯

项目导入 太空电梯

目前，新型电梯层出不穷，各种电梯黑科技日新月异。设想一下，有一天你走进电梯，按下上升按钮就到了外太空，是不是很酷？这就是太空电梯，它将使向游客开放宇宙的梦想成为现实。目前，将一个重约 2.2kg 的东西发射到近地轨道就需耗资约 5.3 万元，但是太空电梯却可以大大降低成本，让普通人可以在太空中旅行。太空电梯的载人舱能够在数千万米长的电缆上移动，而电缆则靠地球转动产生的离心力来固定。碳纳米管的出现又朝这一梦想的实现前进了一步。爱德华兹已证明利用纳米技术可以做出能够支撑太空电梯的超强力电缆。他表示："建造一台 200t 的太空电梯是个合理的设想而且具有商业价值。一台 200t 的太空电梯的大小相当于一架大型的商务飞机。太空电梯的大小完全取决于我们的意愿，不受任何物理层面的限制。"

思政案例 凝爱国精神 聚奉献力量

中华人民共和国成立以来的辉煌成就，是由无数爱国者铸就的。中国，是每个中国人的中国。爱国是本分，也是职责，是心之所系、情之所归、理之所在。我们表达爱国之情、爱国之志，重在付诸行动、勇于奋斗，以国家之务为己任。

"爱国心重者，其国必强，反之则弱。"祖国强大，人民才能受益；我为祖国，国家才能进步。正所谓国家兴亡，匹夫有责！人人敬仰的英雄模范们，从来都是把祖国的事情当作头等大事，把祖国的需要当作第一选择。国家需要打敌人，邱少云、黄继光、杨连弟等站了出来，勇敢战斗、不惧生死；国家需要搞建设，王进喜、孔繁森、黄大发等纷纷响应，艰苦奋斗、勇往直前；国家需要强国防，"两弹一星"先进群体等冲在一线，隐姓埋名、创新攻坚；国家需要兴文化，常香玉、阎肃、李雪健等创作创新，崇德向善、引领风尚……正是一代代优秀的共和国儿女挺身而出、担当奉献，才有了共和国的辉煌历程，才有了今天繁荣富强的中国。他们成就了国家的事业，实现了个人的价值，矗立起了时代的丰碑。

爱国从来都是具体的、朴素的、自觉的，当国家需要之际，必须挺身而出、勇敢担当、无所畏惧。今天，我们青年一代要战胜各种风险挑战，要建设富强民主文明和谐美丽的社会主义现代化强国，要实现中华民族伟大复兴的中国梦，就必须向时代楷模学习，心怀祖国、坚守梦想，始终与民族同命运、与祖国共奋斗、与时代齐发展，努力成为新时代的奋进者、开拓者、奉献者，凝聚起爱国奋斗奉献的强大精神力量，才能创造出无愧历史、无愧时代、无愧人民新的更大的业绩。

学习目标 初识电梯

- 明确本课程在机电一体化及电梯专业的职业技术核心课的地位。
- 正确理解本课程讲授的内容。
- 能通过网络及其他途径读懂电梯及安装维修保养的报告及相关资料。

知识准备

1.1 电梯简史

> 提示：
> 1852年奥的斯先生发明了第一台电梯，奥的斯电梯就是以发明人命名的，电梯已具有160多年的历史。

一、电梯的起源

1. 电梯发展史

很久以前，人们就已经开始使用原始的升降工具来运送人和货物，并大多采用人力或畜力作为驱动力。到 19 世纪初，随着工业革命的进程发展，蒸汽机成了重要的原动力，在欧美国家开始用蒸汽机作为升降工具的动力，并不断地得到创新和改进。1845 年，英国人汤姆逊制成了世界上第一台液压升降机。当时由于升降机功能不够完善，难以保障安全，故较少用于载人，如图 1-1 所示。

图 1-1　电梯发展历程

电梯发展史

1852 年，美国纽约州杨可斯（Yonkers）的机械工程师奥的斯先生（Elisha Graves Otis）在一次展览会上向公众展示了他的发明，从此宣告了电梯的诞生，也打消了人们长期对升降机安全性的质疑，随后，奥的斯先生组建成立了奥的斯电梯公司。

1857 年，奥的斯电梯公司在纽约安装了世界第一台客运升降机；1889 年，奥的斯电梯公司制成了世界上第一台以直流电动机驱动的升降机，此时电梯就名副其实了；1899 年，第一台梯阶式（梯阶水平、踏板由硬木制成、有活动扶手和梳齿板）扶梯试制成功。1903 年，奥的斯电梯公司采用了曳引驱动方式代替了卷筒驱动，提高了电梯传动系统的通用性；同时也成功制造出由齿轮减速的曳引式高速电梯，使电梯传动设备质量和体积大幅度地缩小，增强了安全性，并成为沿用至今的电梯曳引式传动的基本形式。世界上第一部安全电梯及奥的斯先生如图 1-2 所示。

图 1-2　世界上第一部安全电梯及奥的斯先生

奥的斯电梯公司在 1892 年开始用按钮操纵代替以往在轿厢内拉动绳索的操纵方式；1915 年制造出微调节自动平层的电梯；1924 年安装了第一台信号控制系统，使电梯司机操纵大大简化；1928 年开发并安装了集选控制电梯；1946 年在电梯上使用群控方式，并在 1949 年使用于纽约联合国大厦；特别值得一提的是，奥的斯电梯公司在 1967 年为美国纽约世界贸易中心大楼安装了 208 台电梯和 49 台自动扶梯，每天要完成 13 万人次的运输任务，遗憾的是，该大楼于 2001 年 9 月 11 日因恐怖袭击而倒塌。

1976 年，日本富士达公司开发了速度为 10m/s 的直流无齿轮曳引电梯；1977 年，日本三菱电机公司开发了晶闸管控制的无齿轮曳引电梯；1979 年，奥的斯电梯公司开发了第一台基于微机的电梯控制系统，使电梯控制进入了一个崭新的发展时期；1983 年，日本三菱电机公司开发了世界上第一台变频变压调速电机，并于 1990 年将此变频调速系统用于液压电梯驱动；1996 年，芬兰通力电梯公司发布了最新设计的无机房电梯 MonoSpace，由 Ecodisk 扁平的永磁同步电动机变压变频调速驱动，电动机固定在井道顶部侧面，由曳引钢丝绳传动牵引轿厢；同年，日本三菱电机公司开发了采用永磁同步无齿轮曳引机和双盘式制动系统的双层轿厢高速电梯，安装在上海 Mori 大厦；1997 年，迅达电梯公司展示了 Mobile 无机房电梯，该电梯无需曳引绳和承载井道，自驱动轿厢在自支撑的铝制导轨上垂直运行；同年，通力电梯公司在芬兰建造了行程为 350m 的地下电梯试验井道，电梯实际提升高度达到 330m，其速度理论上可达到 17m/s。

随着现代建筑物楼层的不断增加，电梯的运行速度、载重量也在提高。目前，世界上最快电梯速度已经达到 1010m/min，该电梯安装在台湾的地标性建筑 101 大楼，88 层的高度运行时间仅需要 54s，如图 1-3 所示。但从人体对加速度的适应能力、气压变化的承受能力和实际使用电梯停层的考虑，一般将电梯的速度限制在 10m/s 以下。

2. 电梯控制技术的演变

早期电梯的控制方式几乎全部采用有司机轿厢内开关控制，电梯的起动、运行、减速、平层、停车等的判断均靠司机做出，操作起来很不方便。1894 年，奥的斯电梯公司开发了一种由层楼控制器自动控制平层的技术，从而成为电梯控制技术发展的先导。

图 1-3　台北 101 大楼的高速电梯

1915 年，奥的斯电梯公司又发明了由两个电动机控制的微驱动平层控制技术，它由一个电动机专门用于起动和快速运行，另一个则用于平层停车，从而得到了 16∶1 的减速范围，运行较为舒适，平层准确。

为了解决乘客候梯时间长的问题，1925 年出现了一种集选控制技术。它能将各层站上下方向的召唤信号和轿厢内的指令集中，与电梯轿厢位置信号比较，从而使电梯合理运行，缩短了乘客候梯的时间，提高了电梯运行效率。这种技术使司机的操作大大简化，不再需要司机对电梯的运行方向和停层选择做出判断，司机仅需按层楼按钮及关闭层门按钮。这种控制技术现在还在广泛使用，被认为是电梯控制技术的一大进步。

20 世纪 30 年代，交流异步电动机因其价格低、制造和维修方便而被广泛应用于电梯上。用改变电动机磁极对数的方法达到了双速控制的要求，使拖动系统结构简化，可靠性大大提高。目前我国大多数在用电梯均采用这种交流双速变极拖动控制。

随着 20 世纪 30 年代高层建筑的发展，人们对电梯额定运行速度的要求日益提高，产生了直流调速控制的直流电动机拖动的高速电梯。这一系统从最初的开环、有级、有触点控制发展到今天的闭环、无级、无触点控制系统。这是电梯控制技术的又一次进步。

随着电子技术的发展，从 20 世纪 60 年代末到 70 年代初，开始发展了应用交流电动机的交流调速拖动，它从交流调压调速进而发展到变频变压调速系统。它以其突出的节能效果在一定范围内（≤4m/s）完全取代了直流拖动系统。这是目前正在大力发展的技术，被认为是电梯拖动技术的一次飞跃。

微电子技术的飞速发展使微型计算机用于电梯的控制，正全面替代有触点的继电器控制方式。从而使电梯的拖动控制、信号操作及自动调度控制达到了一个新的高度。如今，微型计算机的大量应用及大功率半导体器件技术的发展使得电梯控制系统日益自动化、智能化，交流调频调压技术也正向大功率、高速度方向发展。目前，这一技术的发展已使交流调速拖动的电梯速度达到了 7m/s，必将逐步取代直流拖动电梯。

二、电梯技术现状

1. 电梯市场

国家统计局数据显示，2015—2019 年间，我国电梯行业产量逐年增长（图 1-4）。2019 年我国电梯、自动扶梯及升降机产量达到 117.3 万台，同比增长 63.14%。2020 年 1—9 月，中国电梯、自动扶梯及升降机产量为 89.3 万台，较 2019 年同期增长 4.2%。进口方面，据海关总署数据统计，2019 年中国电梯及扶梯进口数量为 2578 台，同比增长 3.29%；2020 年上半年进口数量为 1020 台。我国电梯行业由于规模化成本优势，出口数量较多。2016—2019 年中国电梯及扶梯出口数量保持稳定增长，2019 年中国电梯及扶梯出口数量为 87353 台，同比增长 3.73%，2020 年上半年，我国电梯及扶梯出口数量达到 52667 台。近年来，在房地产、轨道交通建设、机场改建扩建等的投资带动下，我国电梯产业得到了快速发展。目前我国已成为全球最大的电梯生产国和消费国。

根据国家市场监督管理总局数据，截至 2019 年末，全国共有注册在用特种设备电梯 709.75 万台，居世界首位，2021 年电梯保有量达 844.7 万台，巨大的电梯保有量将为电梯维护保养市场和更新市场带来极大的发展空间。未来电梯行业的发展前景广阔，主要体现在两个方面：其一，从建筑存量看，城镇化和老龄化推动存量建筑进行电梯更新与加装；其二，从建筑增量看，电梯已经成为新建房屋的标配。与电梯产销量快速增长相匹配，我国电梯保有量持续增加，未来电梯更新市场及售后服务市场空间巨大。

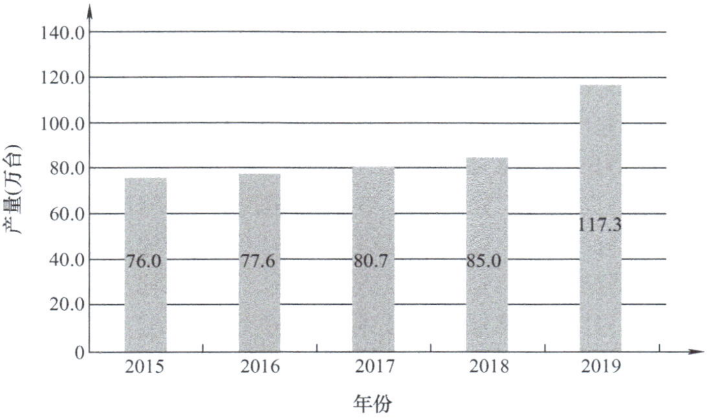

图 1-4　2015—2019 年中国电梯产量统计

2. 电梯企业

目前，全国有注册电梯企业达 395 家，其中美国的奥的斯、瑞士的迅达、芬兰的通力、德国的蒂森以及日本的三菱、日立、富士达、东芝等 13 家大型外企占据我国电梯市场 80% 的份额，销售额达 85%。就电梯业年产量而言，奥的斯（中国）、上海三菱、广州日立的产量已达 1 万台以上；迅达、蒂森、通力、富士达、东芝达到 3000 ～ 10000 台的产销规模，其中最晚进入中国电梯市场的华升富士达投产 10 年，产销量增速一直保持 40% 的上升趋势。近年来，一批民族电梯企业苦练内功，绝地反击，出现四分天下有其一的局面。目前，中国已成为全球电梯劲旅竞争的主战场，中国电梯业目前面临行业重新“洗牌”，民族自主品牌应利用国家政策支持、资本市场支持等多方面有利因素，逐鹿天下，加快赢得更多市场。电梯作为终端消费品，品牌在市场竞争中的作用明显。品牌往往成为人们在选择电梯产品时的重要考虑因素，电梯生产企业要想建立良好的品牌并获得市场认可，也必须经过市场一定时间的检验。

3. 电梯安全

从 2005 年开始，平均每年电梯事故起数在 40 起、死亡人数在 30 人左右。2010 年电梯万台事故率为0.26，万台死亡人数为0.17人。近年来，电梯事故逐年上升，2011年7月5日北京地铁4号线自动扶梯安全事故发生后，“安全”成为电梯行业最热门词汇之一，如图1-5所示。

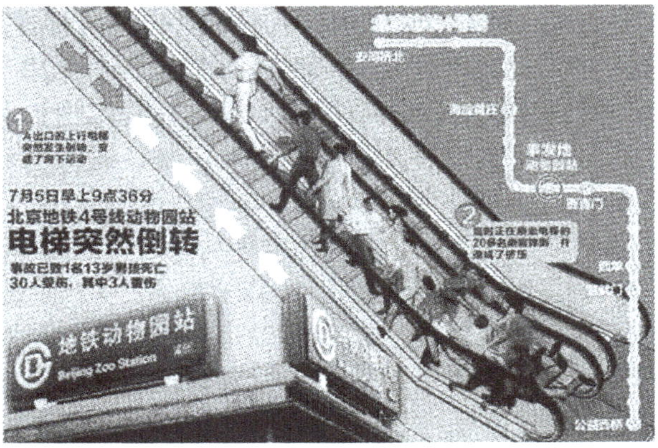

图1-5　北京地铁4号线自动扶梯安全事故图例

近年来的电梯事故中，违章操作引发的事故较为突出，事故中受到伤害的人员以普通乘客最多。其中，违章操作占62.7%，设备缺陷占22.7%，意外占8.0%，非法使用设备占6.6%。事故中受伤害人员包括：普通乘客占50%，维护保养人员占13%，安装工人占12%，电梯操作人员占4%，其他包括保安等未经培训的人员占21%。电梯作为一种机电合一的大型综合产品，能够得以安全可靠地运行取决于电梯本身的制造质量，安装质量、维修保养质量以及用户的日常管理质量等诸多方面因素。传统的理念只是单纯地注重产品本身的制造质量，而忽视了前期的电梯优化配比、后期的安装和维护保养质量等一系列影响电梯是否能处于最佳运行状态的其他要素。为有效解决电梯完全问题，国家正在推行相关政策，如电梯制造单位“终身负责”的工作机制，要求电梯制造单位对电梯质量以及安全运行涉及的质量问题终身负责；电梯安装改造维修结束后，电梯制造单位要按照要求对电梯进行校验和调试，并对校验和调试结果负责；电梯投入使用后，电梯制造单位要对其制造的电梯安全运行情况进行跟踪调查，并给予维保单位技术指导和备修件支持。

三、电梯技术发展趋势

1. 绿色节能电梯需求旺盛

建设节约型社会已成为我国政府多年来的重点工作。电梯作为能耗大户，使用节能电梯已成大势所趋，绿色节能已成为电梯行业发展的主要方向。实现电梯节能主要有以下几个途径，即改进机械传动和电力拖动系统，例如，将传统的蜗轮蜗杆减速器改为行星齿轮减速器或采用无齿轮传动，机械效率可提高15%～25%；将交流双速拖动系统改为变频调压调速（VVVF）拖动系统，电能损耗可减少20%以上。其次，可以采取能量回馈技术，将电容中多余的电能转变为与电网同频率、同相位、同幅值的交流电能回馈给电网，可以提供给小区照明、空调等其他用电设备。从数据上看，使用能量回馈技术后节能效果显著。若以一幢20层左右的大楼为例，一台1350kg、速度为2.5m/s的传统电梯，一周实测耗电约800kW·h，而能量回馈型电梯仅为600kW·h，实际节约能耗30%左右。另外，使用LED发光二极管替换电梯轿厢常规使用的白炽灯、荧光灯等照明灯具，可节约照明用电量90%左右，灯具寿命是常规灯具的30～50倍。LED灯具功率一般仅为1W，无热量，而且能实现各种外形设计和光学效果，美观大方。

2. 服务需求升级，维保人员需求大增

一系列电梯安全事故发生后，不仅电梯产品质量受到质疑，更多地体现在人们对维护保养服务的不满。规范电梯维护保养行为，提升维护保养质量已然成为未来电梯企业工作

的重头戏。随着用户对服务需求的日益提升，电梯行业的竞争将逐步由单一的产品竞争向包含服务在内的多方面、全过程过渡。受“奥的斯事件”的刺激，全国各地加大了对电梯运行的监督检查，一些地方政府对电梯维护保养做出了新的规定。加大重视维护保养质量，对企业来说是一个挑战，也是一个机遇。在不久的将来，维护保养的利润可能会占据半壁江山，甚至会超过制造的利润。前不久，国家质量监督检验检疫总局开始讨论要求电梯厂家对电梯安全终身负责，电梯制造、安装、维保均由厂家负责，该要求看似增加了厂家的压力，实际上暗藏着巨大商机。此外，在生产不断同质化的今天，会有越来越多的电梯生产企业认识到安装和维护保养的重要性。多年来，一直以新装电梯为主导的中国电梯市场，将迎来新装与维护保养并重时代，因此具备相关资质的安装、维护保养人员的需求也大增，并呈现供不应求的态势。

3. 超高速电梯继续成为研究方向

未来我国可用于建筑的土地面积越来越少，这就要求建筑物越来越高，高层建筑的增多必然带来高速电梯需求的增多。近年来，超高速电梯依然会成为行业的研究方向。超高速电梯的研究继续在采用超大容量电动机、高性能微处理器、减振技术、新式滚轮导靴和安全钳、永磁同步电动机、轿厢气压缓解和噪声抑制系统等方面推进。超高速电梯在一些建筑中已经得到了充分应用，如台北 101 大厦采用的电梯速度达到 1010m/min。上海中心大厦采用了每分钟可运行 1080m 的电梯，它不仅是中国最高建筑，采用的电梯也是目前世界最高速电梯。另外，在上海环球金融中心、上海金茂大厦等高层建筑中均采用了不同速度的高速电梯。

4. 智能群控技术引领行业发展

在电梯产品日趋同质化的时代，智能群控技术将引领行业发展新潮流。虽然智能群控技术已经得到了应用，但应用的范围有限，主要集中在大型酒店、宾馆以及高档写字楼内。电梯群控系统是指在一座大楼内安装多台电梯，并将这些电梯与一台计算机连接起来。该计算机可以采集到每个电梯的各种信号，经过调度算法的计算向每个电梯发出控制指令。总之，电梯群控技术能够根据楼内交通量的变化，对每个电梯的运行状态进行调配，目的是为了达到梯群的最佳服务及合理的运行管理。传统的群控算法只有一个目标，即最小候梯时间。在现代高层建筑的一些特定交通模式下，不可能要求每一部电梯能够服务每一个楼层，所以对电梯群控系统调度算法的研究有着重要的现实意义。智能群控技术不仅代表行业技术的发展方向，也将给人们带来更多的便利。此外，用互联网监控电梯，就是在电梯轿厢原来的监控设备上安装传感器，传感器会对电梯里的视频、音频、运行状态等数据进行 24h 实时监控。采集到的数据会通过网络传输到应急处置中心，中心平台能据此进行在线故障分析诊断，及时告知救援人员。

5. 电梯新技术应用已经成为电梯发展的主要趋势

（1）层站登记系统　该系统操纵盘设置在各层站候梯厅，操纵盘号码对应各楼层号码。乘客只需在呼梯时登记目的楼层号码，就会知道应该去乘梯组中哪台电梯，从而提前去层门等候。待乘客进入轿厢后不再需要选层，轿厢会在目的楼层停梯。由于该系统的操作便利性及结合强大的计算机群控技术使得候梯和乘梯时间缩短。该系统的关键是处理好新召唤的候梯时间对原先已安排好的那些召唤服务时间的延误问题。

（2）双层轿厢的电梯　该电梯有两层轿厢，一层在另一层之上，同时运行。乘客进入大楼1层门厅，如果去单数楼层就进下面一层轿厢；如果去双数楼层则先乘1层和2层之间的自动扶梯，到达2层后进入上面一层轿厢。下楼离开时可乘坐任一轿厢，而位于上层轿厢的乘客需停在2层，然后乘自动扶梯去1层离开大楼。双层轿厢电梯增加了额定容量，节省了井道空间，提高了输送能力，特别适合超高层建筑往返空中大厅的高速直驶电梯。双层轿厢电梯要求相邻的层高相等，且存在上下层乘客出入轿厢所需时间取最大值的问题。

（3）集垂直运输与水平运输的复合运输系统　该系统采用直线电动机驱动，在一个井道内设置多个轿厢。轿厢在计算机导航系统的控制下，可以在轨道网络内交换各自运行路线。该系统节省了井道占用的空间，解决了超高层建筑电梯钢丝绳和电缆重量太重的问题，尤其适合于具有同一底楼的多塔形高层建筑群中前往空中大厅的穿梭直驶电梯。

（4）交流永磁同步无齿轮曳引机驱动的无机房电梯　无机房电梯由于曳引机和控制柜置于井道中，省去了独立机房，节约了建筑成本，增加了大楼的有效面积，提高了大楼建筑美学的设计自由度。而交流永磁同步无齿轮曳引机的特点是：结构简单紧凑，体积小，重量轻，形状灵活多样；配以变频控制可以实现更大限度的节能；没有齿轮，于是没有齿轮振动和噪声、齿轮效率、齿轮磨损及油润滑问题，减少了维护工作，降低了油污染；由于失电时旋转的电动机处于发电制动状态，增加了曳引系统的安全可靠性。

（5）彩色大屏幕液晶楼层显示器　这类显示器可以以高分辨率的彩色平面或三维图像显示电梯的楼层信息（如位置、运行方向），还可以显示实时的载荷、故障状态等。通过控制中心的设置还可以显示日期、时间、问候语、楼层指南及广告等，甚至还可以与远程计算机和寻呼系统连接发布天气预报、新闻等。有的显示器还增加了触摸查询功能。该装置缓解了陌生乘客在轿厢内面对面对视时的尴尬、无趣的局面，降低了乘客乘梯时心理等待焦虑感。

（6）电梯远程监控系统　该系统是将控制柜中的信号处理计算机获得的电梯运行和故障信息通过公共电话网络或专用网络（都需要使用调制解调器）传输到远程的能够提供可视界面的专业电梯服务中心的计算机，以便那里的服务人员掌握电梯运行情况，特别是故障情况。该系统一般具有显示故障、分析故障、故障统计与预测等功能，有的还可以实现远程调试与操作，便于维修人员迅速进行维修应答和采取维修措施。这样缩短了故障处理时间，简化了人工故障检查的劳动，保证了大楼电梯安全高效地运行。

（7）安全技术方面　一方面传统的电梯安全部件正在改用双向安全系统；另一方面电梯使用的安全技术也在不断扩大，包括IC卡电梯管理系统、指纹识别系统以及小区监控系统等。而直接进户的三门电梯也将成为一些高档小区的选择趋势。

1.2　电梯的种类

电梯作为一种通用垂直运输机械，被广泛用于不同的场合，其控制、拖动、驱动方式也多种多样，因此电梯的分类方法也有多种。

> 提示：
> 电梯有不同种类，通常分为客梯和货梯。

一、按电梯用途分类

这是一种常用的分类方法，但由于电梯有一定的通用性，所以按用途分类在使用中用得较多，但实际标准不很明确。

旋转圆筒形电梯

1. 乘客电梯

用于运送乘客为主，兼以运送重量和体积合适的日用物件；适用于高层住宅、办公大楼、宾馆或饭店等人员流量较大的公共场合；其轿厢内部装饰要求较高，运行舒适感要求严格，具有良好的照明与通风设施，为限制乘客人数，其轿厢内面积有限，轿厢宽深比例较大，以利于人员出人；为提高运行效率，其运行速度较快。派生品种有住宅电梯、观光电梯等，如图 1-6 所示。

2. 载货电梯

主要用于运送货物，并能运送随行装卸人员。因运送货物的物理性质不同，其轿厢内部容积差异较大。为了适应装卸货物的要求，其结构要求坚固。由于运送额定重量大，一般运行速度较慢，以节省设备投资和电能消耗。轿厢的宽深比例一般小于 1，如图 1-7 所示。

图 1-6　豪华观光电梯

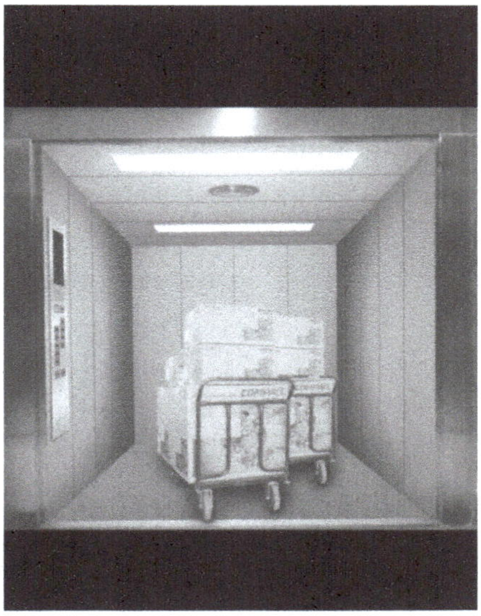

图 1-7　载货电梯

3. 客货两用电梯

主要用于运送乘客，也可运送货物。其结构比乘客电梯坚固，装饰要求较低，一般用于企业和宾馆饭店的服务部门。

4. 病床电梯

用于医疗单位运送病人、医疗救护器械。其特点为轿厢宽深比小，深度尺寸大于等于 2.4m，以能容纳病床，要求运行平稳、噪声小、平层精度高，如图 1-8 所示。

5. 杂物电梯

这是一种专门用于运送小件物品的电梯，最大载重量为 500kg，如果轿厢额定载重量大于 250kg，则应设限速器和安全钳等安全保障设施。为防止发生人身事故，严禁将头伸入，为此限制轿厢分格空间高度不得超过 1.4m，面积不得大于 1.25m^2，深度不得大于 1.4m，如图 1-9 所示。

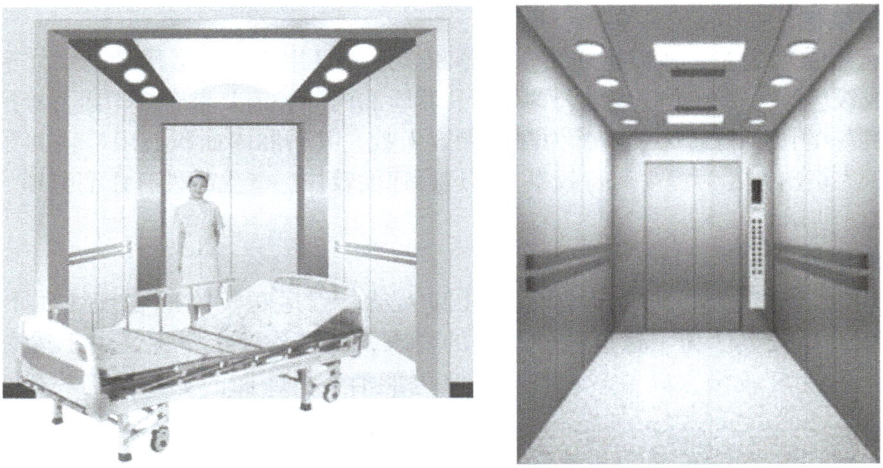

图 1-8　病床电梯

图 1-9　杂物电梯

此外，特种电梯还包括冷库电梯、防爆电梯、矿井电梯、电站电梯、消防员用电梯、立体车库（电梯）等，如图 1-10 所示。

图 1-10　立体车库（电梯）

二、按速度分类

电梯的额定运行速度正在逐步提高，因此按速度分类的国家标准正待颁布。目前习惯划分为以下几种。

1. 低速电梯

这种电梯额定速度≤0.75m/s。

2. 中速电梯

这种电梯额定速度为1～2.5m/s。

3. 高速电梯

这种电梯额定速度大于2.5m/s不超过4m/s。

4. 超高速电梯

这种电梯额定速度>4m/s。

三、按拖动电动机类型分类

1. 交流电梯

采用交流电动机拖动的电梯。其中又可分为单、双速拖动，采用改变电动机磁极对数的方法调速；调压拖动，通过改变电动机电源电压的方法调速；调频调压拖动，采取同时改变电动机电源电压和频率的方法调速。

2. 直流电梯

这是一种采用直流电动机拖动的电梯。由于其调速方便，加减速特性好，曾被广泛采用。随着电子技术的发展，直流拖动正被节省能源的交流调速拖动代替。

四、按驱动方式分类

1. 钢丝绳驱动式电梯

它可以分成两种不同的形式：一种是被广泛采用的摩擦曳引式；另一种是卷筒强制式。前一种安全性和可靠性都较好；后一种缺点较多，已很少采用。

2. 液压驱动式电梯

这种驱动式电梯历史较长，它可分为柱塞直顶式和柱塞侧置式。优点是机房设置部位较为灵活，运行平稳，采用直顶式时不用轿厢安全钳及底坑地面的强度可大大减小，顶层高度限制较宽。但其工作高度受柱塞长度限制，运行高度较低。采用液压油作为工作介质时，还须充分考虑防火安全的要求。

3. 齿轮齿条驱动式电梯

它通过两对齿轮齿条的啮合来运行，运行振动、噪声较大。这种形式一般不需设置机房，由轿厢自备动力机构，控制简单，适用于流动性较大的建筑工地。目前已列入建筑升降机类。

4. 链条链轮驱动式电梯

这是一种强制驱动形式，因链条自重较大，所以提升高度不能过高，运行速度也因链条链轮传动性能局限而较低。但它在用于企业升降物料的作业中有着传动可靠、维护方便、坚固耐用的优点。

其他驱动方式还有气压式、直线电动机直接驱动式和螺旋驱动式等。

五、按操纵控制方式分类

1. 手柄开关操纵，轿厢内开关控制（代号 S）

电梯司机利用转动手柄位置（开断 / 闭合）来操纵电梯运行或停止。要求轿厢上装玻璃窗口，便于司机判断层数、控制开关，这种电梯又包括自动门和手动门两种，多用于货梯。

2. 按钮控制［代号 A（按钮）］

电梯运行由轿厢内操纵盘上的选层按钮或层站呼梯按钮来操纵。某层站乘客将呼梯按钮按下，电梯就起动运行去应答。在电梯运行过程中如果有其他层站呼梯按钮按下，控制系统只能把信号记存下来，不能去应答，而且也不能把电梯截住，直到电梯完成前应答运行层站之后方可应答其他层站呼梯信号。

它是一种具备简单控制的电梯，有自平层功能，有轿厢外按钮控制和轿厢内按钮控制两种形式。

3. 信号控制［代号 XH（信号）］

把各层站呼梯信号集合起来，将与电梯运行方向一致的呼梯信号按先后顺序排列好，电梯依次应答接运乘客。电梯运行取决于电梯司机的操纵，而电梯在任何层站停靠由轿厢操纵盘上的选层按钮信号和层站呼梯按钮信号控制。电梯往复运行一周可以应答所有呼梯信号。

这是一种自动控制程度较高的电梯，除了具有自动平层和自动开门功能外，还有轿厢命令登记、层站召唤登记、自动停层、顺向截停和自动换向等功能，通常用于有司机客梯或客货两用电梯。

4. 集选控制［代号 JX（集选）］

在信号控制的基础上把呼梯信号集合起来进行有选择的应答。电梯为无司机操纵。在电梯运行过程中，可以应答同一方向所有层站呼梯信号和按照操纵盘上的选层按钮信号停靠。电梯运行一周后若无呼梯信号，就停靠在基站待命。为适应这种控制特点，电梯在各层站停靠时间可以调整，轿门设有安全触板或其他近门保护装置，以及轿厢设有过载保护装置等。

5. 下集选控制［代号 XJX（下集选）］

集合电梯向下运行方向的呼梯信号，如果乘客欲从较低层站到较高层站去，须乘电梯至底层基站后再乘电梯到要去的高层站。

6. 并联控制电梯［代号 BL（并联）］

共用一套呼梯信号系统，把两台或三台规格相同的电梯并联起来控制。无乘客使用电梯时，经常有一台电梯停靠在基站待命，称为基梯；另一台电梯则停靠在行程中间预先选定的层站，称为自由梯。当基站有乘客使用电梯并起动后，自由梯即刻起动前往基站作为基梯待命。当有除基站外其他层站呼梯时，自由梯就近先行应答，并在运行过程中应答与其运行方向相同的所有呼梯信号。如果自由梯运行时出现与其运行方向相反的呼梯信号，则在基站待命的电梯就起动前往应答。先完成应答任务的电梯就近返回基站或中间选下的层站待命。

当三台电梯并联集选控制时，其中两台作为基梯，一台作为自由梯。运行原则同两台并联控制电梯。对于并联控制电梯，每台均具有集选控制功能。

7. 梯群控制［代号 QK（群控）］

在客流量较大、具有多台电梯的高层建筑物中，把电梯分为若干组，每组四至六台电梯，将组内几台电梯控制部分连在一起，分区域进行有程序或无程序综合统一控制，对乘客需要电梯的情况进行自动分析后，选派最适宜的电梯及时应答呼梯信号。

群控是用微型计算机控制和统一调度多台集中并列的电梯，它使多台电梯集中排列，共用层站召唤按钮，按规定程序集中调度和控制。其程序控制分为四程序和六程序，前者将一天中客流情况分成四种，如上行高峰状态运行，下、上行平衡状态运行，下行高峰状态运行及杂散状态运行，并分别规定相应的运行控制方式。

8. 梯群智能控制［代号 QK（群控）］

具有数据采集、交换、存储功能，还能进行分析、筛选、报告等功能；控制系统可以显示出所有电梯的运行状态。由计算机根据客流情况，自动选择最佳运行控制方式，其特点是分配电梯运行时间，节省人力、电力和机器损耗。

六、其他方式分类

目前，电梯技术的发展使电梯控制日趋完善，操作趋于简单，功能趋于多样，分类方式也各不相同。如按驱动方式分类，分为钢丝绳式、液压式；按曳引机房的位置分类，分为机房位于井道上部的电梯、机房位于井道下部的电梯。

1. 按控制方式分类

1）轿厢内手柄开关控制的电梯。

2）轿厢内按钮开关控制的电梯。

3）轿厢内、外按钮开关控制的电梯。

4）轿厢外按钮开关控制的电梯。

5）信号控制的电梯。

6）集选控制的电梯。

7）两台或三台并联控制的电梯。

8）梯群控制的电梯。

2. 按拖动方式分类

1）交流异步单速电动机拖动的电梯。

2）交流异步双速电动机变极调速拖动的电梯。

3）交流异步双绕组双速电动机调压调速（俗称 ACVV）拖动的电梯。

4）交流异步单速电动机调频调压调速（俗称 VVVF）拖动的电梯。

5）直流电动机拖动的电梯。

1.3 电梯的主要参数及基本规格

> 提示：
> 每台电梯通常都是不一样的，不同的层、站、载重量等，属于定制化产品。

一、电梯的主参数

1. 额定载重量

电梯设计所规定的轿内最大载荷。乘客电梯、客货电梯、病床电梯通常采用 320kg、400kg、630kg、800kg、1000kg、1250kg、1600kg、2000kg、2500kg 等系列，载货电梯通常采用 630kg、1000kg、1600kg、2000kg、3000kg、5000kg 等系列，杂物电梯通常采用 40kg、

100kg、250kg 等系列。

2. 额定速度

电梯设计所规定的轿厢速度。标准推荐乘客电梯、客货电梯、病床电梯采用 0.63m/s、1.00m/s、1.60m/s、2.50m/s 等系列，载货电梯采用 0.25m/s、0.40m/s、0.63m/s、1.00m/s 等系列，杂物电梯采用 0.25m/s、0.40m/s 等系列。实际使用的还有 0.50m/s、1.50m/s、1.75m/s、2.00m/s、4.00m/s、6.00m/s 等系列。

二、电梯的基本规格

1. 额定载重量

电梯设计所规定的轿厢内最大载荷（kg）。

2. 轿厢尺寸

轿厢内部尺寸：宽 × 深 × 高（mm × mm × mm）。

3. 轿厢形式

有单面开门、双面开门或其他特殊要求，包括轿顶、轿底、轿壁的表面处理方式，颜色选择，装饰效果，是否装设风扇、空调或电话对讲装置等。

4. 轿门形式

常见的轿门有栅栏门、中分门、双折中分门、旁开门及双折旁开门等。

5. 开门宽度

轿门和层门完全开启时的净宽度（mm）。

6. 开门方向

对于旁开门，人站在轿厢外，面对层门，门向左开启则为左开门，反之为右开门；两扇门由中间向左右两侧开启者称为中分门。

7. 曳引方式

即曳引绳穿绕方式，也称为曳引比，指电梯运行时，曳引轮绳槽处的线速度与轿厢升降速度的比值。

8. 额定速度

电梯设计所规定的轿厢运行速度（m/s）。

9. 电气控制系统

包括电梯所有电气线路采取的控制方式、电力拖动系统采用的形式等方面。

10. 停层站数

凡在建筑物内各楼层用于出入轿厢的地点称为停层站，其数量为停层站数。

11. 提升高度

底层端站楼面至顶层端站楼面之间的垂直距离（mm）。

12. 顶层高度

顶层端站楼面至机房楼面或隔声层楼板下最突出构件之间的垂直距离（mm）。

13. 底坑深度

底层端站楼面至井道底面之间的垂直距离（mm）。

14. 井道高度

井道底面至机房楼板或隔声层楼板下最凸出构件之间的垂直距离（mm）。

15. 井道尺寸

井道的宽 × 深（mm × mm）。

1.4　电梯型号的编制方法

> 提示：
> 电梯型号和身份证号类似，通过型号可以识别出电梯的基本参数。

一、电梯型号编制方法的规定

1986 年，我国城乡建设环境保护部颁布的 J45—1986《电梯、液压梯产品型号编制方法》中对电梯型号的编制方法做了如下规定：

电梯、液压梯产品的型号由类、组、型和改型代号，主参数代号和控制方式代号三部分代号组成。第二、三部分之间用短线分开。

第一部分是类、组、型和改型代号，类、组、型代号用具有代表意义的大写汉语拼音字母表示。产品的改型代号按顺序用小写汉语拼音字母表示，置于类、组、型代号的右下方，如无，可以省略不写。

第二部分是主参数代号，其左上方为电梯的额定载重量，右下方为额定速度，中间用斜线分开，均用阿拉伯数字表示。

第三部分是控制方式代号，用具有代表意义的大写汉语拼音字母表示，如图 1-11 所示。

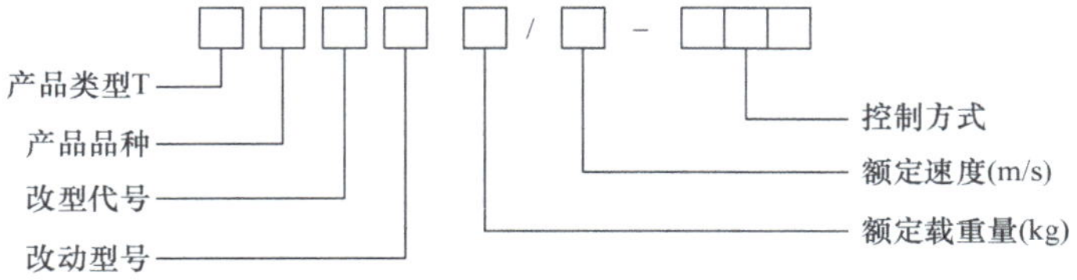

图 1-11　电梯型号编制方法

二、电梯产品型号示例

1.TKJ1000/2.5–JX

含义：交流调速乘客电梯。额定载重量为 1000kg，额定速度为 2.5m/s，集选控制。

2.TKZ1000/1.6–JX

含义：直流乘客电梯。额定载重量为 1000kg，额定速度为 1.6m/s，集选控制。

3.TKJ1000/1.6–JXW

含义：交流调速乘客电梯。额定载重量为 1000kg，额定速度为 1.6m/s，微机集选控制。

4.THY1000/0.63–AZ

含义：液压货梯。额定载重量为 1000kg，额定速度为 0.63m/s，按钮控制，自动门。

1.5　电梯的性能要求

> 提示：
> 酒店的电梯和住宅电梯肯定是有区别的，电梯的参数和性能决定了电梯的价格。

一、电梯安全性

安全性是电梯必须保证的首要指标，是由电梯的使用要求所决定的，是在电梯制造、安装调试、日常管理维护及使用过程中必须保证的重要指标。为保证安全，对于涉及电梯运行安全的重要部件和系统，在设计制造时留有较大的安全系数，设置了一系列安全保护装置，使电梯成为各类运输设备中安全性最好的设备之一。

二、电梯可靠性

可靠性是反映电梯技术的先进程度与电梯制造、安装维保及使用情况密切相关的一项重要指标。反映了电梯在日常使用中因故障导致电梯停用或维修的发生概率，故障率高说明电梯的可靠性较差。

一台电梯在运行中的可靠性如何，主要受该电梯的设计制造质量和安装维护质量两方面影响，同时还与电梯的日常使用管理有极大关系。如果我们使用的是一台制造中存在问题和瑕疵、具有故障隐患的电梯，那么电梯的整体质量和可靠性是无法保证的。然而，即使我们使用的是一台技术先进、制造精良的电梯，却在安装及维护保养方面存在问题，同样也会导致故障的出现，直接影响到电梯的可靠性。所以要提高可靠性必须从制造、安装维护和日常使用等几个方面着手。

三、电梯平层精度

电梯平层精度是指轿厢到站停靠后，其地坎上平面与层门地坎上平面之间在垂直方向上的距离值，该值的大小与电梯的运行速度、制动距离、制动力矩、拖动方式和轿厢载荷等有直接关系。目前我国规定各类不同速度的轿厢的平层精度必须达到要求，对平层精度的检测，应该分别以轿厢空载和满载做上、下运行，停靠同一层站进行测量，取其最大值作为平层精度。国家标准 GB/T10058—2009《电梯技术条件》，对轿厢的平层准确度提出了具体要求，见表 1-1。

表 1-1 电梯轿厢平层精度

电梯类型	电梯额定速度 /m·s^{-1}	平层精度 /mm
交流双速电梯	≤0.63	≤±15
	≤1.0	≤±30
交、直流快速电梯	1.0～2.0	≤±15
交、直流高速电梯	>2.0	≤±15

四、电梯舒适性和考核评价

舒适性是考核电梯使用性能最为敏感的一项指标，也是电梯多项性能指标的综合反映，多用来评价客梯轿厢。它与电梯运行及起动、制动阶段的运行速度和加速度、运行平稳性、噪声，甚至轿厢的装饰等都有密切的关系。对于舒适性主要从以下几个方面来考核评价。

1）当电源保持为额定频率和额定电压、电梯轿厢在 50% 额定载重量时，向下运行至行程中段（除去加速和减速段）时的速度不得大于额定速度的 105%，且不得小于额定速度的 92%。

2）乘客电梯起动加速度和制动减速度最大值均不应大于 1.5m/s^2。

3）当乘客电梯额定速度为 1.0m/s<v≤2.0m/s 时，A95[㊀]加、减速度不应小于 0.50m/s^2；当乘客电梯额定速度为 2.0m/s<v≤6m/s 时，A95 加、减速度不应小于 0.70m/s^2。

4）乘客电梯的开、关门时间不应超过表 1-2 的规定。

㊀ A95 表示在定义的界限范围内，95% 采样数据的加速度或振动值小于或等于的值。

表 1-2 乘客电梯的开、关门时间

开门方式	开门宽度（B）/mm			
	$B \leqslant 800$	$800 < B \leqslant 1000$	$1000 < B \leqslant 1100$	$1100 < B \leqslant 1300$
中分自动门	3.2s	4.0s	4.3s	4.9s
旁开自动门	3.7s	4.3s	4.9s	5.9s

5）振动、噪声与电磁干扰。

GB/T10058—2009《电梯技术条件》规定：轿厢运行必须平稳，其具体要求如下：

① 乘客电梯轿厢运行在恒加速度区域内的垂直（Z 轴）振动的最大峰峰值不应大于 $0.30m/s^2$，A95 峰峰值不应大于 $0.20m/s^2$。

② 乘客电梯轿厢运行期间水平（X 轴和 Y 轴）振动的最大峰峰值不应大于 $0.20m/s^2$，A95 峰峰值不应大于 $0.15m/s^2$。

注：按 GB/T24474—2020 测量，用计权的时域记录振动曲线中的峰峰值。

③ 电梯的各机构和电气设备在工作时不应有异常振动或撞击声响。乘客电梯的噪声值应符合表 1-3 规定。

另外，由于接触器、控制系统、大功率电气元件及电动机等引起的高频电磁辐射不应影响附近的收音机、电视机等无线电设备的正常工作，同时电梯控制系统也不应受周围的电磁辐射干扰而发生误动作现象。

表 1-3 电梯噪声值

额定速度 v/（m/s）	$\leqslant 2.5$	$2.5 < v \leqslant 6.0$
额定速度运行时机房内平均噪声值 /dB	$\leqslant 80$	$\leqslant 85$
运行中轿厢内最大噪声值 /dB	$\leqslant 55$	$\leqslant 60$
开关门过程最大噪声值 /dB	$\leqslant 65$	

注：1. 无机房电梯的“机房内平均噪声值”是指距离曳引机 1m 处测得的平均噪声值

2. 载货电梯仅考核机房内噪声值。

3. 对于 v=2.5m/s 的乘客电梯，运行中轿厢内噪声最大值不应大于 60 dB/A。

6）节约能源。

随着科技的发展，人们逐渐认识到地球上很多能源是不可再生的，同时人类为了获得这些能源付出了破坏环境的严重代价，因此采用先进技术，研发节能、绿色环保电梯成为我们面临的最大挑战，作为一名电梯工作者必须在这方面做出最大的努力。

1.6 电梯的工作条件和对建筑物的相关要求

现代电梯从运行的安全性、可靠性及维护的方便性等诸多因素考虑，对电梯的工作条件，供安装电梯的建筑物及其相关方面提出了明确的要求。这一节主要介绍国家规范在这些方面的基本内容及相关要求。

提示：

电梯安装也是有条件的，特别是进年来旧楼加装电梯，也要看是否符合相关要求和条件。

一、电梯的基本要求和工作条件

1. 基本要求

电梯及其所有零部件应设计正确、结构合理，并应遵守机械、电气及建筑方面的通用技术要求。制造电梯的材料应具有足够的强度和良好的质量，不应使用有害材料（如石棉等）。电梯整机和零部件应有良好的维护，使其保持正常的工作状态。需要润滑的零部件应有良好的润滑。

2. 电梯工作条件

1）安装地点的海拔高度不超过 1000m。

2）机房内的空气温度应保持在 5 ～ 40℃。

3）运行地点的最湿月平均相对湿度为 90%，同时该月月平均温度不高于 25℃。

4）供电电压相对于额定电压波动应在 ±7% 的范围内。

5）环境空气中不应含有腐蚀性和易燃性气体及导电尘埃。

二、电梯对建筑物的相关要求

1. 机房

电梯机房一般设置在井道的正上方，目前也有部分机房设置在井道的底部或侧面。机房内由于装设有较大功率的曳引电动机和电气控制系统，在工作时会释放出较多热量，所以对机房的通风降温就成为一个相当重要的要求；另外，机房必须具有良好的抵御风吹日晒和雨雪雷电的能力。电梯运行的质量在很大程度上取决于曳引机与控制系统的工作质量，同时电梯运行的安全可靠也和这两个部分息息相关，所以机房是整个建筑物中最重要的区域之一。电梯机房不能同其他设备的机房通用，为了便于电梯设备的安装调试、维护保养，机房必须具有一定的面积和高度，具备相关的起重和承载能力；机房必须设有完备的门窗，非有关人员不能随意出入；机房必须与建筑物中其他烟道、水箱、非电梯用水管、气管、电缆等相隔绝。

1）机房面积与机房中排布安放的设备尺寸、数量、检修空间等有极大关系，目前各电梯厂家的产品各不相同，机房面积也会有很大区别。一般机房有效面积是井道面积的 2 倍以上，交流低速梯为 2 ～ 2.5 倍，直流快速梯为 2.5 ～ 3.5 倍，大型轿厢的电梯在不影响设备维护检修保养的前提下，机房面积不受上述限制。

2）机房高度是机房地面至机房顶板之间的垂直距离，它同样与机房内安置的设备有关。载客电梯与医用电梯机房的高度应大于 3m，载货电梯机房高度应大于 2.5m，杂物电梯机房高度应不小于 1.8m。

3）主机、电控柜应尽量远离门窗，与门窗正面距离不小于 600mm，以防雨水浇淋；曳引机与墙壁间距离应大于 500mm，以方便检修；控制柜正面应有 800mm 距离，后面及侧面与所有其他设施间应留有 700mm 以上距离，以便于检修维护；电梯的照明、动力总电源应设置在机房入口处，其距地高度应为 1300 ～ 1500mm。

4）机房地面要求能承受 6000N/m³ 以上的载荷，在机房井道范围内应设置承重钢梁，以便承受整个电梯系统负载和曳引机重量，在井道顶部曳引机上方必须设有起吊挂钩，以满足曳引机等设备安装和维修之用，起吊挂钩的承载能力必须足够大，对额定载重 3000kg 以下的电梯，要求具有不小于 2000kg 的承载力。

5）机房楼板上要留有绳孔，具体根据电梯轿厢和对重位置及轿门开向等确定，对于限速器绳孔和其他电气控制管线孔等，也要根据布置图确定。各绳孔口周围均要求筑有高度为 75mm 以上、距绳 25 ～ 50mm 的台阶，以防止油、水等流入井道或细小部件坠入井道。

6）机房处于建筑最高处，下部有很长的井道，具有抽风效应，所以非常容易将灰尘等吸入机房。另外，在机房中装设有较多的电气设备，具有一定的火灾隐患，所以在机房内一定要设置扑灭电气火灾的消防设施，如干粉灭火器、二氧化碳灭火器等。

7）机房一般都布置在建筑物的最高处，在雷雨季节易受到雷电的袭击，为此，在设计建造机房时，必须按照低压用电安全规范安装符合要求、安全可靠的避雷设施。

2. 井道的结构要求

1）每台电梯井道均应由无孔的墙、底板和顶板完全封闭起来。电梯井道只允许有下列开口（不要求井道防止火灾漫延的地方除外）：

① 层门开口；

② 通向井道的检修门、井道安全门及检修活板门的开口；

③ 火灾情况下排除气体及烟雾的排气孔；

④ 通风孔；

⑤ 井道与机房及滑轮之间的永久性开口。

2）井道安全门设置。

当相邻两层门地坎间的距离大于 11m 时，其间应设井道安全门，以确保相邻地坎间的距离不大于 11m。（如果相邻轿厢间的水平距离不大于 0.75m，轿厢顶部边缘与相邻轿厢的运行部件〈轿厢或对重〉之间水平距离≥0.3m，且都装有轿厢安全门的情况下，可不受此规定限制）。

井道安全门、检修门及检修活板门应符合下列要求：

① 不得朝井道内开启；

② 应装设用钥匙开启的锁，当门开启后不用钥匙亦能将其关闭及锁住；在锁住的情况下，从井道内部不用钥匙可将门打开；

③ 这些门应设符合规范要求的电气安全装置，只有在关闭状态时，电梯才能运行（检修活板门在检修操作期间例外）；井道安全门的高度不得低于 1.8m，宽度不得小于 0.35m；检修门的高度不得低于 1.4m，宽度不得小于 0.6m；检修活板门的高度不得高于 0.5m，宽度不得大于 0.5m。

这些门应是无孔的，并且应具有与层门一样的机械强度。

3）有轿门电梯轿厢与面对轿厢入口处的井道内表面之间的间距。

井道内表面与轿厢地坎或轿门框架或轿门（对于滑动门是指门的最外边沿）之间的水平距离不得大于 0.15m（互联的折叠门尤应注意）。

下列情况下上述水平距离允许放宽至 0.2m。

① 在井道的内表面局部一段垂直距离不大于 0.5m。

② 带有垂直滑动门的载货电梯和非商业用汽车电梯。

如果轿厢装有机械锁住的门且只能在层门开锁区域内打开，可不遵守上述这些水平距离的规定。

4）轿厢和对重下面空间的保护。

如果轿厢或对重下面有人们能到达的空间存在，井道底坑的底面最小应按 5000N/m 的载荷设计，并且：

① 将对重缓冲器安装在延伸到坚固地面的实心桩墩上。

② 对重装设安全钳装置。

5）顶层空间。

当对重完全压在它的缓冲器上时，应同时满足下面四个条件：

① 轿厢导轨长度应能提供一个不小于 $0.1+0.035v^2$（m）的进一步制导行程；

注：$0.035v^2$ 表示对应于 115% 额定速度时的重力制动距离的一半，即 $0.0337v^2$，圆整为 $0.035v^2$。

② 从一块不小于 $0.12m^2$，其短边不小于 0.25m 的供站人用的轿顶的最高面积的水平面（不包括下述③ 的部件面积）与位于轿顶投影部分的井道最低部件的水平面（包括梁和固定在井道顶下面的部件）之间的自由垂直距离，应不小于 $1.0+0.035v^2$（m）。

③ 井道顶部件。

a）固定在轿厢顶上的设备的最高部件之间的自由垂直距离（不包括下述 b）应不小于 $0.3+0.035v^2$（m）；

b）导靴与滚轮、曳引绳附件和垂直滑动门的横梁或部件的最高部分之间的自由垂直距离应不应小于 $0.1+0.035v^2$（m）。

④ 轿厢上方应有足够的空间，该空间的大小以能放进一个不小于 0.5m × 0.6m × 0.8m 的长方体为准，可以任何一个面朝下放置。对于用曳引绳直接系住的电梯（1 : 1 绕法），只要曳引绳中心线距长方体的一个垂直面（至少一个）的距离不超过 0.15m，则悬挂曳引绳和它的连接装置可以包括在这个空间内。

当轿厢完全压在它的缓冲器上时，对重导轨长度应能提供不小于 $0.1+0.035v^2$（m）的进一步制导行程。

注：当电梯的减速度被可靠地监控时，上述轿厢导轨长度和对重导轨长度的进一步制导行程值可按下述情况减少：

a. 电梯额定速度不大于 4m/s 时，可以减少到 1/2，且不应小于 0.25m；

b. 电梯额定速度大于 4m/s 时，可减少到 1/3，且不应小于 0.28m。

对具有补偿绳并带补偿绳张紧轮及防跳装置（制动或锁闭装置）的电梯，计算间距时，$0.035v^2$ 这个值可用张紧轮可能的移动量（随使用的绕法而定）再加上轿厢行程的 1/500 来代替。考虑到钢丝绳的弹性，替代的最小值为 0.2m。

3. 底坑

（1）底坑底部要求　底坑的底部应光滑平整，不得作为积水坑使用。在导轨、缓冲器、栅栏等安装竣工后，底坑不得漏水或渗水。

（2）底坑门　如果底坑深度大于 2.5m，且建筑物的布置允许，应设置底坑进口门。底坑进口门的要求与井道安全门相同。

如果没有其他通道，为便于检修人员安全地进入底坑地面，应在底坑内设置一个从下端站层门进入底坑的永久性装置，此装置不得凸入电梯运行的空间。

（3）底坑的空间　当轿厢完全压在它的缓冲器上时，应同时满足下述条件：

1）底坑内应有足够的空间，该空间的大小以能放进一个不小于 0.5m × 0.6m × 1.0m 的长方体为准，长方体可以任何一个面着地。

2）底坑底与轿厢最低部件之间的自由垂直距离（不包括本条下述部件）应不小于 0.5m；底坑底与导靴或滚轮安全钳锲块，护脚板或垂直滑动门的部件之间的自由垂直距离不得小于 0.1m。

（4）底坑内电气设置

1）底坑内应有红色双稳态的电梯停止开关，该开关用于停止电梯和使电梯保持停止状态。应安装在门的近旁，当人打开门进入底坑后能立即触及。停止开关或其近旁应标出“停止”字样，在需要操作停止开关时，不会出现误操作。

2）电源插座。插座应是 2P+PE 型，250V。

3）隔障的设置。

在井道的下部，在不同的电梯运动部件（轿厢或对重）之间应设置隔障。这种隔障应至少从轿厢或对重行程的最低点延伸到底坑地面以上 2.5m 的高度。

如果轿厢顶部边缘与相邻轿厢的运动部件（轿厢或对重）之间的水平距离小于 0.3m，隔障应延长贯穿整个井道的高度，并应超过其有效宽度［有效宽度是指不小于被保护运动部件（或其部分）的宽度加上每边各加 0.1m 后的宽度］。

（5）井道照明的设置　井道应设永久性的电气照明，在维修期间，即使门全部关上，在轿顶或底坑地面以上 1m 处的照度至少为 50lx。特殊情况下，若允许采用非封闭式井道，且周围又有足够的照明，可不设。

井道照明应这样设置：距井道最高点和最低点 0.5m 以内各设一盏灯，中间最大每隔 7m 设一盏灯。

三、电梯施工条件

1. 机房的空间

电梯机房应是一个用实体的材料（不允许使用带孔或带栅格的材料）制成的墙壁、房顶、门（或检修活板门）和地面封闭起来的安装电梯驱动主机及其附属设备的专用房间。

机房的空间应足够大，以允许维修人员安全和容易地接近所有部件，特别是电气设备。

1）控制屏（柜）前面的水平净空面积。

深度：从围壁的外表面测量时不小于 0.7m，在凸出装置（拉手）前面测量时，此距离可以减少至 0.6m；宽度：0.5m 或控制屏（柜）的全宽度，取两者中较大者。

2）在必要的地点以及需要进行人工紧急操作的地方的水平净空面积。

为了对各运动件进行维修和检查，在必要地点以及需要进行人工紧急操作的地方（如手动紧急操作）要有一块不小于 0.5m × 0.6m 的水平净空面积。通往这些净空场地的通道宽度应不小于 0.5m。对于没有运动件的地方，此值可减少到 0.4m。

3）供活动场地和工作场地的净高度。

供活动和工作场地的净高度在任何情况下应不小于 1.8m。分别是指从屋顶结构横梁下面测量到通道场地地面和工作场地地面的距离。

4）电梯驱动主机旋转部件上方的垂直净空距离。

电梯驱动主机旋转部件的上方应有不小于 0.3m 的垂直净空距离。

2. 机房（滑轮间）使用方面的要求

机房或滑轮间不得作为电梯以外的其他用途，也不得设置不是电梯用的槽、电缆、管道等。但这些房间可以设置杂物电梯或自动扶梯的驱动主机、空调设备或采暖设备（但不包括热水或蒸汽采暖设备）及具有较高的动作温度、适用于电气设备（对液压电梯，适用于油类）、在一段时间内稳定且有防止意外碰撞的火灾探测器和灭火器。滑轮间应设置红色、双稳态、能防止误操作的停止开关。

（1）机房门　只有经过批准的人员（维修、检查和营救人员）才能被允许触及电梯驱动主机及其附属设备和滑轮，因此机房应设门（不得向内开启），门上应加锁（但能从机房内不用钥匙可将其开启），并标上“机房重地，闲人免进”字样。机房门窗应防风雨。

（2）机房的环境　为保护电动机、设备以及电缆等尽可能免受灰尘、有害气体和潮气的损害，机房必须通风，从建筑物其他部分抽出的陈腐空气不得排入机房内。机房内的环境温度应保持在 5 ～ 40℃，微机控制的电梯的机房宜设置空调设备，以保证满足上述对温度的要求。

（3）机房的照明和电源插座　机房照明应是永久式电气照明，地表面上的照度不小于200lx。照明电源应与电梯驱动主机电源分开，可通过另外的电路或通过与主电源供电侧相连的方法获得照明电源，开关应设在机房内靠近入口处。

室内应设置一个或多个电源插座，2P+PE 型或安全电压供电。

（4）机房的附属设施　为了便于在安装或需要更新设备时吊运设备，在房顶板或横梁的适当位置处应装备一个或多个适用的具有安全工作载荷标示的金属支架或吊钩。

（5）机房的场地安全　为了确保有关人员进入机房时的方便和安全，机房场地还应满足下列要求：

1）机房地面高度不一且相差大于 0.5m 时，应设置楼梯或台阶，并设置护栏；

2）有任何深度大于 0.5m、宽度小于 0.5m 的凹坑或任何槽坑时，应加盖。

3）楼板和机房地板上的开口尺寸必须减小到最小，机房内钢丝绳与楼板孔洞每边间隙均应为 20 ～ 40mm（对额定速度大于 2.5m/s 的电梯，运行中的钢丝绳与楼板不应有摩擦的可能），通向井道的孔洞四周应筑一高 50mm 以上、宽度适当的台阶。

（6）机房、滑轮间的通道　通向机房、滑轮间的通道应畅通安全，在任何时候都能安全方便地使用。通道应设永久性的电气照明装置，亮度不低于 50lx。人员进入机房和滑轮间的通道应优先考虑全部采用楼梯，如果不能安装楼梯，使用的梯子应满足下列要求：

1）梯子的踏板应能承受 1500N 的力，梯子的高度不应超过 4m，应不易滑动或翻转；

2）放置时，梯子与水平面的夹角应在 65° ～ 75° 之间（固定的并且高度小于 1.5m 的梯子例外）；

3）梯子必须专用，在通道地面应随时可用，为此应制订必要的规定；

4）靠近梯子的顶端应设一个或多个容易握到的把手；

5）当梯子未固定时，应配备固定的附着点。

任务实施

1.7 实训：仿真电梯·四层教学培训考核多功能电梯

任务实施目的

初步认识高仿真电梯的结构，熟悉四层教学培训考核多功能电梯的功能与操作，能根据电路原理图掌握一些电梯故障的排除方法。

任务实施设备

1. 仿真电梯概述

多功能教学电梯是目前国内教学设备行业中技术含量较高的设备之一。本设备在电梯门系统、曳引系统、轿厢悬挂系统、电梯井道信号系统以及电梯控制系统方面，都是基于实际电梯相应系统的缩小版设计的，是一套典型的缩小版电梯。

在电气控制上，与目前电梯行业主流的控制系统相一致，采用交流变频调速与PLC程控的开关量控制系统，能够实现全集选电梯的基本功能，并且在电梯上设置了电路、电气、变频、PLC、机械等常见的39项故障供学生动手实操。整套设备设计科学合理，透明直观，是工控教学设备领域的一大突破性革新。适应于大中专院校、技校、职校及劳动培训等部门电气自动化、电梯控制、电梯维修等专业配套教学和实验，同时也可供劳动技能鉴定考核使用。

2. 仿真电梯的结构

本实训项目的仿真电梯外观及结构设计如图1-12所示。

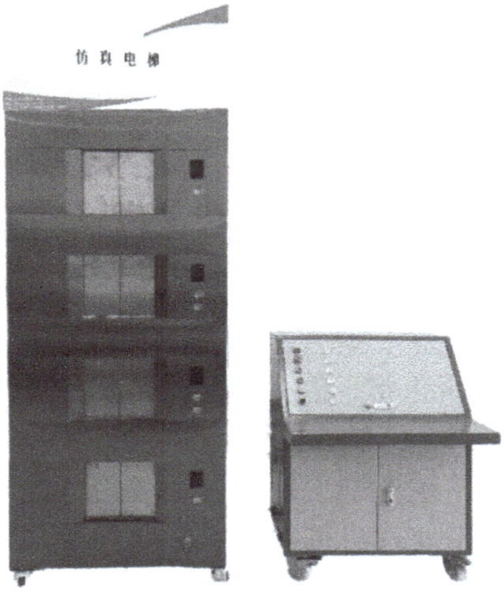

图1-12 四层教学培训考核多功能仿真电梯

3. 仿真电梯的技术参数

1）电梯轿厢尺寸：约400mm×405mm×340mm（宽×深×高）；

2）开门尺寸：约260mm；

3）井道框架外围尺寸：约 800mm × 760mm × 2520mm（宽 × 深 × 高）；

4）曳引机功率：0.25kW；

5）额定电流：0.79A；

6）供电电源：三相五线，380V、50Hz；

7）变频器：日本三菱 A740；

8）可编程控制器（PLC）：三菱 FX_{3U}-80MR 系列；

9）控制方式：全集选（JX）；

10）电梯层站：4 层 /4 站。

4. 仿真电梯的功能与操作

（1）正常使用操作程序

1）接通三相电源：

这时应有楼层显示。电梯能自动关门，应答外呼信号，在操纵箱上选择楼层后，必须关好门才能运行。这时外呼信号顺向的能停车，逆向的保留。

2）层站呼梯：电梯能自动应答信号，顺向停车，逆向信号保留，一直到全部信号自动应答完毕。

3）泊梯（锁梯）：电梯停靠在底层关好门后，按下一层呼梯盒上的锁梯按钮，电梯锁梯。

（2）检修运行　把控制屏或者轿顶操作箱上的“正常 / 维修”开关拨至“检修”状态，这时电梯处于检修点动运行，但安全回路及门锁仍然有效，按“COM+ 上行”或“COM+ 下行”按钮，电梯做点动上行或下行，此操作用于电梯维修或实验终端限位功能。用检修操作将电梯平层后，将“正常 / 维修”开关拨至“正常”，电梯将恢复正常运转。

（3）润滑说明

1）曳引机减速箱：使用 220# 齿轮油，每年更换一次。

2）轿厢导轨：涂抹少量机油。

3）对重导轨：涂抹少量机油。

4）层门及轿门导轨：涂抹少量机油。

特别说明：钢丝绳不能加油润滑。

（4）日常保养要点

1）电梯运行时，应注意观察整体结构是否异常振动，曳引机是否正常运行。

2）检查曳引机抱闸能否正常打开。

3）检查各层门锁动作是否正常，有无卡阻。

4）检查门机开关门动作是否正常，能否开门到位。

5. 仿真电梯的控制方式

采用“PLC—变频调速”系统控制，即“各类按钮与控制柜各元器件进行开关量的控制，PLC 接收输入信号进行程序处理再进行输出控制：变频器控制电动机转速，门机控制开关门动作”等。

6. 仿真电梯的功能说明

（1）层楼记忆功能　本仿真电梯使用上平层光电开关、下平层光电开关以及门区光电开关的通断做层楼记忆的外来信号，当向上运行时存储器做加法，向下运行时存储器做减法，从而改变存储器的数据，达到改变楼层的目的地。

检验方式：当电梯在一层，选顶层内选指令，电梯关门开始运行，每经过门区，层楼显示变化一次，直到顶层停车，当重复上述操作时，选层开始运行，扳断门区故障开关，用同样的方法选顶层可以看到这样的结果，当电梯上行时，层楼显示由“1”直接变到“4”，下行时，层楼显示“4”直接变到“1”，假定中间也发出停车指令，电梯将不断上下运动，而又不能使电梯在指定层楼停车，闭合门区故障开关，电梯运行正常。

（2）层楼校正功能　本仿真电梯在井道两端分别设计了三个开关，其中最内侧的开关为上、下校正开关，即在电梯门区开关损坏或在检修运行时导致层楼不能变化时乱层，电梯运行到两端由于碰到该开关，即刻发出指令，将计算机事先存好的数据送入楼层的存储器，记忆存储中致使楼层变化，达到校正楼层的目地，从而使电梯不会上下冲层，保证电梯运行的安全性。同时，该开关还有一个辅助功能——强迫换速，电梯在正常运行情况下可以利用它正常换速；当电梯正常运行时，假定没有按规定换速，电梯运行到端点碰到该开关，立刻计时，当发现不能正常发出换速信号时，自动发出上下换速信号，使电梯在端站按正常方式停车。

（3）顺向截车功能　该仿真电梯采用集选控制方式，具有顺向截车功能。

检验方式，当电梯在1层的时候，分别呼梯，2层呼“下”，3层呼“上”，4层呼“下”，电梯的运行方式则应当是电梯运行到2层不停到3层停，再运行到4层后下行至2层。

（4）最远反方向截车功能　最远反向截车功能是外呼电梯，电梯先到外呼最远的层站停车，然后按照层站相应顺序依次停车。

（5）锁梯功能　该仿真电梯在井道上有一层外呼板，其中设有锁梯开关，当使用者想关闭电梯时，无论该电梯在那一层，电梯接到锁梯信号后，就自动返回基站（一层）自动开关门一次，自动关门时间为10s，当门锁继电器吸合后6s切断显示、轿内呼梯信号及厅门呼梯信号。

（6）检修功能　为了使用方便，该仿真设计有检修运行，在使用慢上慢下按钮时，电梯应先关门后才开始上（下）慢行，否则先执行关门指令，当满足运行条件后才开始上（下）慢行；由检修转到正常时，电梯应在门区自动开关门，如不在门区，电梯将自动向上找平层，平层后开门一次。

（7）防粘连保护功能　防粘连功能用以检测输出继电器、抱闸继电器、急停继电器的触点是否正常，一旦出现触点粘连情况，上下方向灯闪烁，电梯停止运行。

（8）电梯端站保护功能　该仿真电梯设计了三道端站保护开关，依次是上/下强换开关、上/下限位开关、上/下极限开关，上述开关安装在电梯的两个端站上。

1）当电梯上下到端站时，首先碰到的是上/下强换开关，该开关安装在端站出门处。此开关的作用是：当电梯运行到端站时，该开关断开，向计算机送出一个信号，将计算机内的数更正为送入值，以确保楼层的正确性，同时开始记时，以监控电梯换速是否正常，一旦正常换速，该功能自动复位，否则就会发出停车指令，使电梯减速停车。

2）上/下限位开关是安装在端站平层后略高一点的位置，当电梯一旦冲出平层，即刻向计算机发出切断主输出继电器的指令，以使电梯停车，而反方向是可以运行的。

3）上/下极限开关是安装在上下限位开关的后边，其作用是当限位开关无法阻止电梯向两端运行时碰到该开关，即刻切断控制柜电源，使电梯断电停车。要想再次运行，必须按下控制柜上的复位按钮，将检修开关打到检修运行的位置，用检修的方式将电梯复位后再恢复正常运行。

（9）连续运行时间保护功能　连续运行时间是电梯停止运行到恢复运行的时间段。在连续运行时间保护范围内，电梯不允许运行，以防止电梯因某种故障在停车后又立即运行，保证电梯运行的安全性。

（10）自检平层功能　自检平层是电梯检修运行时可能没停在门区，当复位检修开关后，电梯能自动找门区并且停车开门关门。

（11）本层呼梯重开门功能　本层呼梯重开门功能是当电梯在层站时，按下电梯所在层站的外呼，则电梯执行开门动作。

（12）最远运行时间保护功能　最远运行时间是电梯轿厢从基站直接到端站的运行时间。当轿厢运行时间超过最远运行时间时，轿厢停止运行，须重新起动才能运行，以防止电梯因某种故障导致电梯上下冲层，保证电梯运行的安全性。

（13）检修恢复正常开门功能　检修恢复正常开门功能是电梯由检修状态恢复正常时，电梯自动开关门一次。

任务实施内容

1. 故障设置

仿真电梯排故实训内容见表 1-4。

表 1-4　仿真电梯排故实训内容列表

编号	故障点符号	故障点	故障现象描述
故障 k1	SPG	上平层光电开关	上平层感应器故障，电梯不能正常下行但可上行复位蹲底
故障 k2	XPG	下平层光电开关	下平层感应器故障，电梯不能正常上行但可下行复位蹲底
故障 k3	MQZ	门区光电开关	门区感应器故障，无法正常响应楼层、停层
故障 k4	DYJ	电压继电器	电压继电器故障，井道安全回路故障，电梯不能正常运行
故障 k5	MSJ	门锁继电器	门锁继电器故障，安全回路故障，电梯不能正常运行
故障 k6	SXK	上限位开关	上限位开关故障，电梯不能上行但可下行
故障 k7	XXK	下限位开关	下限位开关故障，电梯不能下行但可上行
故障 k8	SHK	上强迫减速开关	上强迫减速开关故障，不能上升但可下降，操纵箱有顶层楼层数字显示
故障 k9	XHK	下强迫减速开关	下强迫减速开关故障，不能下降但可上升，操纵箱有底层楼层数字显示
故障 k10	GMK	光幕光电开关	光幕光电开关故障，关门时无法响应开门
故障 k11	CZK	超载开关	超载光电开关故障，超载时电梯依旧关门运行
故障 k12	KMA	开门按钮	开门按钮故障，不能开门，其他正常
故障 k13	GMA	关门按钮	关门按钮故障，不能关门，其他正常
故障 k14	1ZA	一层内呼按钮	一层内呼按钮故障，不响应轿厢内操纵箱楼层一层选择按钮，其他正常
故障 k15	2ZA	二层内呼按钮	二层内呼按钮故障，不响应轿厢内操纵箱楼层二层选择按钮，其他正常
故障 k16	3ZA	三层内呼按钮	三层内呼按钮故障，不响应轿厢内操纵箱楼层三层选择按钮，其他正常
故障 k17	4ZA	四层内呼按钮	四层内呼按钮故障，不响应轿厢内操纵箱楼层四层选择按钮，其他正常
故障 k18	1SA	一层上呼按钮	一层上呼按钮故障，不响应轿厢外操纵箱一层上行选择按钮，其他正常

（续）

编号	故障点符号	故障点	故障现象描述
故障 k19	2SA	二层上呼按钮	二层上呼按钮故障，不响应轿厢外操纵箱二层上行选择按钮，其他正常
故障 k20	3SA	三层上呼按钮	三层上呼按钮故障，不响应轿厢外操纵箱三层上行选择按钮，其他正常
故障 k21	2XA	二层下呼按钮	二层下呼按钮故障，不响应轿厢外操纵箱二层下行选择按钮，其他正常
故障 k22	3XA	三层下呼按钮	三层下呼按钮故障，不响应轿厢外操纵箱三层下行选择按钮，其他正常
故障 k23	4XA	四层下呼按钮	四层下呼按钮故障，不响应轿厢外操纵箱四层下行选择按钮，其他正常
故障 k24	KMJ	开门继电器	开门继电器线圈不得电，不能开门
故障 k25	GMJ	关门继电器	关门继电器线圈不得电，不能关门
其他故障		轿顶急停	安全回路断开，不能运行
		安全钳	
		底坑急停	
		断绳开关	
		缓冲器 1	
		缓冲器 2	
		上极限开关	
		下极限开关	
		限速器	
		盘车手轮	
	1TMK	1 层层门锁	1 层层门锁断开，安全回路断开，电梯不能运行
	2TMK	2 层层门锁	2 层层门锁断开，安全回路断开，电梯不能运行
	3TMK	3 层层门锁	3 层层门锁断开，安全回路断开，电梯不能运行
	4TMK	4 层层门锁	4 层层门锁断开，安全回路断开，电梯不能运行

2. 故障说明

1）各故障点设置于开关外部。

2）各故障点均引至故障端子排。

3）各故障开关串联接入。

4）故障排除示例说明。

以故障 1 为例，当拨动故障钮子开关 K1 时，电梯不能正常上行，这时只需短接线号 X1–\X1 端，电梯则可正常运行。恢复钮子开关 1 后，拆除短接线。

3. 注意事项

1）系统必须可靠接地，接地线电阻值符合国家有关规定，应不大于 4Ω。

2）线路绝缘电阻应大于 0.5MΩ。

3）不能短接门锁运行。

4）电梯供电系统应该独立设置，不得与其他设备共用。

5）当发现电气元器件有冒烟、振动等异常现象时，应立即关断电源，检查故障。待故障排除后方可使用。

4. 仿真电梯电气原理图

PLC 控制回路门机、安全、抱闸回路，以及主回路电路图分别如图 1-13 ～图 1-15 所示。

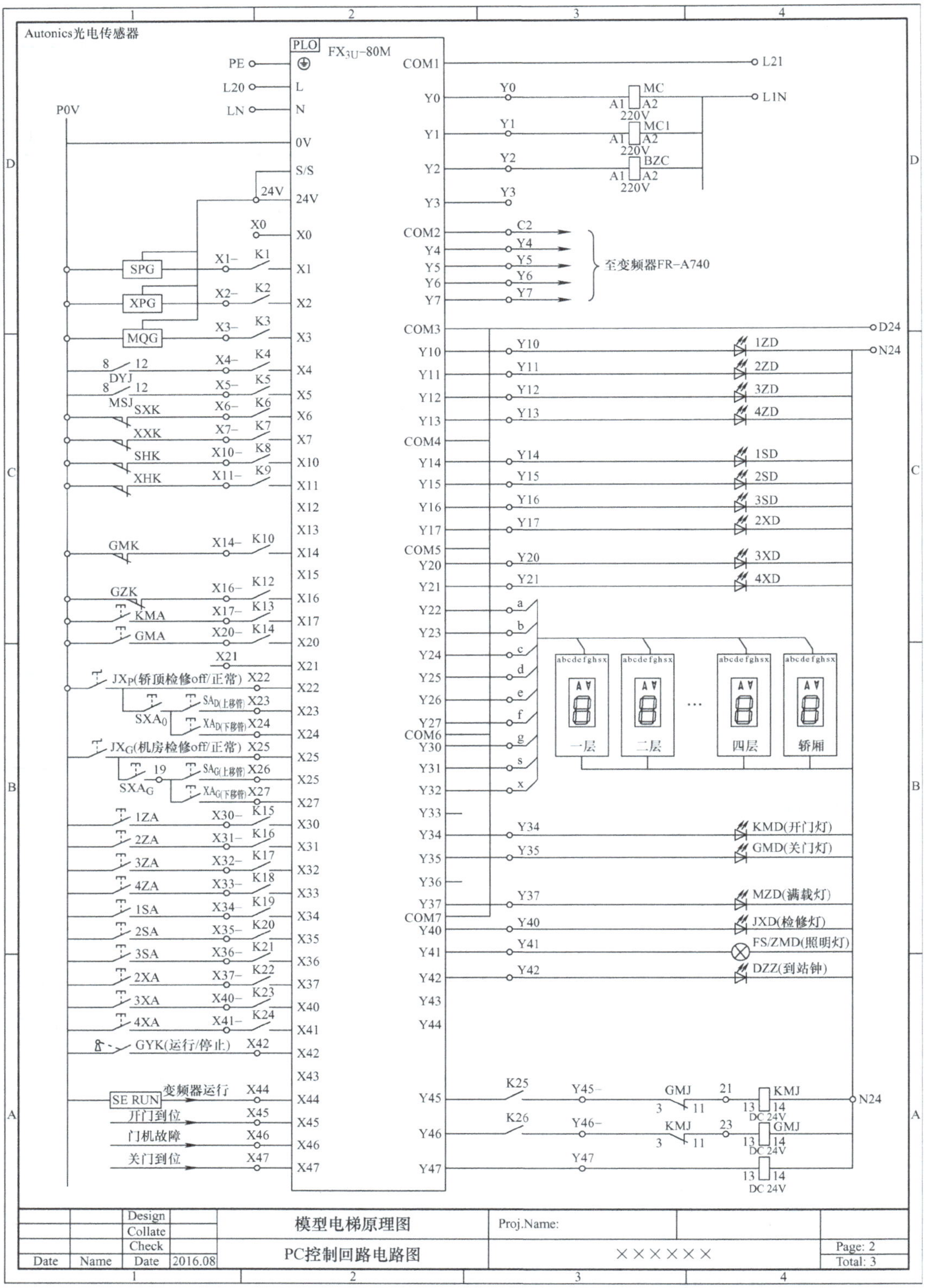

图 1-13　PLC 控制回路电路图

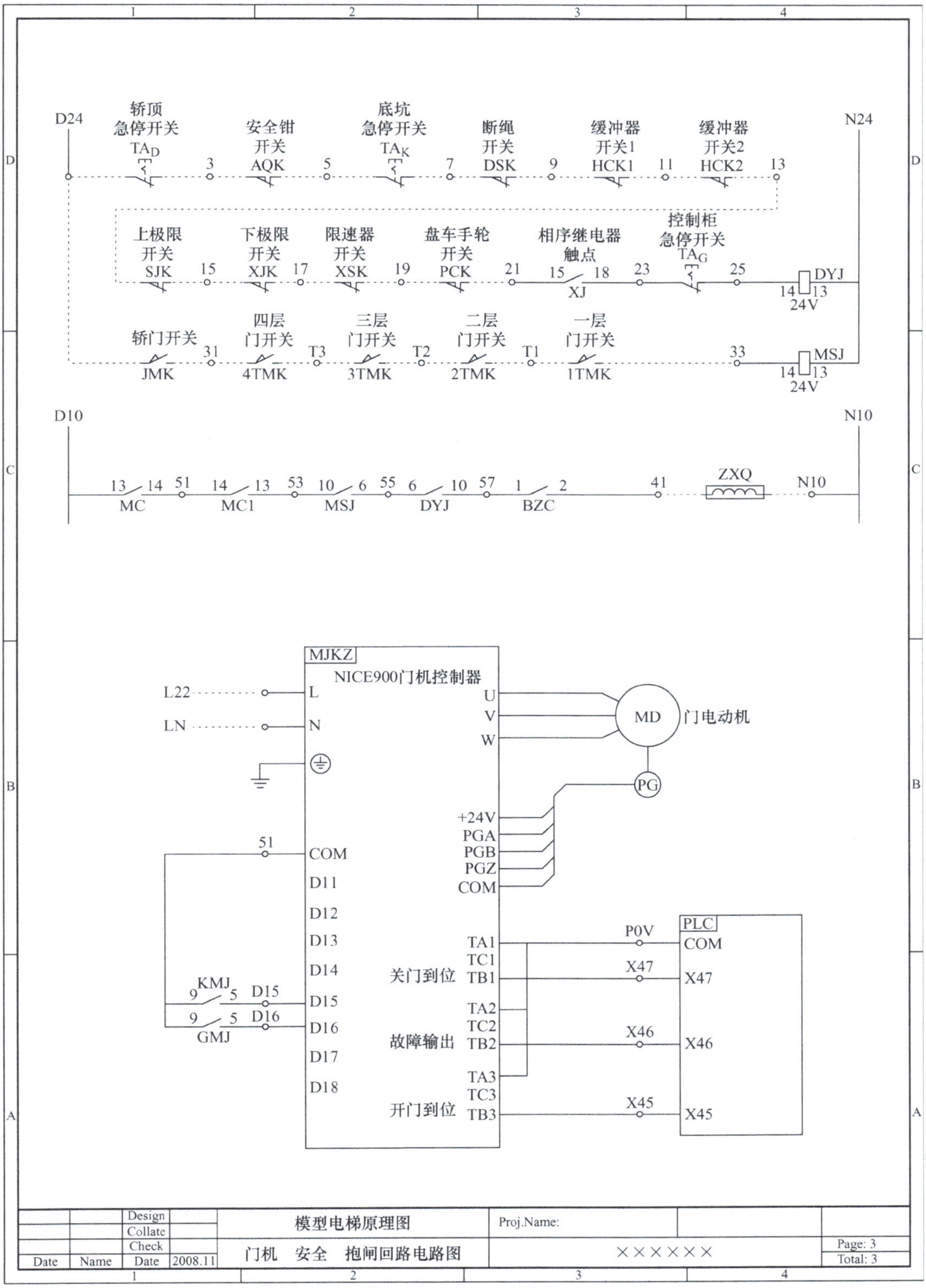

图 1-14 门机、安全、抱闸回路电路图

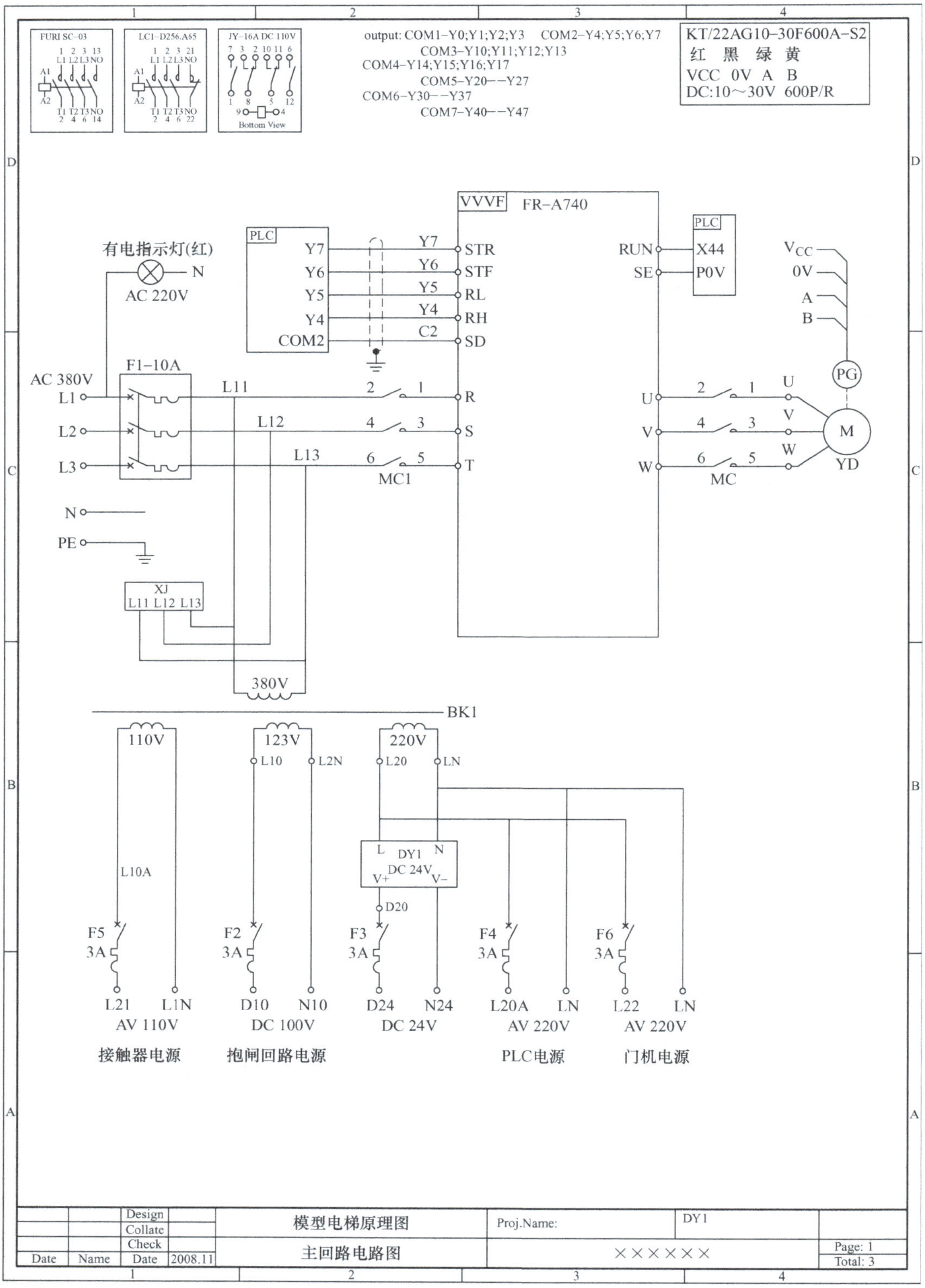
FURI SC-03
LC1-D256.A65
JY-16A DC 110V
Bottom View
output: COM1-Y0;Y1;Y2;Y3 COM2-Y4;Y5;Y6;Y7
COM3-Y10;Y11;Y12;Y13
COM4-Y14;Y15;Y16;Y17
COM5-Y20--Y27
COM6-Y30--Y37
COM7-Y40--Y47
KT/22AG10-30F600A-S2
红 黑 绿 黄
VCC 0V A B
DC:10～30V 600P/R
VVVF FR-A740
PLC
有电指示灯(红)
AC 220V
N
Y7 Y6 Y5 Y4 COM2
STR STF RL RH SD
C2
RUN SE
X44 P0V
VCC 0V A B
PG
M
YD
AC 380V
L1 L2 L3
F1-10A
L11 L12 L13
R S T
MC1
U V W
MC
N
PE
XJ
L11 L12 L13
380V
BK1
110V
123V
220V
L10 L2N L20 LN
L10A
DY1
DC 24V
V+ V-
D20
F5 3A
F2 3A
F3 3A
F4 3A
F6 3A
L21 L1N
AV 110V
D10 N10
DC 100V
D24 N24
DC 24V
L20A LN
AV 220V
L22 LN
AV 220V
接触器电源
抱闸回路电源
PLC电源
门机电源
Design
Collate
Check
Date Name Date 2008.11
模型电梯原理图
主回路电路图
Proj.Name:
DY1
××××××
Page: 1
Total: 3

图 1-15 主回路电路图

知识拓展　智能网联电梯维护职业技能等级证书标准介绍

2019 年 2 月，国务院印发《国家职业教育改革实施方案》，明确提出从 2019 年开始，在职业院校、应用型本科高校启动“学历证书 + 若干职业技能等级证书”制度试点（以下称 1+X 证书制度试点）工作。“1”为学历证书，“X”为若干职业技能等级证书。学历证书全面反映学校教育的人才培养质量。职业技能等级证书是毕业生、社会成员职业技能水平的凭证，反映职业活动和个人职业生涯发展所需要的综合能力。“1”是基础，“X”是“1”的补充、强化和拓展，书证相互衔接融通正是 1+X 证书制度的精髓所在。

院校是 1+X 证书制度试点的实施主体，培训评价组织则是职业技能等级证书及标准的建设主体。通过证书试点，有助于将教育标准和企业标准融于一体，为产教融合、校企合作提供有效载体，助推院校教育教学改革走向深入。近一年来，在双方共同努力下，1+X 证书制度试点工作从首批的 5 个领域开始启动，迄今已分两批确定了 16 个职业技能等级证书、5266 个试点。其中，首批 1+X 证书制度试点已覆盖学生累计约 20 多万人。2021 年 4 月，首个电梯专业 1+X 证书《智能网联电梯维护职业技能等级标准》公布。

1. 范围

本标准规定了智能网联电梯维护职业技能等级对应的工作领域、工作任务及职业技能要求。

本标准适用于智能网联电梯维护职业技能培训、考核与评价，相关用人单位的人员聘用、培训与考核可参照使用。

2. 规范性引用文件

下列文件对于本标准的应用是必不可少的。凡是注日期的引用文件，仅注日期的版本适用于本标准。凡是不注日期的引用文件，其最新版本适用于本标准。

GB/T 7024《电梯、自动扶梯、自动人行道术语》

GB 7588《电梯制造与安装安全规范》

GB 16899《自动扶梯和自动人行道的制造与安装安全规范》

GB 21240《液压电梯制造与安装安全规范》

TSG 08《特种设备使用管理规则》

TSG T5002《电梯维护保养规则》

3. 术语和定义

GB/T 7024、GB 7588、GB 16899、GB 21240、TSG 08 和 TSG T5002 界定的以及下列术语和定义适用于本标准。

（1）智能网联电梯维护　利用物联网、人工智能及云平台技术，对智慧电梯及电梯物联网监测设备进行监测、检修。

（2）电梯物联网智慧监测　电梯物联网监测设备采集电梯运行数据上传到物联网监控中心，再对所上传数据进行有效分析，从而实现各相关单位按各自职责所需对电梯实时有效的监管维护。

（3）电梯故障诊断云平台　通过云平台对所采集电梯故障信息进行分析、诊断，并将结果反馈至相关部门及人员，实现电梯故障快速排除的信息化平台。

4. 适用院校专业

中等职业学校：电梯安装与维修保养、楼宇智能化设备安装与运行、机电设备安装与维修、机电技术应用、电气运行与控制、电气技术应用、机械制造技术、物联网技术应用等专业。

高等职业学校：电梯工程技术、机电一体化技术、电气自动化技术、机电设备安装技术、机电设备维修与管理、自动化生产设备应用、电机与电器技术、机械制造与自动化、工业设备安装工程技术、物联网应用技术等专业及其群内相关专业。

应用型本科学校：电气工程及其自动化、自动化、智能制造工程、电气工程与智能控制、机械设计制造及其自动化、机械电子工程等专业。

5. 面向职业岗位（群）

主要面向智能电梯本体制造、电梯安装维修、技术服务、生产应用等各类企业，从事智能电梯研发、生产制造、安装调试、使用与管理、运行维护、维修保养等；从事电梯机电设备升级改造技术和故障处理、电梯设备综合技术、电梯电气控制系统设计等岗位。

6. 职业技能要求

智能网联电梯维护职业技能等级分为三个等级：初级、中级、高级，三个级别依次递进，高级别涵盖低级别职业技能要求。

【智能网联电梯维护】（初级）：知晓《中华人民共和国特种设备安全法》和《特种设备安全监察条例》，知晓电梯国家标准，掌握维保所需技能，能够按照安全技术规范和使用维护说明书的要求进行电梯维护保养。能够进行应急救援。对电梯物联网系统和云平台有初步的了解。

【智能网联电梯维护】（中级）：熟悉《中华人民共和国特种设备安全法》和《特种设备安全监察条例》，熟悉电梯国家标准和规范，能够按照安全技术规范和使用维护说明书的要求编制保养计划，能够指导并带领初级人员贯彻实施。能够进行中等难度的维修。熟悉电梯物联网系统和云平台，能够检查并确保相关系统的正常运行。

【智能网联电梯维护】（高级）：能够监督初、中级人员遵守《中华人民共和国特种设备安全法》和《特种设备安全监察条例》，熟悉电梯国家标准和规范，能够勘查井道并放样，能够掌握电梯调试技术，能设定一个或多个品牌型号电梯参数。熟悉云平台并能够调试电梯物联网系统。

智能电梯方向企业面向岗位、典型工作任务及职业技能需求如图 1-16 所示。

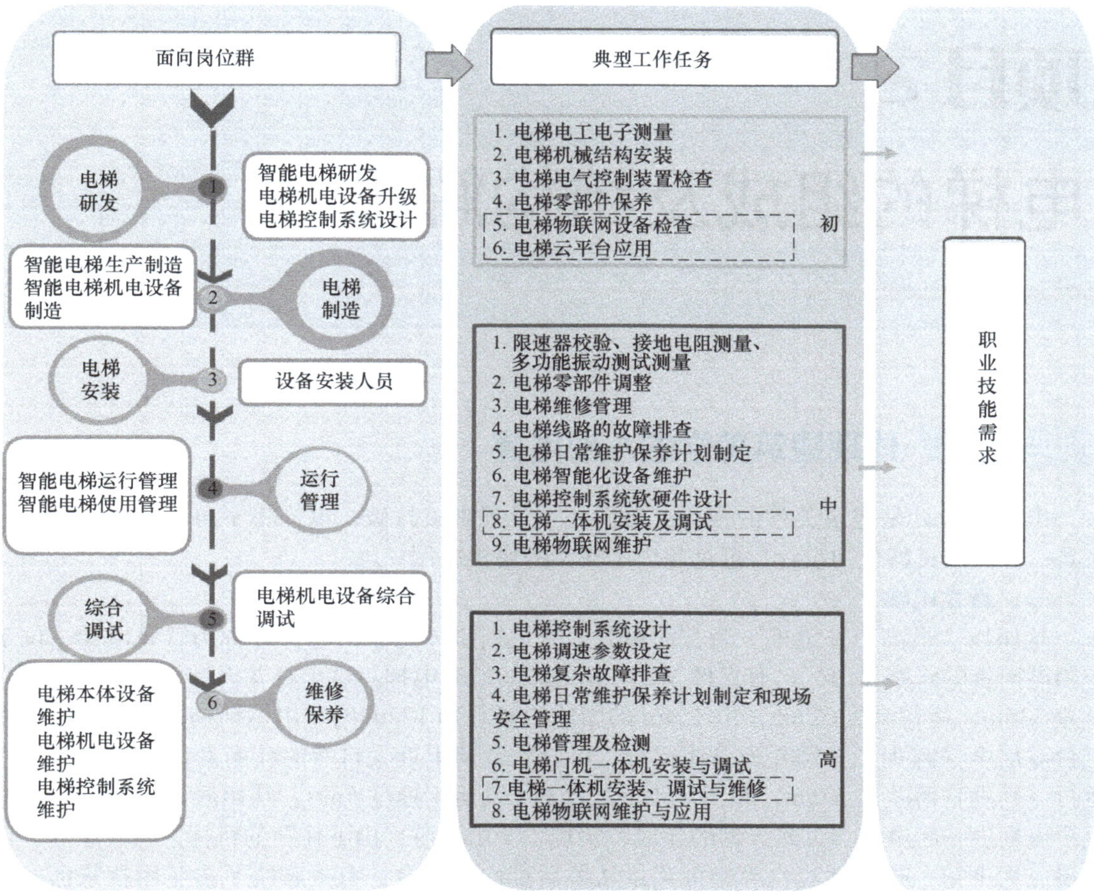

图 1-16　职业技能需求图

项目 2
电梯的组成及结构解析

项目导入 体现建筑美学的八部电梯

电梯的设计是建筑美学的核心。然而，一旦规则被打破，电梯将不再仅仅是一种交通工具。有些极具特色的设计，远远超出了典型的塔楼应用。

一、百龙电梯

这座以“最高户外电梯”荣誉而被载入吉尼斯世界纪录的电梯被称为百龙电梯，位于中国湖南省的张家界山区，有点像 Willy Wonka 的玻璃电梯。这个百龙天梯气势恢弘，垂直高差 335m，运行高度 326m，由 154m 的山体内竖井和 172m 的贴山钢结构井架组成，采用三台双层全暴露观光电梯并列分体运行，可以欣赏到附近大自然的壮丽景色。2004 年投入运行，其垂直落差达 335m，相当于 100 层楼高！其运行速度 5m/s，从山底到山顶仅需 66s，至今未发生一起事故。百龙天梯的建成，实现了“山上游，山下住”的目标，将袁家界、金鞭溪、天下第一桥、迷魂台等绝世美景从幕后推向了前台，有效解决了多年困扰景区的交通瓶颈问题。

二、水上升降机 AquaDom 电梯

AquaDom 电梯就像一个蓝色透明的大型鱼棚，这个独特的电梯位于柏林海洋生活中心的一个 25m 高的圆柱形水族馆内。这意味着电梯在这个圆形水族馆的中心不接触水。它的外层圆柱是四片亚克力，内层圆柱是一片式的。在水族馆里，它也作为鱼缸之用，水族馆拥有超过 1500 种鱼类，来自 97 种不同的物种，该电梯已成为水族馆的主要看点。

三、梅赛德斯 – 奔驰博物馆电梯

在梅赛德斯 – 奔驰博物馆里，不仅是豪华轿车吸引人们来到德国南部，这座药丸形状的电梯虽然不是它最主要的景点，但绝对引人注目，看起来更像是 007 电影里那些充满未来主义色彩的交通工具。它给客人一个空间时代的体验，因为站在金属吊舱内，可以通过其微小的矩形窗口凝视衡量周围的混凝土墙壁，是一个非常壮观的旅程。

四、圣胡斯塔电梯

这座铁制电梯（也称卡尔莫电梯）位于葡萄牙里斯本市中心，是该市工业历史的象征。这座建于 1902 年的电梯楔入世纪之交的建筑物之间，采用经典的新哥特式设计，装饰边缘和花朵图案。在 Santa Justa Street 找到它，站在 147ft（1ft=0.3048m）高处，可以成为

俯瞰整座城市的绝佳观景台。

五、卢浮宫电梯

它位于一个蜿蜒的钢楼梯的心脏位置，采用无屋顶敞篷设计，电梯本身就是一个艺术品。它位于法国巴黎的博物馆，是世界上最独特的电梯之一，它未来派的设计，采用了巴黎最受欢迎的博物馆大厅的颜色，是巴黎的一个里程碑。它从地下室到顶层可以承载乘客多达 10 人，是液压动力的顶级电梯。

六、Skyview 球形电梯

位于瑞典的爱立信球形体育馆一大标志性特征便是南侧的 Skyview 电梯，Skyview 电梯导轨长 100m，球顶最高处为 130m，并设有两个球形观景舱。游客通过乘坐两部球形电梯到达体育馆顶部。整个工程耗时 6 年，2010 年 2 月投入使用。由于名声在外，运营的第一年，电梯就输送了 16 万游客。

七、拉塞尔达电梯（卡莱达电梯）

这座历史悠久的建筑建于 1873 年，俯瞰着巴西巴伊亚州萨尔瓦多市的海港。这座 72m 高的电梯可以欣赏到城市的壮丽景色，并在夜晚以彩色灯光点亮，突出其装饰艺术风格的建筑。

八、哈米特施瓦德电梯

在瑞士阿尔卑斯山的高处，有一个户外电梯，它可以把客人送到山上，令人体验目眩的视野，并可替代 500ft 的攀登。小型矩形电梯最初设计于 1905 年，并重新设计两次以加速其齿轮。虽然一次只能搭乘十几个人，但总共花费了 1480 万元。除了山脉之外，瑞士第四大湖泊卢塞恩也在其之下。

思政案例　时有所需　必有所为

在阻击新冠肺炎疫情的特殊时期，涌现出了一批批有责任、敢担当、讲奉献的大学生志愿者。他们辞别亲友，勇敢逆行，活跃在物资搬运现场，做最坚定的抗疫青年；他们置身线上，为一线工作者子女辅导功课，用自己的方式守护战士。他们说“抗疫一线就是我们的课堂。”

入户摸排、卡点值守、疫情防控知识宣传……每天和社区工作人员“走街串巷”的日子，“00 后”青年詹泽鹏至今仍然历历在目，“对我而言，这是最特别的‘成人礼’。”面对疫情，刚步入大学校园的詹泽鹏主动担当，从 2020 年 2 月 9 日开始到社区一线做疫情防控志愿者。

“哪里需要我，我就去哪里。”詹泽鹏说，他一共参与了南宁市 5 个社区的疫情防控工作。虽然“上岗”时间不长，但哪家哪户有外来人口，哪个卡点需要重点值守，他都清清楚楚。结束了在社区的志愿者服务工作，詹泽鹏又来到共青团南宁市委员会青年志愿者部实习，继续参与组织、策划志愿服务活动。

“社区工作也许很平凡，但平凡的工作也能出彩。这让我坚定了信心，要成为一个对国家、对社会有用的人。只要国家有需要，我们青年人义不容辞。”詹泽鹏说。

时有所需，必有所为。这一场没有旁观者的全民行动，随处可见新时代青年志愿者的身影，给人们带去温暖和希望的同时，也给青年大学生上了一堂“人生课”。

祖国呼唤青年担当，时代赋予青年重任。当代青年要树立担当的责任意识，“不厚其栋，不能任重。重莫如国，栋莫如德。”青年勇于担当是五四运动留给我们宝贵的精神财富，更是新时代中国特色社会主义对青年一代的重托和要求。

学习目标 掌握电梯结构及原理

- 掌握电梯的基本工作原理、功能及结构等。
- 正确理解电梯曳引系统各主要部件的作用。
- 掌握电梯的轿厢、门系统及导向对重系统等。

知识准备

2.1 电梯的基本结构

一、电梯的定义及整体结构

根据国家标准 GB/T7024—2008《电梯、自动扶梯、自动人行道术语》规定的电梯定义：电梯，Lift，Elevator，服务于建筑物内若干特定的楼层，其轿厢运行在至少两列垂直于水平面或铅垂线倾斜角小于 15° 的钢性导轨运动的永久运输设备。轿厢尺寸与结构型式便于乘客出入或装卸货物。

电梯构成及运行原理

根据上述定义，我们平时在商场、车站见到的自动扶梯和自动人行道，并不能被称为电梯，它们只是垂直运输设备中的一个分支或扩充。

1）电梯的组成及占用的四个空间，如图 2-1 所示。

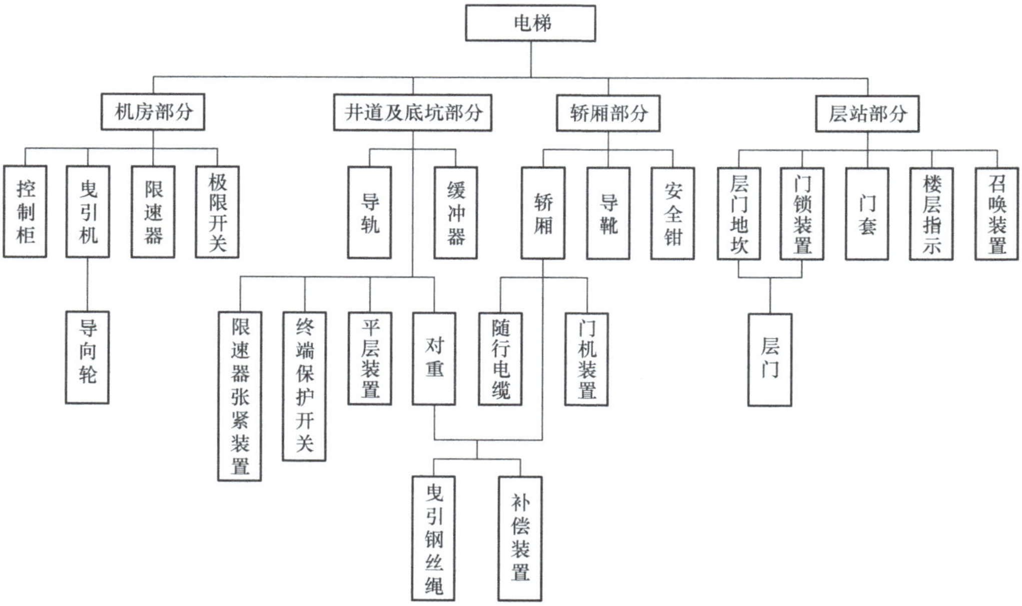

图 2-1 电梯的组成（从占用四个空间划分）

2）曳引式电梯的组成和部件安装示意图如图 2-2 所示。

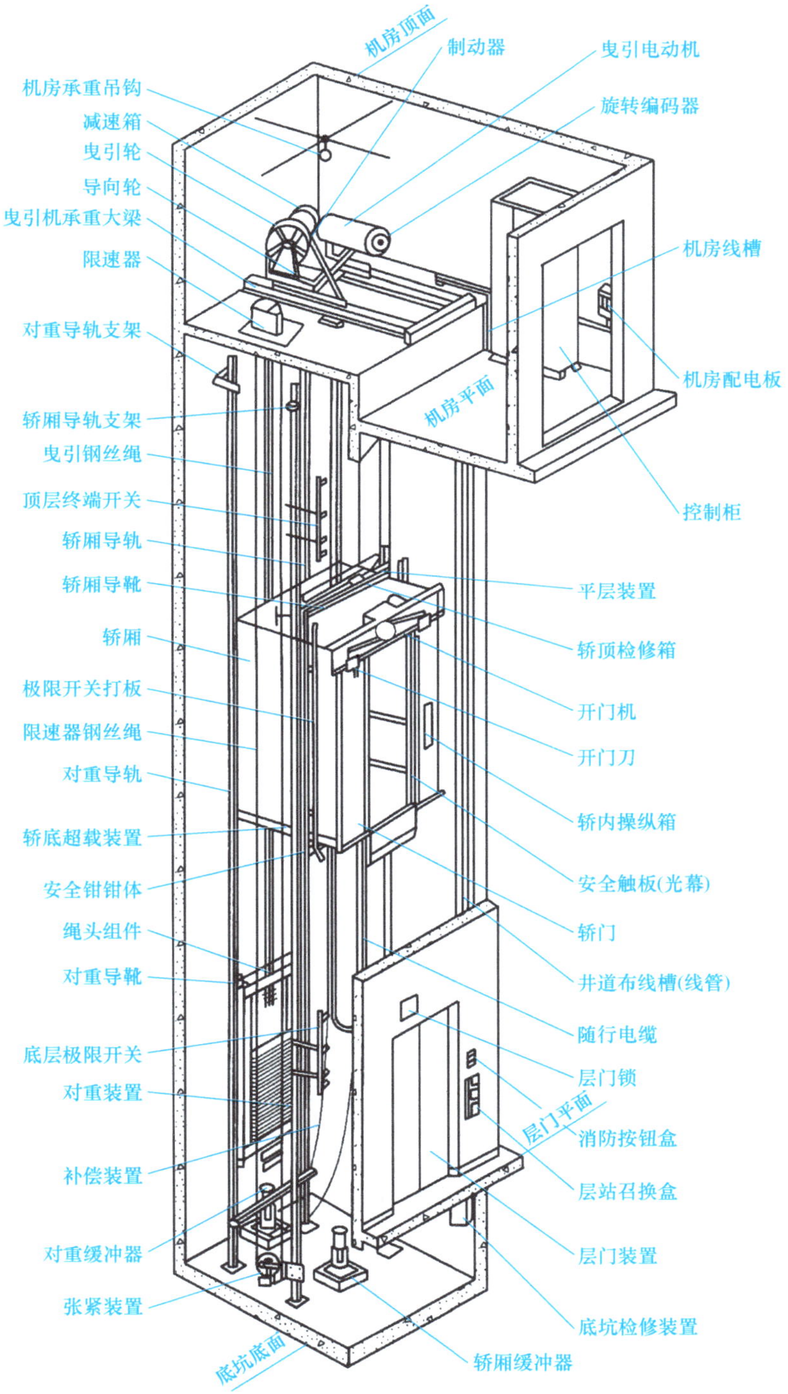

图 2-2　电梯的组成和部件安装示意图

二、电梯的功能结构

根据电梯运行过程中各组成部分所发挥的作用与实际功能，可以将电梯划分为八个相对独立的系统，表 2-1 列出了这八个系统的主要功能和组成。图 2-3 为这八个系统的逻辑关系。

表 2-1　电梯八个系统的功能及主要构件与装置

	功　能	主要构件与装置
曳引系统	输出与传递动力，驱动电梯运行	曳引机、曳引钢丝绳、导向轮、反绳轮等
导向系统	限制轿厢和对重的活动自由度，使轿厢和对重只能沿着导轨做上、下运动，承受安全钳工作时的制动力	轿厢（对重）导轨、导靴及导轨支架等
轿厢	用以装运并保护乘客或货物的组件，是电梯的工作部分	轿厢架和轿厢体
门系统	供乘客或货物进出轿厢时用，运行时必须关闭，以保护乘客和货物的安全	轿门、层门、开关门系统及门附属零部件
重量平衡系统	相对平衡轿厢的重量，减少驱动功率，保证曳引力的产生，补偿电梯曳引绳和电缆长度变化转移带来的重量转移	对重装置和重量补偿装置
电力拖动系统	提供动力，对电梯运行速度实行控制	曳引电动机、供电系统、速度反馈装置、电动机调速装置等
电气控制系统	对电梯的运行实行操纵和控制	操纵箱、召唤箱、位置显示装置、控制柜、平层装置、限位装置等
安全保护系统	保证电梯安全使用，防止危及人身和设备安全的事故发生	机械保护系统：限速器、安全钳、缓冲器、端站保护装置等 电气保护系统：超速保护装置、供电系统断相错相保护装置、超越上下极限工作位置的保护装置、层门锁与轿门电气联锁装置等

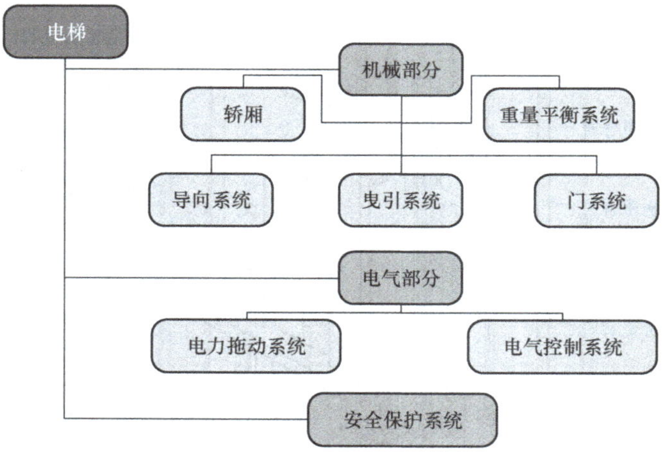

图 2-3　电梯八个系统的逻辑关系

电梯八大系统

机房内的主要部件通常有主机、控制屏（柜）、限速器、选层器、极限开关等。井道内的主要部件通常有轿厢（以及安装在它上面的一些附件或设施，如轿门、轿顶轮、导靴、安全钳、悬挂装置、随行电缆等）、对重装置（以及安装在它上面的设施，如导靴、悬挂装置等)、层门(及其附属设施如门锁、地坎等)等。底坑内的主要部件通常有缓冲器、对重侧护栏、限速绳张紧装置、补偿绳张紧装置等。

2.2　电梯的曳引机构

一、曳引机构的组成

电梯曳引机构一般由电动机、制动器、减速箱及曳引轮所组成。以电动机与曳引轮之间有无减速箱可分为有齿轮曳引机和无齿轮曳引机。有齿轮曳引机的减速箱具有降低电动机输出转速、提高输出力矩的作用，如图 2-4 所示。

图 2-4　有齿轮曳引机

有齿轮曳引机目前绝大部分配用交流电动机，通常采用蜗轮蜗杆减速机构；目前也有采用斜齿轮减速和行星齿轮减速机构的。有齿轮曳引机的最高速度可达 4m/s。

无齿轮曳引机由电动机直接驱动曳引轮。由于没有减速箱作为中间传动环节，因此具有传动效率高、噪声小、传动平稳等优点。但也存在体积大、造价高、维修复杂的缺点。它大多采用直流电动机为动力，一般用于运行速度为 2.5m/s 以上的高速电梯。随着交流变频拖动技术的发展，体积小、重量轻的交流无齿轮曳引机正逐步取代传统的直流拖动。无齿轮曳引机如图 2-5 所示。

图 2-5　无齿轮曳引机

永磁同步无齿轮曳引机是近年来得到迅速发展的新型曳引机，与传统曳引机相比，永磁同步无齿轮曳引机具有以下主要特点。

1. 整体成本较低

传统曳引机体积庞大，需要专用的机房，而且机房面积也较大，增加了建筑成本；但永磁同步无齿轮曳引机则结构简单、体积小、重量轻，可适用于无机房状态，即使安装在机房也仅需很小的面积，使得电梯整体成本降低。

2. 节约能源

传统曳引机采用齿轮传动，机械效率较低，能耗高，电梯运行成本较高。永磁同步无齿轮曳引机由于采用了永磁材料，没有了励磁线圈和励磁电流消耗，使得电动机功率因数得以提高，与传统有齿轮曳引机相比，能源消耗可以降低 40% 左右。

3. 噪声低

传统有齿轮曳引机采用齿轮啮合传递功率，所以齿轮啮合产生的噪声较大，并且随着使用时间的增加，齿轮逐渐磨损，导致噪声加剧；永磁同步无齿轮曳引机采用非接触的电磁力传递功率，完全避免了机械噪声、振动、磨损；传统曳引电动机转速较快，产生了较大的运转和风噪，永磁同步无齿轮曳引机本身转速较低，噪声及振动小，所以整体噪声和振动得到了明显改善。

4. 高性价比

永磁同步无齿轮曳引机取消了齿轮减速箱，简化了结构，降低了成本，减轻了重量；并且传动效率的提高可节省大量的电能，运行成本低。

5. 安全可靠

永磁同步无齿轮曳引机运行中，当三相绕组短接时，轿厢的动能和势能可以反向拖动电动机进入发电制动状态，并产生足够大的制动力矩阻止轿厢超速，所以能避免轿厢冲顶或蹲底事故。当电梯突然断电时，可以松开曳引机制动器，使轿厢缓慢地就近平层，解救乘员。

另外，永磁同步电动机具有起动电流小、无相位差的特点，使电梯起动、加速和制动过程更加平顺，改善了电梯舒适感。

二、曳引机构的减速器

电梯的工作特性要求曳引机减速器具有体积小、重量轻、传动平稳，承载能力大、传动比大、噪声低等特点；还要有工作可靠、寿命长、维护保养方便的要求。电梯常用的减速器有以下几种。

1. 蜗轮蜗杆减速器

蜗轮蜗杆减速器具有传动平稳、噪声低、抗冲击承载能力大、传动比大和体积小的优点，是电梯曳引机最常用的减速器。

电梯用蜗轮蜗杆减速器通常有上置、下置和侧置三种蜗杆布置型式。早期蜗杆减速器因润滑要求常采用下置式蜗杆，这种配置方式由于润滑油液面加至蜗杆轴心线平面，因此蜗轮摩擦面润滑条件较好，有利于减少起动磨损，提高润滑效率。但是蜗杆轴伸处容易漏油，增加了蜗杆轴油封的复杂性。随着蜗杆传动润滑技术的发展和曳引机轻量化的发展要求，采用法兰盘套装连接电动机的上置和侧置蜗杆形式的减速器大量出现。这种布置可减小曳引机座面积，安装方便，布置灵活，但润滑设计要求较高。如图 2-6 所示。

2. 斜齿轮减速器

斜齿轮减速器在 20 世纪 70 年代开始应用于电梯曳引机构。斜齿轮传动具有传动效率高、制造方便的优点，但也存在着传动平稳性不如蜗轮传动、抗冲击承载能力不高、噪声较大的缺点。因此，斜齿轮减速器在曳引机上应用，要求有很高的疲劳强度、齿轮精度和配合精度；要保证总起动次数2000万次以上不能发生疲劳断裂。在电梯紧急制动，安全钳和缓冲器动作等情况的冲击载荷作用时，确保齿轮不会有损伤，保证电梯运行安全。如图2-7所示。

图2-6 蜗轮蜗杆减速器

3. 行星齿轮减速器

行星齿轮减速器具有结构紧凑、减速比大、传动平稳性和抗冲击承载能力优于斜齿轮传动、噪声小等优点，在交流拖动占主导地位的中高速电梯上具有广阔的发展前景。它有利于采用小体积、高转速的交流电机；且具有维护要求简单、润滑方便、寿命长的特点，是一种新型的曳引机减速器。如图2-8所示。

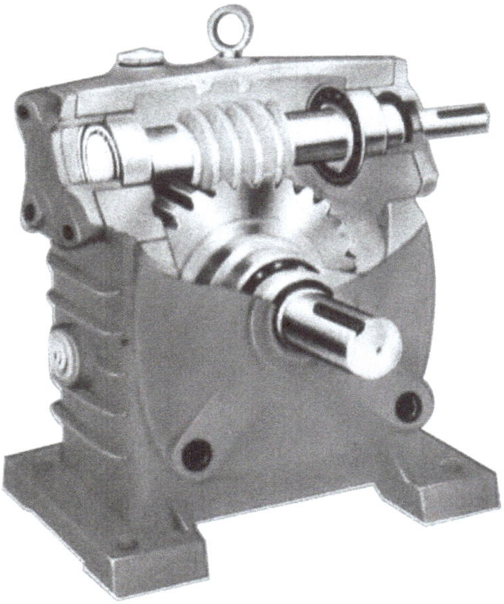

图2-7 斜齿轮减速器

图2-8 行星齿轮减速器

三、曳引机构的制动器

1. 制动器的作用

制动器是电梯上一个极其重要的部件。它的主要作用是保持轿厢的停止位置，防止电梯轿厢与对重的重量差产生的重力导致轿厢移动，保证进出轿厢的人员与货物的安全。

电梯制动器必须采用常闭式摩擦型机电式制动器；当主电路或控制电路断电时，制动器必须无附加延迟地立即制动。制动器的制动力应由有导向的压缩弹簧或重锤来施加。制动力矩应足以使以额定速度运行并载有125%的额定载荷的轿厢制停。制动过程应至少由两块闸瓦或两套制动件作用在制动轮或制动盘上实现；当其中之一不起作用时，制动轮或制动盘上应仍能获得足够的制动力，使载有额定载荷的轿厢减速。

为了保证在断电或紧急情况下能移动轿厢，当向上移动具有额定载重负荷的轿厢所需力不大于400N时，制动器应具有手动松闸装置，应能手动松开制动器并需以一持续力保持其松开状态（松手即闭）；当所需力大于400N时，电梯应设置紧急电动运行装置。

对于可拆卸的盘车手轮，应放置在机房内容易接近的地方。对于同一机房内的多台电梯，如盘车手轮有可能与相配的电梯驱动主机搞混时，需在手轮上做适当标记。

在机房内应易于检查轿厢是否在开锁区。这种检查可借助于曳引绳或限速器绳上的标记来实现。

切断制动器电流至少应用两个独立的电气装置来实现，当电梯停止时，如果其中一个接触器主触点未断开，最迟到下一次运行方向改变时，应防止电梯再运行。

2. 制动器的结构

为保证动作的稳定性和减小噪声，电梯使用的制动器一般均采用直流电磁铁开闸的瓦块式制动器。制动轮应与曳引轮连接。

制动器一般由制动轮、制动电磁铁、制动臂、制动闸瓦及制动弹簧等组成，图2-9所示为卧式电磁铁制动器，工作原理如下：电梯处于停止状态，制动臂4在制动弹簧8的作用下带动制动闸瓦6及闸皮7压向制动轮5的工作表面，抱闸制动，此时，制动闸瓦紧密贴合在制动轮5的工作表面上，其接触面积必须大于闸瓦面积的80%；当曳引机开始运转时，制动电磁铁线圈1得电，电磁铁芯2被吸合，推动制动臂4克服制动弹簧8的压力，带动制动闸瓦6松开并离开制动轮5的工作表面，抱闸释放，电梯起动工作。

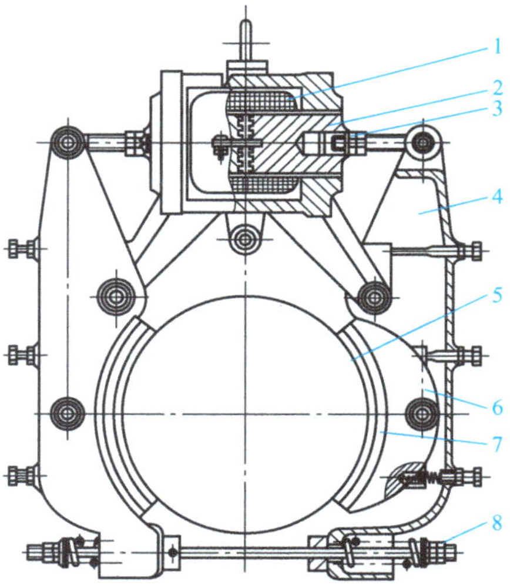

图2-9 卧式电磁铁制动器

1—线圈 2—电磁铁芯 3—调节螺母 4—制动臂 5—制动轮 6—闸瓦 7—闸皮 8—制动弹簧

图2-10所示为立式电磁铁制动器。铁芯分为动铁芯6和电磁铁座4，上部的是动铁芯，铁芯吸合时，动铁芯向下运动，顶杆8推动转臂11转动，将两侧制动臂9及闸瓦块14和闸皮15推开，达到松闸的目的。其工作过程原理与卧式电磁铁制动器相同，仅是在传动结构上有所变化。

由于结构限制，瓦块式制动器的独立工作瓦块一般只能为两组，其作用应互相独立。但有些老式制动器的两组制动瓦块不能互相独立作用，当制动弹簧或一侧瓦块动作失效时，另一侧也不能独立起作用，安全性很差。最新发展的多点作用盘式制动器，其独立制动点多达6点以上，并配有故障报警，磨损监测功能；其体积小，重量轻，安全可靠。

无齿轮曳引机的制动器直接作用于曳引轮轴，所需制动力矩很大，制动轮或制动盘的直径不能太小，从而造成制动器体积大大增加。为减小曳引机体积，无齿轮曳引机一般采用内胀式制动器。

四、曳引机的曳引能力

电梯曳引轮槽中能产生的最大的有效曳引力是钢丝绳与轮槽之间的当量摩擦系数和钢丝绳绕过曳引轮所包络的弧度的函数。它表达了一个连续柔性体在一个刚性圆柱面上包络所产生的摩擦力关系式，即为著名的欧拉公式。其表达式为

$$F_1/F_2=e^{f\alpha}$$

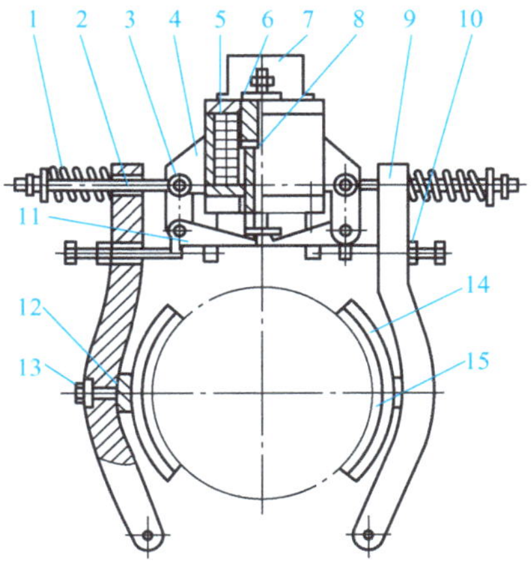

图 2-10　立式电磁铁制动器

1—制动弹簧　2—拉杆　3—销钉　4—电磁铁座　5—线圈　6—动铁心　7—罩盖　8—顶杆　9—制动臂　10—顶杆螺栓　11—转臂　12—球头　13—连接螺钉　14—闸瓦块　15—闸皮

这一公式表达了曳引钢丝绳在轮槽中处于滑移临界状态时，曳引轮两侧钢丝绳中较大拉力与较小拉力之比与当量摩擦系数和包角的数学关系。为保证电梯在工作情况下曳引绳不打滑，必须考虑电梯在任何可能的状态下都要有足够的曳引力。为此，必须考虑正常状态下电梯可能产生的最大动载力、静载力，还应考虑钢丝绳与轮槽间的摩擦系数变化的可能。所以，电梯曳引能力必须满足下列公式

$$\frac{F_1}{F_2}=C_1C_2\leqslant e^{f\alpha} \tag{2-1}$$

式中，F_1/F_2 为曳引轮两侧钢丝绳中较大静张力与较小静引力之比，取轿厢载有 125% 额定载荷处于最低层站时和空载轿厢位于最高层站时两种工况中张力比之中的较大值。

C_1 为与轿厢加减速度有关的系数，其值为 $C=\dfrac{g+a}{g-a}$。g 为重力加速度，a 为轿厢电气拖动最大加减速度中绝对值的较大值。C_1 的最小允许值如下：

$0<v\leqslant 0.63$m/s，为 1.10；

0.63m/s$<v\leqslant$1m/s，为 1.15；

1m/s$<v\leqslant$1.6m/s，为 1.20；

1.6m/s$<v\leqslant$2.5m/s，为 1.25；

$v>$2.5m/s，为 $\not<$ 1.25。

C_2 为与曳引轮槽形状有关的磨损补偿系数，对半圆或半圆带切口槽，C_2=1；对 V 形槽，C_2=1.2。

e 为自然对数底。

f 为钢丝绳在曳引轮槽中的当量摩擦系数。

α 为钢丝绳在曳引轮上的包角（弧度）。

从以上公式可以看出，在 C_1、C_2 取最小值后，要提高电梯的曳引能力，可从增大 $e^{f\alpha}$ 的值和减小 F_1/F_2 之比值入手。

1. 提高当量摩擦系数

电梯曳引能力公式中 f 是当量摩擦系数，它与曳引轮槽和钢丝绳的实际接触状况有关。

改变轮槽与钢丝绳的接触形式可提高当量摩擦系数。

采用V形槽时，当量摩擦系数为

$$f=\frac{\mu}{\sin\left(\frac{\gamma}{2}\right)} \tag{2-2}$$

式中，μ 为钢丝绳与轮槽的实际摩擦系数；γ 为V形槽的槽形角。

采用半圆带切口槽时，按摩擦力与正压力之间的关系式，可推导出当量摩擦系数为

$$f=\frac{4\mu\left[1-\sin\left(\frac{\beta}{2}\right)\right]}{\pi-\beta-\sin\beta} \tag{2-3}$$

式中，β 为半圆带切口槽的切口角。

从以上公式可见，减小V形槽槽形角和加大半圆带切口槽切口角均可提高当量摩擦系数。但这样会使钢丝绳在轮槽中所受到的挤压力增加，使钢丝绳使用寿命降低。且因V形槽的槽形角过小会导致钢丝绳卡在轮槽内，半圆带切口槽切口角过大同样会造成卡绳，影响电梯正常运行。因此V形槽槽形角不宜小于32°；半圆槽切口角不宜大于106°。

2. 增大包角

增大钢丝绳在曳引轮上的包角也是提高曳引能力的有效手段，增大包角可采用复绕形式。复绕使曳引绳重复绕过曳引轮，使包角增加一倍以上，可大大提高曳引能力。但复绕方式使曳引轮宽度成倍增加，还使曳引轮和导向轮轴受力成倍增加；所以复绕形式一般用于无齿轮曳引机上。

3. 提高轿厢自重

为使电梯轿厢在极端工况下不发生曳引打滑，应考虑两种极端工况。假定 C_1、C_2 不变，曳引绳及随行电缆自重已由补偿装置平衡。则空载轿厢位于最高层站时，T_1/T_2 可表达为

$$\frac{T_1}{T_2}=\frac{P+\psi Q}{P} \tag{2-4}$$

式中，ψ 为平衡系数；P 为轿厢自重；Q 为额定载重量。

令 $k=P/Q$，则有

$$\frac{T_1}{T_2}=\frac{(k+\psi)Q}{kQ}=\frac{k+\psi}{k}$$

同样，当轿厢载有125%额定载荷位于最低层站时，T_1/T_2 可表达为

$$\frac{T_1}{T_2}=\frac{1.25Q+P}{P+\psi Q}=\frac{1.25+k}{k+\psi}$$

因为 T_1/T_2 大于1，当轿厢自重增加，即 k 增大时，上两式中分子分母同时加上一个增量 k_0，则有 $\frac{k+k_0+\psi}{k+k_0}<\frac{k+\psi}{k}$

$$\frac{1.25+k+k_0}{k+k_0+\psi}<\frac{1.25+k}{k+\psi}$$

由上两式可以看出，当轿厢自重增加时，保持平衡系数不变，实际曳引比必减小，也就使电梯的曳引能力得到增强。但轿厢自重增加是以增加材料消耗为代价的，因此在设计中应尽量避免。

五、曳引钢丝绳

1. 曳引钢丝绳的结构、材料要求

曳引钢丝绳也称为曳引绳，是电梯专用钢丝绳，其功能就是连接轿厢和对重装置，并被曳引机驱动使轿厢升降，它承载着轿厢自重、对重装置自重、额定载重量及驱动力和制动力的总和。

曳引钢丝绳一般采用圆形股状结构，主要由钢丝、绳股和绳芯组成，如图 2-11 所示。钢丝是钢丝绳的基本组成件，要求钢丝有很高的强度和韧性（含挠性），图 2-12 为钢丝绳横截面图。

图 2-11　钢丝绳股状结构

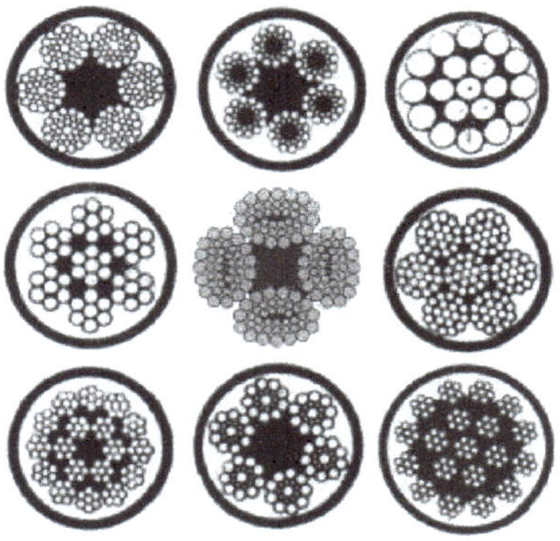

图 2-12　钢丝绳横截面图

钢丝绳股由若干根钢丝捻成，钢丝是钢丝绳的基本强度单元。每一个绳股中含有相同规格和数量的钢丝，并按一定的捻制方法制成绳股，再由若干根绳股编制成钢丝绳，股数多，疲劳强度就高。绳芯是被绳股所缠绕的挠性芯棒，通常由剑麻纤维或聚烯烃类（聚丙烯或聚乙烯）等合成纤维制成，能起到支承和固定绳股的作用，且能贮存润滑剂。GB/T 8903—2018《电梯用钢丝绳》中规定，电梯使用的曳引钢丝绳一般是 6 股和 8 股，即 6×19S+NF 型和 8×19S+NF 型两种，如图 2-13 所示。

6×19S+NF 型钢丝绳为 6 股，每股 3 层，外侧两层均为 9 根钢丝，内部为 1 根钢丝；8×19S+NF 型与 6×19S+NF 型结构相同，钢丝绳为 8 股，每股 3 层，外侧两层均为 9 根钢丝，内部为 1 根钢丝。上述钢丝绳直径有 6mm、8mm、11mm、13mm、16mm、19mm、22mm 等几种规格。

GB/T 8903—2018 对钢丝的化学成分、力学性能等也做了详细规定，要求由含碳量为 0.4% ～ 1% 的优质钢材制成，材料中的硫、磷等杂质的含量小于 0.035%。

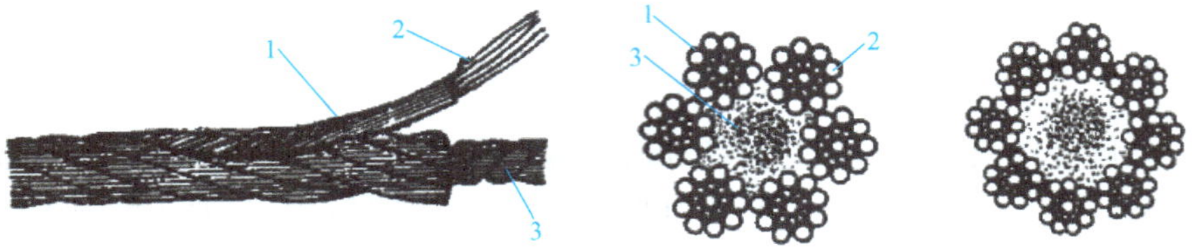

a) 钢丝绳结构放大图　　b) 6×19S+NF型钢丝绳　　c) 8×19S+NF型钢丝绳

图 2-13　圆形股电梯用钢丝绳

1—绳股　2—钢丝　3—绳芯

2. 曳引钢丝绳的性能要求

由于曳引绳在工作中受反复的弯曲，且在绳槽中承受很高的比压，并频繁承受电梯起、制动时的冲击，因此在强度、耐磨性及挠性方面均有很高要求。

（1）强度　对曳引绳的强度要求体现在静载安全系数上。静载安全系数为

$$K_{静}=Pn/T$$

式中，$K_{静}$为钢丝绳的静载安全系数；P 为钢丝绳的最小破断拉力（N）；n 为钢丝绳根数；T 为作用在轿厢侧钢丝绳上的最大静荷力（N）。

$$T= 轿厢自重 + 额定载重 + 作用于轿厢侧钢丝绳的最大自重$$

对于 $K_{静}$，国家标准规定大于 12。

从使用安全的角度看，曳引绳强度要求的内容还应加上对钢丝根数的要求。国家标准规定不少于 3 根。

（2）耐磨性　电梯在运行时，曳引绳与绳槽之间始终存在着一定的滑动而产生摩擦，因此要求曳引绳必须有良好的耐磨性。钢丝绳的耐磨性与外层钢丝的粗细有很大关系，因此曳引绳多采用外粗式钢丝绳，外层钢丝的直径一般不小于 0.6mm。

（3）挠性　良好的挠性能减小曳引绳在弯曲时的应力，有利于延长使用寿命，为此，曳引绳均采用纤维芯结构的双挠绳。

3. 曳引钢丝绳的主要规格参数与性能指标

（1）主要规格参数　公称直径，指绳外围最大直径。

（2）主要性能指标　破断拉力及公称抗拉强度。

1）破断拉力，指整条钢丝绳被拉断时的最大拉力，是钢丝绳中钢丝的组合抗拉能力，决定于钢丝绳的强度和绳中钢丝的填充率。

2）破断拉力总和，钢丝在未被缠绕前抗拉强度的总和。但钢丝绳一经缠绕成绳后，由于弯曲变形，使其抗拉强度有所下降，因此两者间关系有一定比例。有

$$破断拉力 = 破断拉力总和 \times 0.85$$

3）钢丝绳公称抗拉强度，指单位钢丝绳截面积的抗拉能力，即

$$钢丝绳公称抗拉强度 = \frac{钢丝绳破断拉力总和}{钢丝绳截面积总和}$$

4. 钢丝绳端部连接装置

曳引钢丝绳的端部连接装置是电梯上一组重要的承力构件。钢丝绳与端部连接装置的结合强度应至少能承受钢丝绳最小破断负荷的80%。每根绳端的连接装置应是独立的，每根绳至少有一端的连接装置是可调节钢丝绳张力的。

钢丝绳端部连接装置常用的有以下几种。

（1）锥套型　连接锥套经铸造或锻造成型，根据吊杆与锥套的连接方式，端部连接锥套又可分为绞接式、整体式、螺纹连接式。

钢丝绳与锥套的连接是在电梯安装现场完成的。最常用的是巴氏合金浇铸法。将钢丝绳端部绳股拆开并清洗干净，然后将钢丝折弯倒插入锥套，将熔融的巴氏合金灌入锥套，冷却固化即可。但这种方法操作不当很难达到预计强度。

（2）自锁楔型　自锁楔型绳套由套筒和楔块组成，如图2-14所示。钢丝绳绕过楔块后穿入套筒，依靠楔块与套筒内孔斜面的配合，在钢丝绳拉力作用下自锁固定。为防止楔块松脱，楔块下端设有开口销，绳端用绳夹固定。这种绳端连接方法具有拆装方便的优点，但抗冲击性能较差。

（3）绳夹　使用钢丝绳通用绳夹紧固绳端是一种简单方便的方法。如图2-15所示，钢丝绳绕过鸡心环套形成连接环，绳端部至少用三个绳夹固定。由于绳夹夹绳时对钢丝绳产生很大的应力，所以这种连接方式连接强度较低，一般仅在杂物梯上使用。

电梯钢丝绳端部连接装置的型式还有捻接、套管固定等方法。钢丝绳张力调节一般采用螺纹调节。为减小各绳伸长差异对张力造成过大影响，一般在绳端连接处加装压缩弹簧或橡胶垫以均衡各绳张力，同时起缓冲减振作用。曳引钢丝绳的张力差应小于5%。

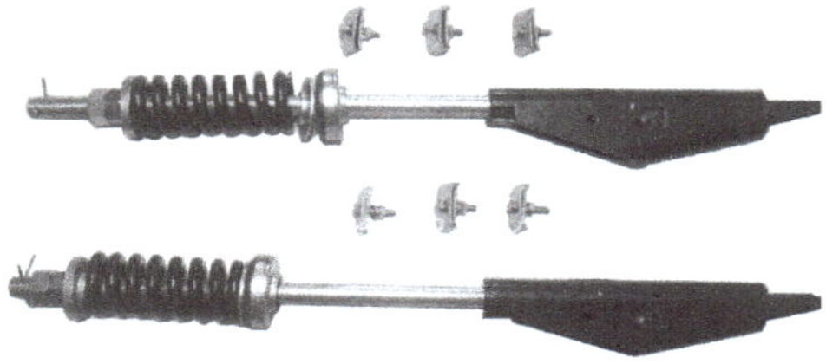

图2-14　自锁楔形绳套

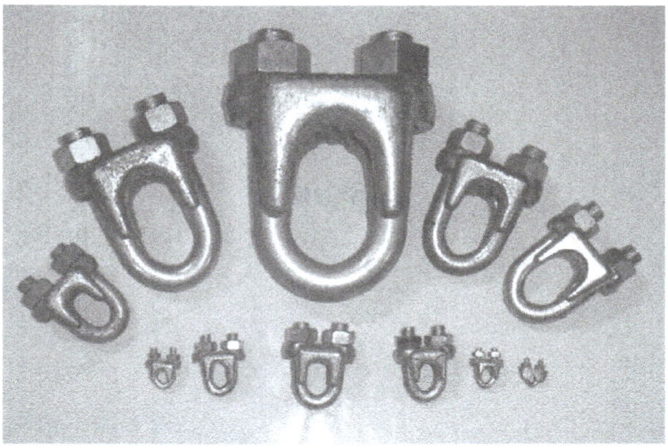

图2-15　绳夹

2.3　电梯的轿厢及门系统

一、电梯轿厢系统

1. 轿厢总体构造

轿厢总体构造如图2-16所示，轿厢本身主要由轿厢架和轿厢体两部分构成，其中还包括若干构件和有关装置。

轿厢架是承重结构件，是一个框形金属架，由上梁、下梁、立梁和拉条（拉杆）组成。框架的材质选用槽钢或按要求压成的钢板，上梁、下梁、立梁之间一般采用螺栓连接。在上梁和下梁的四角有供安装轿厢导靴和安全钳的平板，在上梁中部下方有供安装轿顶轮或绳头组合装置的安装板，在立梁上（也称侧立柱）留有安装轿厢呼梯盒开关板的支架。

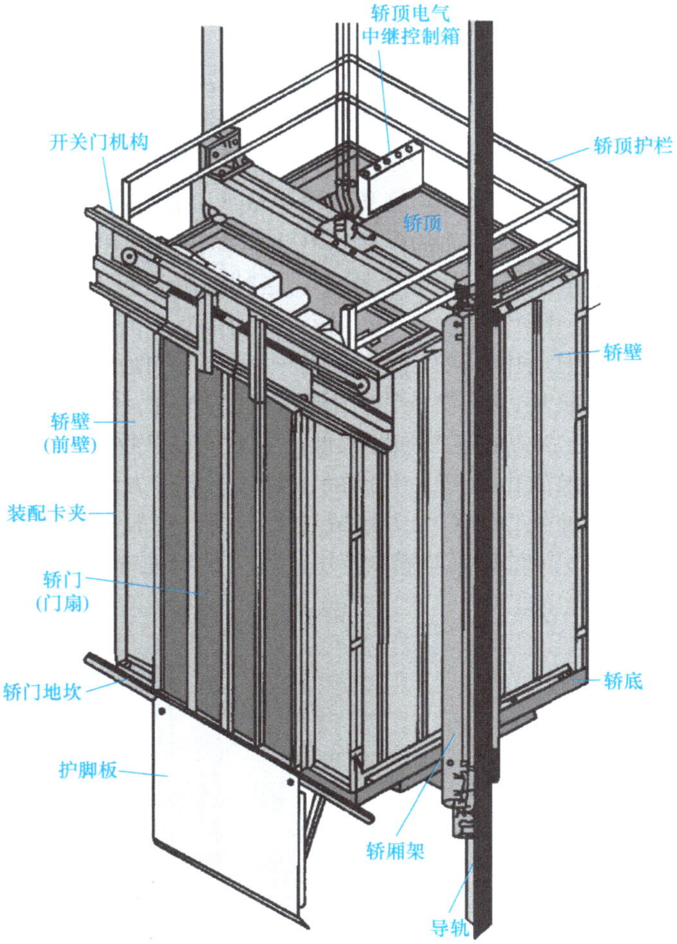

图 2-16　轿厢总体构造

轿厢体形态像一个大箱子，由轿底、轿壁、轿顶及轿门等组成，轿底框架采用规定型号及尺寸的槽钢和角钢焊成，并在上面铺设一层钢板或木板，为使之美观，常在钢板或木板之上再粘贴一层塑料板。轿壁由几块薄钢板拼合而成。每块构件的中部有特殊形状的纵向筋，目的是增强轿壁的强度，并在每块构件的拼合接缝处由装饰嵌条遮住。轿厢内壁板面上通常贴有一层防火塑料板或采用具有图案、花纹的不锈钢薄板等，也有把轿壁填灰磨平后再喷漆的。轿壁间，以及轿壁与轿顶、轿底之间一般采用螺钉连接、紧固。轿顶的结构与轿壁相似，要求能承受一定的载重（因电梯检修工有时需在轿顶上工作），并有防护栏以及根据设计要求设置的安全窗。有的轿顶下面装有装饰板（一般客梯有，货梯没有），在装饰板的上面安装照明灯、风扇。

另外，为防止电梯超载运行，多数电梯在轿厢上设置了超载装置。超载装置安装的位置，有轿底称重式（超载装置安在轿厢底部）及轿顶称重式（超载装置安在轿厢上梁）。

2. 轿厢的分类

（1）按用途分类　客梯轿厢、货梯轿厢、住宅梯轿厢、病床梯轿厢、汽车梯轿厢、观光梯轿厢和杂物梯轿厢。

（2）按开门方式分　自动门轿厢、手动门轿厢和半自动门轿厢。

（3）按门结构形式分　中分门轿厢、双折或三折侧开门轿厢、铰链门轿厢和直分门轿厢。

（4）按轿底结构分　固定轿底轿厢和活动轿底轿厢。

3. 轿厢构成的相关规定

电梯轿厢是运载乘客或货物的金属箱框形装置，其一般形状如图 2-17 所示。

图 2-17　电梯轿厢

（1）轿厢的构成　轿厢由轿厢架和轿厢体组成，导靴、安全钳及操纵机构等也装设于轿厢架上，其基本结构如图 2-18 所示。

（2）轿厢的一般规定　为保证轿厢的功能并满足各种使用要求，轿厢的几何尺寸有相应的要求。各类轿厢除杂物梯外，内部净高度至少为 2000mm。通常，载货电梯内部净高度为 2000mm；乘客电梯因顶部装饰需要净高度为 2400mm；住宅电梯为满足家具的搬运内部高度一般为 2400mm。轿厢门净高度至少为 2000mm。

轿厢的宽深比：客梯轿厢一般是宽度大而深度较小，以利于增加开门宽度，方便乘客出入；病床梯轿厢为满足搬运病床的需要，深度不小于 2500mm，宽度不小于 1600mm；货梯轿厢可根据运载对象确定不同的宽、深度尺寸。

为防止由于乘客拥挤引起超载，客梯轿厢的有效面积应予以限制，表 2-2 即为电梯额定载重量与轿厢最大有效面积的关系规定。

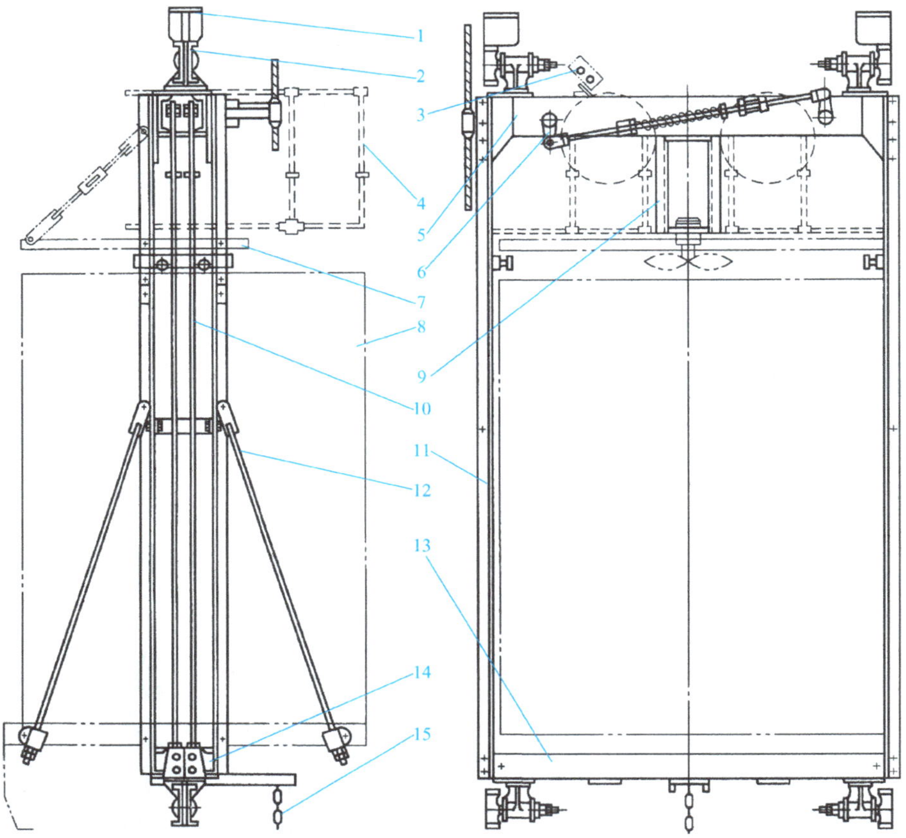

图 2-18 轿厢结构示意图

1—导轨加油盒 2—导靴 3—轿顶检修窗 4—轿顶安全护栏 5—上梁 6—安全钳传动机构 7—开门机架 8—轿厢 9—风扇架 10—安全钳拉杆 11—立梁 12—轿厢拉条 13—下梁 14—安全钳体 15—补偿装置

表 2-2 额定载重量与轿厢最大有效面积

额定载重量 /kg	轿厢最大有效面积 /m²	额定载重量 /kg	轿厢最大有效面积 /m²
100[1)]	0.37	900	2.20
180[2)]	0.58	975	2.35
225	0.70	1000	2.40
300	0.90	1050	2.50
375	1.10	1125	2.65
400	1.17	1200	2.80
450	1.30	1250	2.90
525	1.45	1275	2.95
600	1.60	1350	3.10
630	1.66	1425	3.25
675	1.75	1500	3.40
750	1.90	1600	3.56
800	2.00	2000	4.20
825	2.05	2500[3)]	5.00

1）一人电梯的最小值；
2）二人电梯的最小值；
3）额定载重量超过 2500kg 时，每增加 100kg，面积增加 0.16m²。对中间的载重量，其面积由线性插入法确定。

电梯的额定乘客数量应根据电梯的额定载重量由下述公式求得：

$$额定载客数 = 额定载重量 /75$$

计算结果向下圆整到最近的整数，或按表 2-3 取其中较小的数值。

为避免轿厢乘员过多引起超载，必须对轿厢的有效面积做出限制。轿厢的有效面积指轿厢壁板内侧的实际面积，GB7588—2003《电梯制造与安装安全规范》对轿厢的有效面积与额定载重量、乘客人数都做出了具体规定，见表 2-2、表 2-3。

表 2-3　乘客人数与轿厢最小面积

乘客人数	轿厢最小有效面积 /m²	乘客人数	轿厢最小有效面积 /m²	乘客人数	轿厢最小有效面积 /m²	乘客人数	轿厢最小有效面积 /m²
1	0.28	6	1.17	11	1.87	16	2.57
2	0.49	7	1.31	12	2.01	17	2.71
3	0.60	8	1.45	13	2.15	18	2.85
4	0.79	9	1.59	14	2.29	19	2.99
5	0.98	10	1.73	15	2.43	20	3.13

注：超过 20 位乘客时，每超出一位增加 $0.115m^2$

载货电梯及未经批准且未受过训练的使用者使用的非商业用汽车电梯，其轿厢有效面积亦应予以限制。此外，在设计计算时，不仅要考虑额定载重量，还要考虑可能进入轿厢的运载重量（货物比重不同造成的差异）。特殊情况下，为了满足使用要求而难以同时满足对轿厢有效面积予以限制的载货电梯和病床电梯，在其额定载重量受到有效控制条件下（如安装超载限制装置，且保持灵敏可靠），轿厢面积可参照表 2-2 的规定执行。

专供批准的且受过训练的使用者使用的非商业用汽车电梯，额定载重量应按单位轿厢有效面积不小于 $200kg/m^2$ 计算，与上述防止轿厢引起超载的方法不同之处是：这种电梯是以轿厢有效面积乘以单位面积规定能承受的载重量来决定额定载重量，而不是采用限制轿厢有效面积来限制载重量（或人数）。

（3）轿厢护脚板规定　为了防止轿厢平层结束前提前开门或平层后轿厢地坎高出层门地坎时因剪切而伤害脚趾，每一轿厢地坎均须装设护脚板，其宽度应等于相应层站入口整个净宽度。护脚板的垂直部分以下应成斜面向下延伸，斜面与水平面的夹角应大于 60°，该斜面在水平面上的投影深度不得小于 20mm，垂直部分的高度应不小于 0.75m。

（4）轿壁、轿厢地板和轿顶的结构要求　轿壁、轿厢地板和轿顶须具有足够的机械强度，且应完全封闭，只允许有下列开口：

1）使用者经常出入的入口。

2）轿厢安全门或轿厢安全窗。

3）通风孔。

（5）紧急报警装置规定　为使乘客在需要的时候能有效地向轿厢外求援，应在轿厢内装设乘客易于识别和触及的报警装置。该装置可采用警铃、对讲系统、外部电话或类似的形式。其电源应来自可自动再充电的紧急电源或由等效的电源来供电（当轿厢内电话与公用电话网连接时，不必执行此规定）。建筑物内的组织机构应能及时、有效地应答紧急求援呼救。

如果电梯行程大于 30m，在轿厢和机房之间还应设置可自动再充电的、由紧急电源供电的对讲系统或类似装置，使维修和检查变得方便和安全。

（6）轿厢照明规定　轿厢应装备永久性的电气照明，使控制装置上的光照度应不小于 50lx，轿厢地板上的光照度宜不小于 50lx。如果照明采用白炽灯，则至少要有两只灯泡并联。轿厢内还应备有可自动再充电的紧急照明电源，在正常电源被中断时，它至少能供 1W 灯泡用电 1h，并能自动接通电源。轿厢照明如图 2-19 所示。

（7）轿顶及轿顶上装置的规定　轿顶应有一定的机械强度，能支撑两个人，即在轿顶的任何位置上均能承受 2000N 的垂直力而无永久变形。轿顶应具有一块不小于 0.12m^2 的可站人净面积，其短边应不小于 0.25m。

如果在轿厢架上固定有反绳轮，则应设置挡绳装置和护罩，以避免悬挂绳松弛时脱离绳槽，伤害人体和绳与绳槽之间进入杂物。这些装置的结构应不妨碍对反绳轮的检查和维修，当悬挂采用链条时，也要有类似的装置。

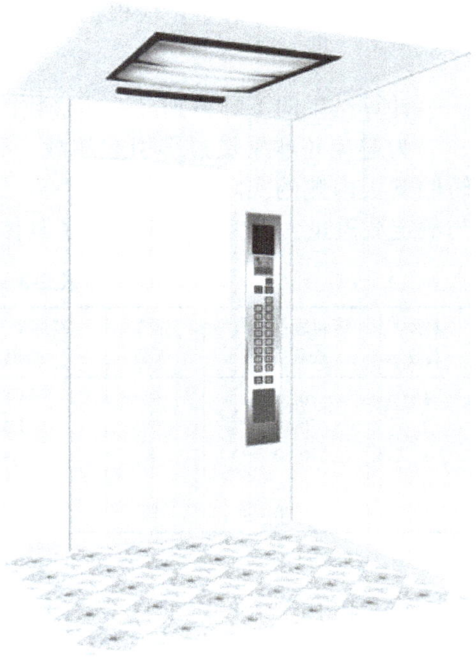

图 2-19　轿厢照明

轿顶上应安装检修运行控制装置、停止开关和电源插座。

二、电梯门系统

电梯层轿门系统

1. 电梯门系统及其作用

（1）门系统的组成　门系统主要包括轿门（轿厢门）、层门（厅门）与开门关门等系统及其附属的零部件。

（2）作用　层门和轿门都是为了防止人员和物品坠入井道或轿内乘客和物品与井道相撞而发生危险，都是电梯的重要安全保护设施。

（3）层门　电梯层门是乘客在使用电梯时首先看到或接触到的部分，是电梯很重要的一个安全设施。根据不完全统计，电梯发生的人身伤亡事故中约有 70% 是由于层门的质量及使用不当等引起的。因此，层门的正常开闭与锁紧是保障电梯使用者安全的重要因素。

（4）轿门、层门及其相互关系　轿门是设置在轿厢入口的门，设在轿厢靠近层门的一侧，供司机、乘客和货物的进出。对于简易电梯，开关门是用手操作的，称为手动门。一般的电梯都装有自动开启、由轿门带动的层门，上面装有电气、机械联锁装置的门锁。只有轿门开启才能带动层门的开启。所以轿门称为主动门，层门称为被动门。

只有轿门、层门完全关闭后，电梯才能运行。

为了将轿门的运动传递给层门，轿门上设有系合装置（如门刀），门刀通过与层门门锁的配合，使轿门能带动层门运动。

为了防止电梯在关门时将人夹住，在轿门上常设有关门安全装置（防夹保护装置）。

2. 电梯门的分类

电梯门从安装位置来分可以分为两种，装在井道入口层站处的为层门，装在轿厢入口处的为轿门。层门和轿门按照结构形式可分为中分门、旁开门、垂直滑动门、铰链门等。中分门主要用在乘客电梯上；旁开门在货梯和病床梯上普遍采用；垂直滑动门主要用于杂物梯和大型汽车电梯上；铰链门在国内较少采用，在国外住宅梯中应用较多。

3. 电梯门的组成和结构

电梯层门和轿门一般由门、导轨架、滑轮、滑块、门框、地坎等部件组成。门一般由薄钢板制成，为了使门具有一定的机械强度和刚性，在门的背面配有加强筋。为减小门运动中产生的噪声，门板背面涂贴防振材料。门导轨有扁钢和C形折边导轨两种；门通过滑轮与导轨相连，门的下部装有滑块，插入地坎的滑槽中；门的下部导向用的地坎由铸铁、铝或铜型材制作，货梯一般用铸铁地坎，客梯可采用铝或铜地坎。

4. 层门的基本要求

层门应是无孔的门，净高度不得小于2m。层门关闭后门扇之间及门扇与立柱、门楣和地坎之间的间隙应尽可能小，乘客电梯应为1～6mm，载货电梯应为1～8mm。为了避免运行期间发生剪切危险，自动层门的外表面不应有大于3mm的凹进或凸出部分（三角形开锁处除外）。这些凹进或凸出部分的边缘应在两个方向上倒角。装有门锁的层门应具有一定的机械强度。在水平滑动门的开启方向，以150N的人力（不用工具）施加在一个最不利点上时，门扇之间及门扇与立柱、门楣之间的间隙不得大于30mm。层门净进口宽度比轿厢净入口宽度在任何一侧的超出部分均不应大于0.05m（采用了适当措施的除外）。

5. 层门地坎

层门地坎应具有足够的机械强度，以承受通过它进入轿厢的载荷，其水平度不大于2/1000。各层站地坎应高出装饰后地面2～5mm，以防止层站地面洗涮、洒水时，水流进井道。

6. 层门的导向装置

水平滑动门的顶部和底部都应设有导向装置，层门在正常运行中应避免脱轨、卡住或在行程终端时错位。

7. 层门的运动保护

对于动力操纵的水平滑动门，应尽量减少人被门扇撞击后而造成的伤害，为此，国家规范作了如下规定：

1）阻止关门的力应不大于150N（这个力的测量在关门行程开始后的1/3之后进行）。

2）层门及其刚性连接的机械零件的动能，在平均关门速度下的测量值或计算值应不大于10J。在使用人员连续控制下进行关闭的门（揿住按钮才能使其关闭的门），其动能大于10J时，最快的门扇平均关门速度不得大于0.3m/s。

3）应有一个保护装置（通常设在轿门上），当乘客在层门关闭或开始关闭过程中通过入口而被门撞击（或将被撞击）时，该保护装置应自动使门重新开启。该保护装置在每扇门的最后50mm行程中可以不起作用。

8. 层站的局部照明

在层站附近，层站的自然或人工照明在地面上应不小于50lx，以便使用者在打开层门进入轿厢时，即使轿厢照明发生故障也能看清轿厢。

若采用透明窥视窗，则应符合下列条件：

1）窥视窗应具有与层门相同的机械强度。

2）玻璃的厚度不得小于 6mm。

3）每个层门的玻璃面积不得小于 0.015m，每个窥视窗的面积不得小于 $0.01m^2$。

4）宽度不小于 60mm，不大于 150mm。宽度大于 80mm 的窥视窗下沿距地面不得小于 1m。

5）如果层门采用窥视窗，则轿门上也必须装窥视窗。当轿厢处于平层位置时，两个窥视窗的位置应重合。

若采用一个发光的“轿厢在此”信号，它只能当轿厢即将停在或已经停在特定的楼层时发光。在轿厢停留在既定位置的所有时间内，该信号应保持发光。

9. 轿门的基本要求

轿门的基本要求与层门的基本要求基本相同。

10. 轿门的开启

如果电梯由于某种原因停在靠近层站的地方，为允许乘客离开轿厢，在轿厢停住并切断开门机（如果有的话）电源的情况下，应能在层站处从轿内用手开启或部分开启轿门。如果层门与轿门联动，从轿厢内开启或部分开启轿门的同时，联动开启层门或部分开启层门。

上述轿门的开启应至少能够在开锁区内施行，开门所需的力不得大于 300N。

11. 轿厢安全窗

对于有一个或两个轿厢入口没有设轿门的电梯，轿厢必须设安全窗，其尺寸应不小于 0.35m × 0.5m。安全窗应有手动上锁装置，不用钥匙能从轿厢外开启，但用三角形钥匙能从轿厢内开启。安全窗只能向轿外开启，且开启后位置不得超过轿厢的边缘。安全窗上应有电气安全装置，以确保只有在安全窗锁紧的情况下电梯才能运行。

12. 门机的特点与组成

电梯层门和轿门的开关一般有自动、半自动和手动三种形式。目前除用户要求指定开关门动作形式外，一般均采用自动门机开关门。常见的门机如图 2-20 所示。

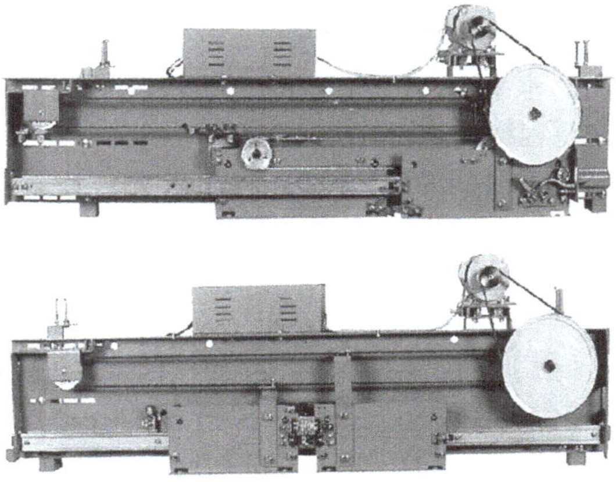

图 2-20　电梯门机

（1）门机的特点　使用自动门机开关门，动作速度平稳、噪声小、无冲击，有利于提高层轿门结构寿命。

采用自动门机开关门减少了乘客的操作劳动，提高了开关门速度，缩短了开关门的时间，提高了电梯的运行效率。

在有自动功能的电梯上，为使电梯在无人操作的情况下自动应答层站召唤信号，必须具备自动开关门功能。

（2）门机的结构组成　门机一般设置在轿厢顶部，根据门结构型式的不同，门机可位于轿顶前沿中部或旁侧。

图 2-20 所示为门机结构，电动机可以是交流电动机，也可以是直流电动机。以两级 V

带传动减速，第二级大带轮兼作曲柄轮。曲柄轮顺时针转动，门开启；反之，门关闭。电动机采用切换电阻调速时，可由安装在曲柄轮转动轴上的凸轮来控制行程开关；也可由安装在门扇上的撞弓来控制行程开关，以实现调速功能。采用变频调速控制门机电动机，是实现门机平稳动作、节能降噪的最佳选择。

2.4 电梯的导向机构与对重

一、电梯的导向机构

1. 导向系统

为保证轿厢和对重在井道内以规定的规迹上下运动，电梯必须设置导向机构。此机构主要由导靴、导轨和支架组成。

导向系统在电梯运行过程中，限制轿厢和对重的活动自由度，使轿厢和对重只能沿着各自的导轨做升降运动，不会发生横向的摆动和振动，保证轿厢和对重运行平稳不偏摆。电梯的导向系统包括轿厢导向系统和对重导向系统两个部分。

无论是轿厢导向系统还是对重导向系统，均由导轨、导靴和导轨架组成（见图 2-21、图 2-22）。

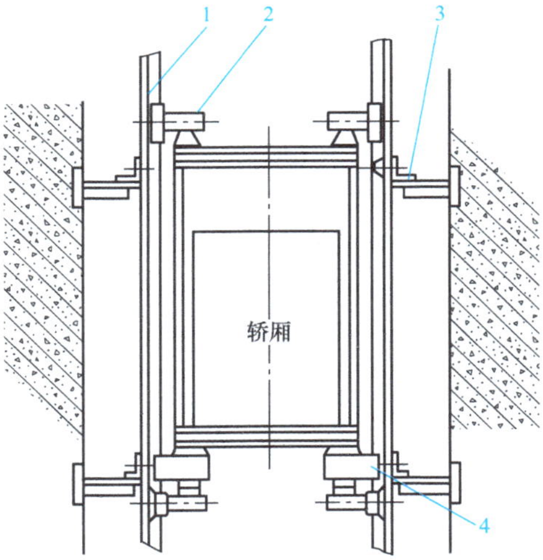

图 2-21 轿厢导向系统

1—导轨 2—导靴 3—导轨架 4—安全钳

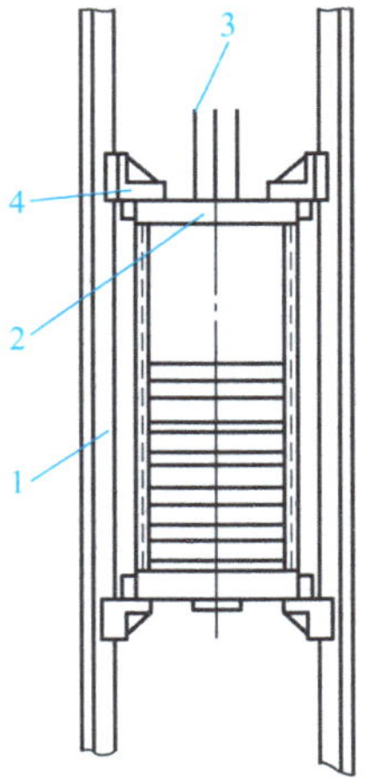

图 2-22 对重导向系统

1—导轨 2—对重 3—曳引绳 4—导靴

轿厢以两根（至少）导轨和对重导轨限定了轿厢与对重在井道中的相互位置；导轨架作为导轨的支撑件，被固定在井道壁上；导靴安装在轿厢和对重架的两侧（轿厢和对重各自装有至少四个导靴），导靴的靴衬（或滚轮）与导轨工作面配合，使电梯在曳引绳的牵引下，一边为轿厢，另一边为对重，分别沿着各自的导轨上、下运行。

2. 导靴

导靴是设置在轿厢和对重装置上，利用其内部的靴衬（或滚轮）在导轨面上滑动（或滚动），使轿厢和对重沿导轨上下运动的装置。

导靴设置在轿厢架和对重架的四个角端，两个在上端，两个在下端。导靴主要有以下两种结构类型。

（1）滑动导靴　其靴衬在导轨上滑动，使轿厢和对重沿导轨运行的导向装置称为滑动导靴。滑动导靴常用于额定速度 2.5m/s 以下的电梯。滑动导靴按其靴头与靴座的相对位置固定与否分为固定滑动导靴和弹性滑动导靴。

固定滑动导靴一般用于载货电梯。货梯装卸货物时易产生偏载，使导靴受到较大的侧压力，这就要求导靴有足够的刚性和强度，固定滑动导靴能满足此要求。这种滑动导靴一般由靴衬和靴座两部分组成，靴座通过铸造或焊接制成。靴衬常用摩擦系数低、耐磨性好、滑动性能好的尼龙或聚酯塑料制成。常用的固定滑动导靴如图 2-23 所示。

由于固定滑动导靴的靴头是固定的，导靴与导轨表面存在间隙。随着运行磨损，这种间隙还将增大，将导致轿厢运行中产生晃动，影响运行平稳性，因此这种导轨只用于额定速度不大于 0.63m/s 的电梯上。

弹性滑动导靴均有可浮动的靴头，其靴衬在弹簧或橡胶垫的作用下可紧贴导轨表面，使轿厢在运行中保持与导轨的相对位置，又可吸收轿厢运行中的水平振动能量，使轿厢晃动减小，常用于速度不大于 2.5m/s 的客梯上。常用的弹性滑动导靴如图 2-24 所示。

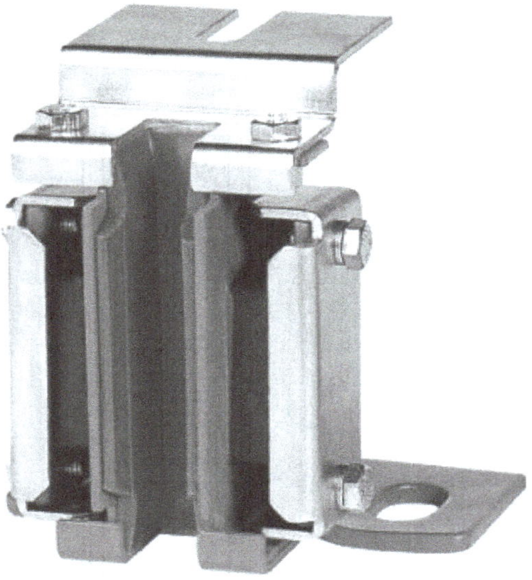

图 2-23　固定滑动导靴

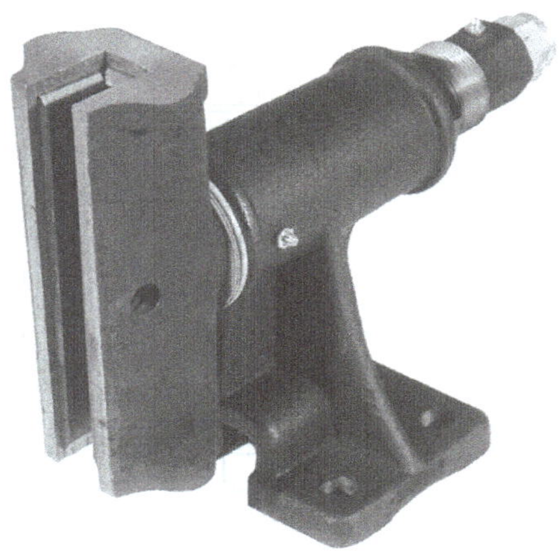

图 2-24　弹性滑动导靴

（2）滚轮导靴　以三个滚轮代替滑动导靴的三个工作面，其滚轮沿导轨表面滚动的导向装置称为滚轮导靴。滚轮导靴以滚动代替滑动，使导靴运行摩擦阻力大大减小，在高速运行时磨损量相应降低。滚轮的弹性支承有良好的吸振性能，可改善乘用舒适感，滚轮导靴在干燥的导轨表面工作，导轨表面无油，可减少火灾危险。常用的滚轮导靴如图 2-25 所示。

3. 电梯导轨

（1）导轨的作用

1）是轿厢和对重在竖直方向运动时的导向，限制轿厢和对重的活动自由度（轿厢运动导向和对重运动导向使用各自的导轨，通常轿厢用导轨要稍大于对重用导轨）。

2）当安全钳动作时，导轨作为固定在井道内被夹持的支承件，承受着轿厢或对重产生的强烈制动力，使轿厢或对重制停可靠。

3）防止由于轿厢的偏载而产生歪斜，保证轿厢运行平稳并减少振动。

图 2-25　滚轮导靴

（2）导轨的种类和标识

1）导轨的横截面（断面）形状。

一般钢质导轨常采用机械加工或冷轧加工方式制作，其常见的导轨横截面形状如图 2-26 所示。

电梯中大量使用 T 形导轨（见图 2-26a），但对于货梯对重导轨和额定速度为 1m/s 以下的客梯对重导轨，一般多采用 L 形导轨（见图 2-26c）。

图 2-26d ～ f 常用于速度低于 0.63m/s 的电梯，导轨表面一般不作机械加工。

图 2-26g、h 为冷轧成形的导轨。

2）导轨的标识。

T 形导轨是电梯常见的专用导轨，具有良好的抗弯性能及加工性能。T 形导轨的主要参数是底宽 b、高度 h 和工作面厚度 k（见图 2-27）。我国原先用 $b \times k$ 作为导轨规格标识，现已推广使用国际标准 T 形导轨，共有 13 个规格，以底面宽度和工作面加工方法作为规格标志。

有的国家（如日本）是以导轨最终加工后每一米长度重量多少千克作为规格区分，如 8kg、13kg 导轨等。

导轨定位方式应能以自动或简单调节方法来补偿建筑物正常下沉或混凝土收缩所造成的影响。应防止导轨附件的旋转而使导轨松脱。导轨固定不允许采用焊接固定，如图 2-28 所示。

（3）导轨支架　固定在井道壁或横梁上，用来支撑和固定导轨的构件称为导轨支架。导轨支架随电梯的品种、规格尺寸以及建筑的不同而变化。导轨支架有以下连接形式。

1）直接埋入式：支架通过撑脚直接埋入预留孔中，其埋入深度一般不小于 120mm。

2）焊接式：支架直接焊接在井道壁上的预埋铁上。

3）对穿螺栓式：在井道壁厚度小于 120mm 时，用螺栓穿透井道壁固定支架。

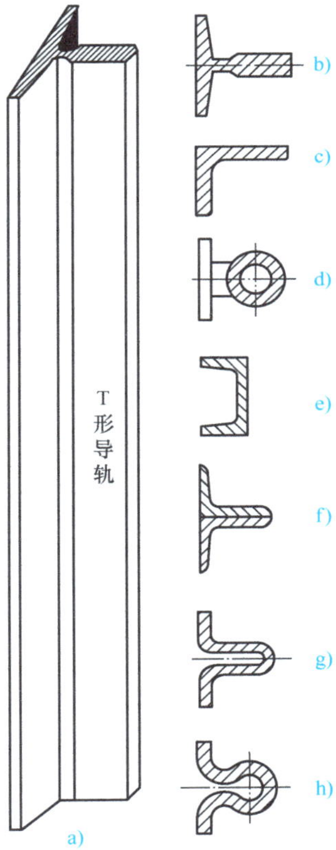

图 2-26　T 形导轨及常见导轨横截面形状

4）膨胀螺栓固定式：在井道壁为混凝土结构或有足够多的混凝土横梁时，可采用电锤打孔后用膨胀螺栓固定支架。这种固定方式的工艺方法对固定效果影响很大。

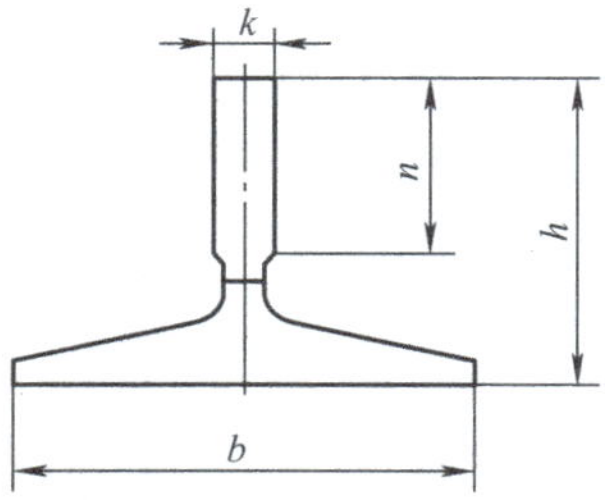

图 2-27　T 形导轨横截面

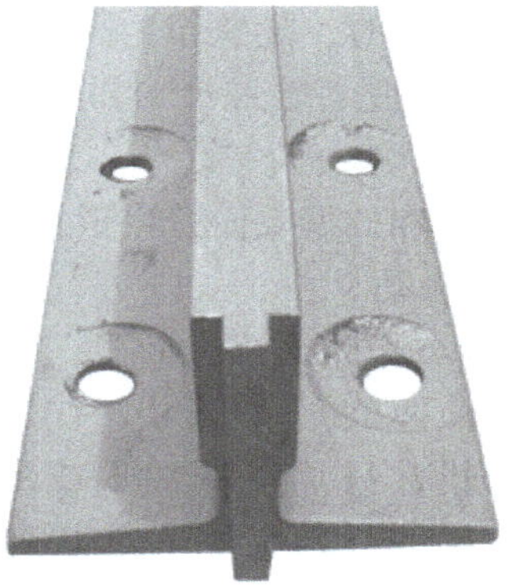
图 2-28　电梯导轨

二、电梯对重

1. 对重的作用与原理

对重可以平衡（相对平衡）轿厢的重量和部分电梯负载重量，减少电动机功率的损耗。当电梯负载与对重十分匹配时，还可以减小钢丝绳与绳轮之间的曳引力，延长钢丝绳的寿命。

由于曳引式电梯有对重装置，如果轿厢或对重撞在缓冲器上后，电梯失去曳引条件，避免了冲顶事故的发生。曳引式电梯由于设置了对重，使电梯的提升高度不像强制式驱动电梯那样受到卷筒的限制，因而提升高度也大大提高。对重装置设置在井道中，由曳引绳经曳引轮与轿厢连接，在运行过程中起平衡作用。对重是曳引驱动不可缺少的重要组成部分。

重量平衡系统的作用是使对重与轿厢能达到相对平衡，在电梯运行中即使载重量不断变化，仍能使两者间的重量差保持在较小限额之内，保证电梯的曳引传动平稳、正常。重量平衡系统一般由对重和重量补偿装置两部分组成，如图 2-29 所示。

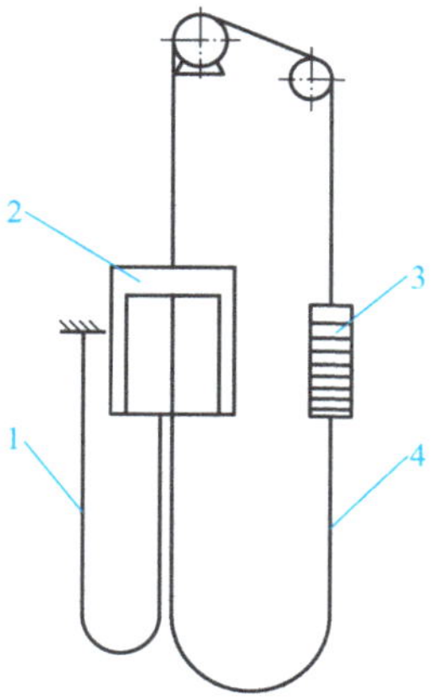

图 2-29　重量平衡系统

1—随行电缆　2—轿厢　3—对重　4—重量补偿装置

对重（又称平衡重）相对于轿厢悬挂在曳引绳的另一侧，起到相对平衡轿厢的作用，并使轿厢与对重的重量通过曳引钢丝绳作用于曳引轮，保证足够的驱动力。由于轿厢的载重量是变化的，因此不可能做到两侧的重量始终相等并处于完全平衡状态。一般情况下，只有轿厢的载重量达到 50% 的额定载重量时，对重一侧和轿厢一侧才处于完全平衡，这时的载重量称电梯的平衡点，此时，由于曳引绳两端的静荷重相等，电梯处于最佳的工作状态。但是在电梯运行的大多数情况下，曳引绳两端的荷重是不相等且是变化的，因此对重的作用只能使两侧的荷重之差处于一个较小的范围内变化。

2. 对重重量值的确定

为了使对重装置能对轿厢起最佳的平衡作用，必须正确计算其重量。对重的重量值与电梯轿厢本身的净重和轿厢的额定载重量有关。一般在电梯满载和空载时，曳引钢丝绳两端的重量差值应为最小，以使曳引机组消耗功率少，钢丝绳也不易打滑。

对重装置过轻或过重，都会给电梯的调整工作造成困难，影响电梯的整机性能和使用效果，甚至造成冲顶或蹲底事故。

对重的总重量通常用下面的基本公式计算。

对重的总重量为

$$W=G+KQ \tag{2-5}$$

式中，G 为轿厢自重（kg）；Q 为轿厢额定载重量（kg）；K 为电梯平衡系数，取 0.4 ～ 0.5，以钢丝绳两端重量之差值最小为好。

平衡系数的选值原则是：尽量使电梯接近最佳工作状态。

当电梯的对重装置和轿厢侧完全平衡时，只需克服各部分摩擦力就能运行，且电梯运行平稳，平层准确度高。因此对平衡系数 K 的选取，应尽量使电梯能经常处于接近平衡状态。对于经常处于轻载的电梯，K 可选取 0.4 ～ 0.45，对于经常处于重载的电梯，K 可取 0.5。这样有利于节省动力，延长机件的使用寿命。

［例］有一部客梯的额定载重量为 1000kg，轿厢净重为 1000kg，若平衡系数取 0.45，求对重装置的总重量。

［解］已知 G=1000kg，Q=1000kg，K=0.45，代入式（2-5）得

$$W=G+KQ=1000\text{kg}+0.45\times 1000\text{kg}=1450\text{kg}$$

3. 对重的安装

对重由对重架、对重块等组成。对重架通常用型钢作主体结构，其总高度一般不应大于轿架总高度。对重块可用金属制作或以钢筋混凝土整体充填；应采取有效的措施将其固定在金属框架内，如图 2-30 所示。

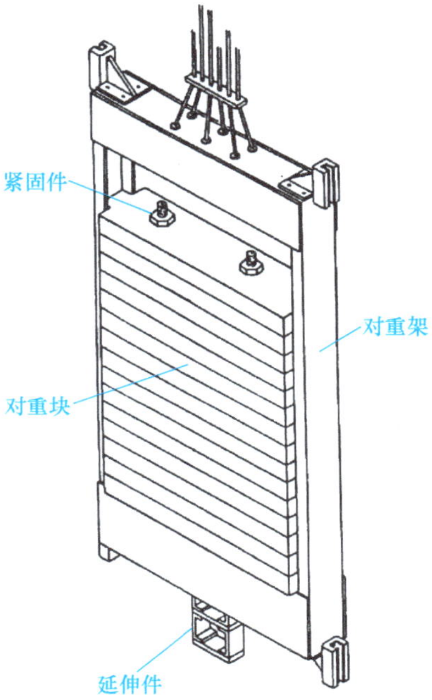

图 2-30　电梯对重结构

当曳引绕绳比大于 1 时，对重架上设有滑轮。此时滑轮上部应有防止杂物进入绳与绳槽间的护罩，还应有防止曳引绳脱槽的挡绳装置，在底坑下部存在人能到达的空间时，对重上还应设置安全钳。

缓冲器撞板设置在对重架下部，撞板下可设置多节撞块，当曳引绳在使用中伸长，导致对重缓冲距小于规范要求时，可拆去撞块以补偿对重缓冲距的减小量。在电梯

顶层高度和底坑深度有足够裕度时，连接撞块可由数节组成，这样可给维修人员带来很大方便。

任务实施

2.5 实训：电梯轿厢与相关部件的安装

任务实施目的

1. 了解电梯轿厢的基本结构。
2. 掌握轿厢的安装方法及要求。
3. 掌握轿厢相关零部件的安装方法及要求。

电梯轿厢安装

任务实施设备

本任务实施采用电梯导轨支架及导轨安装实训平台，如图 2-31 所示。

图 2-31 电梯轿厢的安装实训平台

任务实施步骤

由于轿厢的体积比较大，制造厂把全部机件制作完后，经合装检查再拆成零件进行表面装潢处理，然后以零件的形式包装发货。

在一般情况下，轿厢的组装工作在上端站进行。轿厢应在井道最高层内安装，在轿厢架进入井道前，首先将最高层的脚手架拆去，在层门地坎对面的墙上平行地凿两个孔洞，孔距与门口宽度相接近。然后用两根方木（不小于 200mm × 200mm）作支承梁，并将其上平面找平，两根方木调平行，最后加以固定。另外，在井道顶通过轿厢中心点的曳引绳孔，并借助于楼板承重梁用 2 ～ 3t 手拉葫芦来悬吊轿厢架。

1. 安全钳的安装

先将安全钳装入轿厢架上的安全钳座内，然后装上安全钳的拉杆，使拉杆的下端与楔块连接，拉杆的上端与上梁的安全钳传动机构连接。调整各楔块拉杆上端螺母，以使安全钳楔块面与导轨工作面的间隙达到规定要求。最后调整上梁的安全钳联动机构的非自动复位开关，使之当安全钳动作瞬间，先断开电气控制回路。安全钳底面与导轨正工作面的间隙要求为 2 ～ 3.5mm，楔块与导轨两侧工作面的间隙要求为 2 ～ 3mm。绳头拉手的提拉力应不大于 300N，且动作灵活可靠。安全钳装置在安装完后，必须进行试验。

2. 下梁和轿底的安装

将下梁安放在导轨之间的临时支承梁上，并用水平仪调节至水平，如图 2-32 所示。然后调节导轨与安全钳楔块滑动面之间的间隙。楔块式固定安全钳与导轨之间的间隙如图 2-33 所示，楔块式弹性安全钳与导轨之间的间隙如图 2-34 所示。

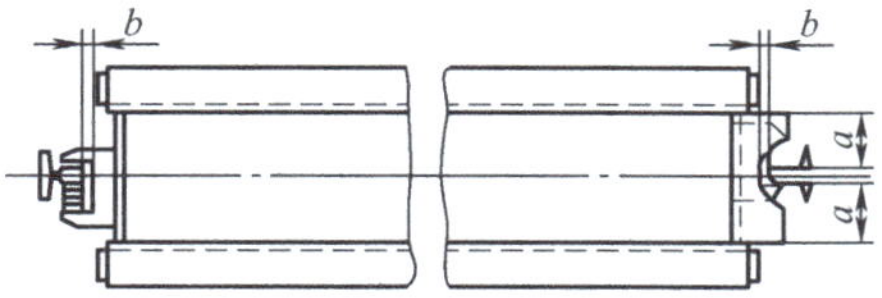

图 2-32　轿厢下梁在导轨之间的安装

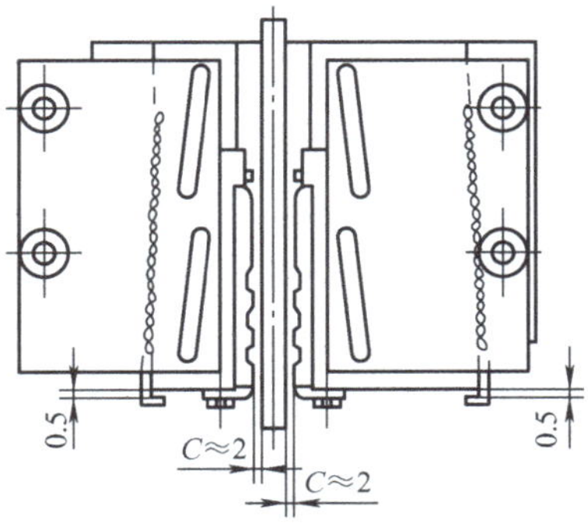

图 2-33　楔块式固定安全钳与导轨之间的间隙

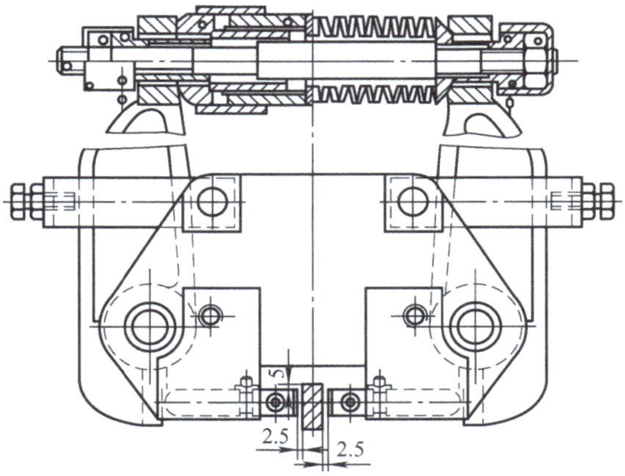

图 2-34　楔块式弹性安全钳与导轨之间的间隙

接着应将下导靴安装妥善。

根据预先安装在上、下梁上的螺栓数可确定轿厢的每侧应安装两根还是四根立柱角铁。在安装立柱角铁（侧面护板）的同时，应把下极限开关凸轮用的固定板拧上去。把拉条旋到安全钳楔块的螺栓孔上并拧紧，最后安装轿底。如果轿厢带减振元件，则应预先安装在下梁上，如图 2-35 所示。需要强调的是，应保证轿底不发生倾斜并调至水平。

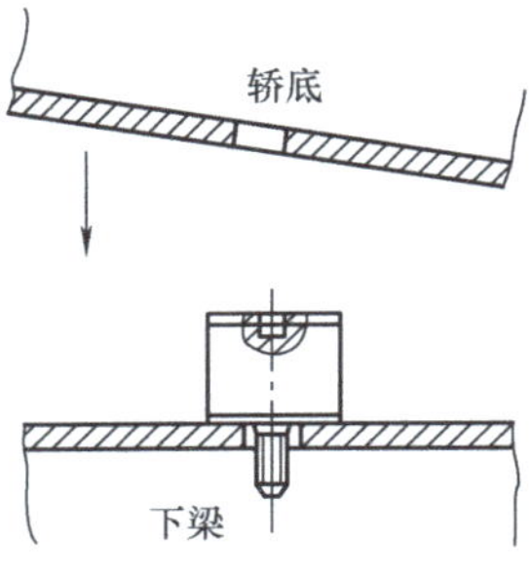

图 2-35　轿底减振元件的安装

3. 轿壁的安装

1）把电缆槽和操纵箱安装在相应的轿壁上，先装配轿厢的后壁，再装配侧壁，最后装配前壁。对设有轿门这一扇的轿壁应用弯尺校正，其垂直度应不大于 1/1000。

2）将带端子弹簧的半圆头方颈螺钉插到分布于铝型材上的钻孔内，在安装踢脚板时，将它倾斜地安插上去，然后将螺钉拧紧。

3）安装门额和地坎部件。

4. 轿顶和上梁部件的安装

1）把轿顶装妥，盖上保护板。然后安装轿顶压板。

2）检查限速器杠杆的位置及预先安装的零件，装上梁。把上梁安装在两侧立柱上并校正，同时安装上极限开关凸轮用的固定板及限速器拉杆用的挡板卡箍（止动弯件），如图 2-36 所示。

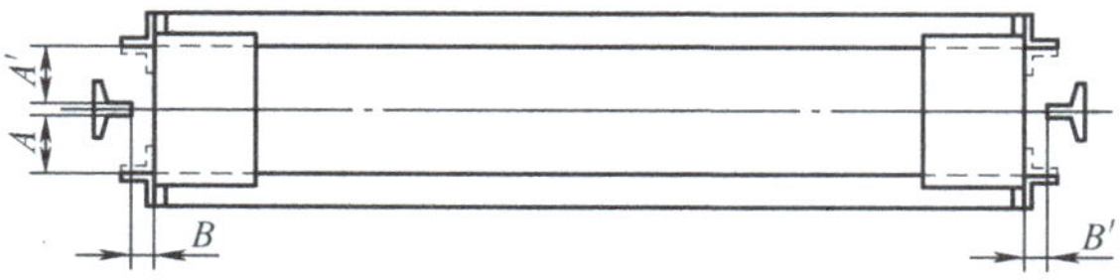

图 2-36　挡板卡箍的安装

3）将上梁调整到与下梁平行的位置，在固定导靴之前用铅笔将正确位置标上去，如图 2-37 所示，然后安装上导靴。

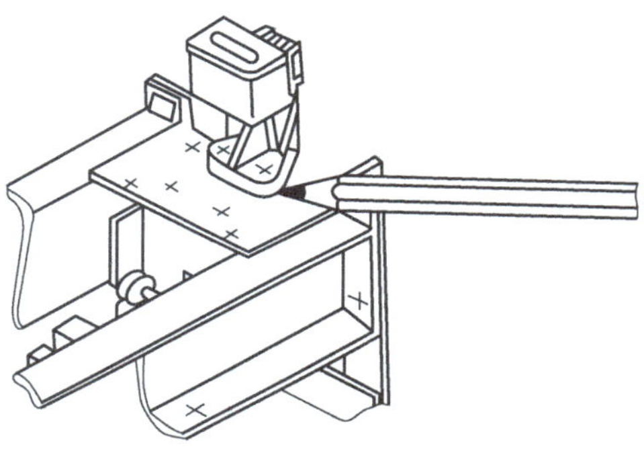
图 2-37　上导靴位置的预定方法

4）安装悬挂装置，并悬挂轿厢。

依据样板架垂下的轿门铅垂线确定轿厢门套立柱的位置和尺寸，安装轿门、门机、安全触板和门刀。此外，还要注意安装轿厢扶手、装饰吊顶、整容镜，以及照明灯、操纵箱、轿内指层灯箱等（参见下一节轿内电气部分安装）。

安装导靴时，应使同一侧上下导靴保持在同一个垂直平面内。固定（刚性）导靴与导轨端面应保留适当的间隙，使其两侧间隙各为 0.5 ～ 1.0mm；弹性导靴与导轨端面应无间隙，弹性导靴对导轨端面的压力应按预定的设计值调定，过紧或过松均会影响电梯乘座的舒适性；滚轮导靴外圈表面与导轨端面应紧贴。

轿厢和轿门在组装过程中应边组装边校正，组装后的每个零部件都要分别达到规定要求、全部机件装配完后再进行一次全面的检查校正工作，以确保安装质量。

5. 轿厢安装过程中的安全技术

1）必须严格检查吊装轿厢的工具与设备并估计被吊物重量。

2）吊装前，选好手拉葫芦支撑点，配好与起重量相适应的手拉葫芦，吊装时，施工人员应站在安全位置操作。

3）轿厢和对重安装好后，将曳引钢丝绳挂在曳引轮上，检查限速器、限速器钢丝绳、张紧装置、安全钳拉杆、安全钳开关等安装到位后，才能拆除支撑横梁。

4）如需将轿厢长时间吊起，必须用两根相应的钢丝绳将轿厢吊在承载装置上，使手拉葫芦不承担载荷，只起保险作用。

2.6 实训：电梯导轨的安装与检验

任务实施目的

1. 了解安装现场情况，确定采用何种方式安装导轨支架。
2. 掌握电梯导轨支架安装的步骤及安装工艺，安装尺寸以及安装要求等。
3. 掌握检验导轨支架的方法和技巧，能够正确调整导轨支架。
4. 了解安装导轨支架的重要性。
5. 掌握导轨安装的步骤，基本方法和尺寸要求。
6. 能够系统地检验导轨安装的尺寸，保证导轨安装的准确性。
7. 掌握电梯导轨安装相关尺寸要求，能够系统地检验电梯导轨安装教学实训平台的样板架、样线、导轨支架、导轨的相关尺寸。
8. 掌握电梯导轨安装教学实训平台的样板架、样线、导轨支架、导轨的检测方法并运用。

任务实施设备

电梯导轨安装教学实训平台

本任务实施采用的电梯导轨支架及导轨安装实训平台如图 2-38 所示。

图 2-38 电梯导轨安装实训调试平台

电梯导轨安装教学实训平台的特点如下：

1）平台可避免真实电梯井道作业的危险，安全性较高，可供学生多次、循环拆装练习。

2）平台安装工艺与实际电梯安装工艺流程完全吻合，可有效提高学生电梯安装的实际技能。

3）平台设有固定的爬梯，焊接在立柱上，其梯阶采用 5mm 冷轧钢板激光切割成形，设有保护圆角。此平台在现场安装前已进行烤漆处理。

4）平台采用钢结构搭建而成，利用木方搭设二层平台，每个工位可供 6 人以上同时操作。

任务实施工具（见表 2-4、表 2-5、表 2-6）

表 2-4　电梯导轨支架的安装工具准备

序号	名称	型号 / 大小	数量	备注
1	两用扳手	19in	2 套	
2	活扳手	8in	1 把	
3	卷尺	5m	1 把	测量物体长度
4	直角尺	钢制直角尺	1 把	量具
5	钢直尺	钢制直尺	1 把	量具，垂直画线
6	圆头锤	总长 330mm	1 把	手动敲击，拔钉子
7	大力钳	220mm × 60mm	2 把	夹持零件（导轨支架）
8	磁力线锥	3m	2 套	检测物体表面垂直度
9	水平尺	24in/600mm	1 把	检测物体水平度
10	梅花套筒		1 套	

表 2-5　电梯导轨安装工具准备

序号	名称	型号 / 大小	数量	作用	备注
1	锉刀	12in/300mm	1 把	打磨金属表面	
2	两用扳手	19in	2 套		
3	活扳手	8in	1 把		
4	卷尺	5m	2 把	测量物体长度	
5	直角尺	钢制直角尺	1 把	量具	
6	钢直尺	钢制直尺	1 把	量具，垂直画线	
7	胶锤	总长 330mm	1 把	调节导轨用	
8	虎口钳	常规	1 把	切断金属丝	
9	大力钳	220mm × 60mm	2 把	夹持零件	
10	磁力线坠	3m	2 套	检测物体表面垂直度	
11	水平尺	24in/600mm	1 把	检测物体垂直度或水平度	
12	校导尺		2 把		
13	电梯导轨卡板	300mm × 100mm	2 把	测量电梯导轨相关数据	
14	圆柱线坠		6 个	放样的线坠	
15	工具箱		1 个	收纳所有工具	
16	梅花套筒		1 套		
17	塞尺		1 套		

表 2-6　电梯导轨的检验工具

序号	名称	型号 / 大小	数量	备注
1	卷尺	5m	2 把	测量物体长度

（续）

序号	名称	型号 / 大小	数量	备注
2	直角尺	钢制直角尺	1 把	量具
3	钢直尺	钢制直尺	1 把	量具，垂直画线
4	磁力线锥	3m	2 套	检测物体表面垂直度
5	水平尺	24in/600mm	1 把	检测物体垂直度或水平度
6	电梯导轨卡板	300mm × 100mm	2 把	测量电梯导轨相关数据
7	塞尺		1 套	

任务实施步骤

1. 电梯导轨支架的安装

（1）确定导轨支架的位置　按照图样要求的导轨支架间距尺寸及安装导轨支架的垂线确定导轨支架的位置。

（2）安装导轨支架

1）安装导轨支架前，要复核由样板架处放下的基准线。基准线距导轨支架平面 1 ～ 3mm，图 2-39 所示为 2mm。

2）确定导轨支架位置之后，进行找平、找正，然后用螺栓紧固。

3）每根导轨至少应有两个导轨支架。

4）导轨支架应错开导轨接头 200mm 以上，其水平度小于 1.5%。

图 2-39　导轨支架与基准线距离图示

电梯导轨安装

2. 电梯导轨的安装

（1）安装导轨

1）根据电梯井道平面图及样板架平面图确定导轨的位置。

2）把导轨直立起来，对应导轨的预定位置，导轨下端应与坚实的地面接触（可垫金属垫片）。从下向上逐根安装，用螺栓将导轨和导轨支架固定。

（2）调整导轨

1）如图 2-40 所示，把校导尺架在导轨上，并在校导尺上画出导轨端面中心线。

2）如图 2-40 所示，用钢直尺检查导轨端面与基准线的间距，调整导轨端面中心到两条样线的距离都为 100mm。

3）如图 2-41 所示，导轨卡板和样线间的距离为 4mm。

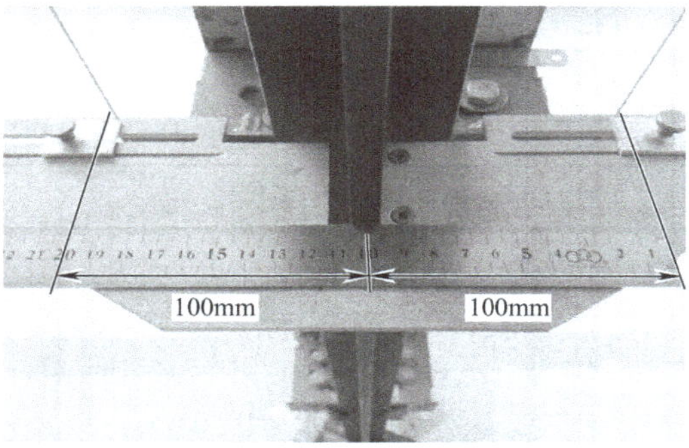

图 2-40　导轨端面中心线到基准线距离图示

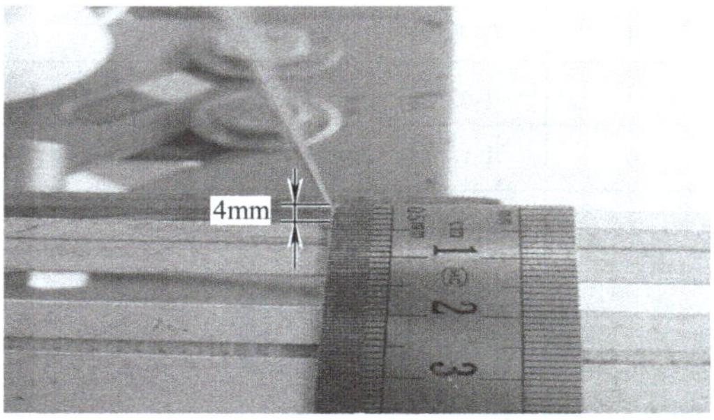

图 2-41　导轨卡板到样线距离图示

4）导轨顶工作面和侧工作面的垂直度偏差不大于 0.5mm。

5）修正导轨接头处的工作面，导轨接头处的导轨工作面直线度可用 500mm 钢板尺靠在导轨工作面，用塞尺检查，导轨接头处的全长不应有连续缝隙，局部缝隙不大于 0.5mm。

6）两导轨的侧工作面和端面接头处的台阶应不大于 0.05mm。

3. 电梯导轨的检验

（1）样板架

1）样板架上放样点尺寸计算正确。

2）样板架上的放样点实际尺寸（包括对角尺寸）与理论计算尺寸之差不大于 ±0.5mm。

3）样板架拼接钉孔均匀，无裂纹。

4）样板架固定牢固，安装水平度小于 2/1000。

5）样板架样线与门洞基准点距离偏差不大于 ±1mm。

（2）导轨安装与调整

1）每根导轨至少应有两个导轨支架；导轨压板安装水平；各紧固件使用正确。

2）导轨支架应错开导轨接头 200mm 以上，其水平度小于 1.5%。

3）导轨下端应与坚实的地面接触（可垫金属垫片）。

4）导轨顶工作面和侧工作面的垂直度偏差不大于 0.5mm。

5）两列导轨顶面间的距离偏差小于 +1mm。

6）两列导轨侧工作面共面度偏差不大于 ±1mm。

7）导轨工作面接头处不应有连续缝隙，且局部缝隙不大于 0.5mm。

8）导轨接头处台阶不大于 0.05mm；导轨支架与导轨之间的垫片不超过三片。

知识拓展　TWIN 双子电梯

双子电梯是两套电梯安装在一个电梯井道，互相独立运行，零拥堵。两个轿厢可以同向行驶，也可以反向行驶，不会相撞也不会拥堵，安装同样的电梯数量最多可以减少大楼 30% 的电梯井道数量。它的安全控制原理也用在空客 380 飞机和高铁等领域，绝对安全，比高铁的控制更复杂（好比可以在一条铁轨上相对行驶还不会相撞）。

蒂森克虏伯 TWIN 双子电梯使电梯井道面积缩小 30%，从而增加大楼的使用面积。减少电梯井道建设和电梯本身建设所需材料，并且降低运行一台电梯系统所需的能量消耗，可以节省建设费用和运行成本，并且更加环保。

TWIN 双子电梯通过使两个轿厢在同一个井道中独立运行避免了传统双轿厢电梯的缺陷。TWIN 双子电梯可以服务于所有楼层，很少会出现一个轿厢空无一人且无人等待，而另一个轿厢不断载客的情况。

蒂森克虏伯 TWIN 双子电梯的目的楼层选择系统（DSC）为这款创新性的电梯系统提供了控制和协调功能，乘客只需在候梯厅显示屏上按下按钮，便会被告知哪一台电梯可以更快地将他们送往想要抵达的楼层。

项目 3

电梯的安全装置及保护系统

项目导入 世界上第一部安全电梯

1852 年，一名在 40 岁之前事业发展上非常不成功的机械师，戴着高顶礼帽，站在一个平台上。那个平台由一根缠在驱动轴上的缆绳高高地吊着，悬在参加纽约市博览会的观众们的上方。突然机械师下令砍断缆绳。观众们屏住了呼吸，平台在落下几英尺后瞬间停住了。机械师脱下帽子，欢呼道："完全安全，先生们，完全安全"。电梯就在这座城市里诞生了。在此之前，"人力升降器"的电梯就已经出现了，但这位名叫艾立沙·格拉弗斯·奥的斯的机械师设计了一种弹簧，弹簧可以把两个钢齿嵌到滑道的 V 形切口中以防缆绳受到断裂，这样他就造出了世界上第一部安全电梯。

思政案例 "中国天眼"敢问苍穹

宇宙的起源有什么奥秘？宇宙的尽头是什么样？外星文明是否存在？

古往今来，人类对于浩瀚宇宙的追问和探索从未停止。

想要更多地了解未知宇宙，就要有更深邃的"眼睛"，更灵敏的"耳朵"。

25m 与 350m，这是此前中国与美国拥有射电望远镜口径的差距，口径大小直接决定眼力所及。

1993 年，不甘落后的中国科学家提出一个大胆的设想：在祖国的土地上建造一个最大的单口径射电望远镜。

历经 20 多年，设想变为现实。2016 年 9 月 25 日，被誉为"中国天眼"的 500m 口径球面射电望远镜落成启用。这是具有我国自主知识产权、世界最大单口径、最灵敏的射电望远镜。习近平总书记发来贺信，称其"对我国在科学前沿实现重大原创突破、加快创新驱动发展具有重要意义"。

"中国天眼"还向世界贡献了大科学工程的中国经验和创新实践：世界上跨度最大、精度最高的索网结构；4450 个反射单元构成的反射面；6 根钢索控制的 30t 馈源舱；500m 的尺度上测量角度精确到 8 角秒……

一项项自主创新，铸就了独一无二、世界领先的超级工程——"中国天眼"。

闪耀星空，科学成就离不开精神支撑。在遥远深邃的宇宙中，有一颗星星叫"南仁东星"，这是为了纪念"中国天眼"之父南仁东而命名的。习近平主席在 2019 年新年贺词中特别提到了这颗“南仁东星”。

南仁东，就是那个提出大胆设想的中国科学家。为了实现观天望宇的梦想，他放弃高薪毅然回国，负责“中国天眼”的研究及初步设计。这个项目，光是选址就花费了12年。南仁东和团队带着300多幅卫星遥感图，跋涉在中国西南的大山里，在391个备选洼地里选中了条件最适宜的大窝凼。

从选址、论证，到设计、建设，身为项目首席科学家兼总工程师的南仁东，事事亲力亲为，一干就是22年。2017年9月15日，72岁的南仁东因病逝世，他生命中近三分之一的时光都奉献给了“中国天眼”。南仁东身上，闪耀着中国科学家的独特精神气质。相比于浩渺宇宙，人类微若尘埃。但正如南仁东所说：“人类之所以脱颖而出，就是因为有一种对未知探索的精神！”

原始创新，争取更多“从0到1”。“中国天眼”落成之时，习近平总书记提出了“早出成果、多出成果，出好成果、出大成果”的希望。被寄予厚望的“中国天眼”不负所托，在调试阶段就系统发现新脉冲星，截至目前，共发现300多颗脉冲星，成为国际瞩目的宇宙观测“利器”。科学家们将借助“中国天眼”进一步进行各项基础研究，发现更多未知星体、未知宇宙现象、未知宇宙规律。

基础研究是科技创新的源头。在2020年9月的科学家座谈会上，习近平总书记深刻剖析了我国基础研究同国际先进水平的差距：“我国面临的很多‘卡脖子’技术问题，根子是基础理论研究跟不上，源头和底层的东西没有搞清楚。”他强调，要持之以恒加强基础研究。正是从加强基础研究的角度出发，我国加大了一批像“中国天眼”、上海光源、全超导托卡马克核聚变装置等重大科研基础设施的投入。

党的十二大提出，教育、科技、人才是全面建设社会主义现代化国家的基础性、战略性支撑。“真正的大国重器，一定要掌握在自己手里。”甘于坐冷板凳，勇于进“无人区”，敢于啃硬骨头，加大基础研究力度，把原始创新能力提升摆在更加突出的位置，才能实现更多“从0到1”的突破。可上九天揽月，可下五洋捉鳖，谈笑凯歌还。中国科技工作者将勇攀世界科技高峰，为加快建设科技强国、实现科技自立自强作出新的更大贡献。

学习目标　熟悉电梯安全装置和保护系统

- 了解电梯可能发生的事故和故障。
- 了解电梯安全保护系统的组成及关联关系，熟悉限速器的基本结构及工作原理。
- 熟悉安全钳的基本结构及工作原理，熟悉缓冲器的基本结构及工作原理。
- 熟悉终端限位保护装置的基本结构及工作原理。
- 了解机电设备的维护与修理（常见故障与维修）。

知识准备

3.1　电梯的安全保护系统

电梯是高层建筑中必不可少的垂直运输工具，其运行质量直接关系到人员的生命安全和货物的完好，所以电梯运行的安全性必须放在首位。为保障电梯安全运行，从电梯设计、制造、安装及日常维保等各环节都要充分考虑到防止危险发生，并针对各种可能发生的危险设置专门的安全装置。根据GB7588—2003《电梯制造与安装安全规范》中的规定，现代电梯必须设有完善的安全保护系统，包括一系列的机械安全装置和电气安全装置，以防止任何不安全情况的发生。在电梯的安全系统中，包括高安全系数的曳引钢丝绳、限速器、安全钳、缓冲器、多道限位开关、防止超载系统及完善严格的开关门系统和安全保障。

电梯的安全，首先是对人员的保护，同时也要对电梯本身和所载物资以及安装电梯的建筑物进行保护。为了确保电梯运行中的安全，在设计时设置了多种机械、电气安全装置，这些装置共同组成了电梯安全保护系统，以防止任何不安全情况的发生。同时，在电梯维护和使用中必须随时注意、随时检查安全保护装置的状态是否正常有效，很多事故就是由于未能发现、检查到电梯状态不良和未能及时维护检修，以及不正确使用造成的。所以司机必须了解掌握电梯的工作原理，能及时发现隐患并正确合理地使用电梯。

一、电梯可能发生的事故和故障

1. 轿厢失控、超速运行

当曳引机电磁制动器失灵，减速器中的轮齿、轴、销、键等折断，以及曳引绳在曳引轮绳槽中严重打滑等情况发生时，正常的制动手段已无法使电梯停止运动，轿厢失去控制，造成运行速度超过额定速度。

2. 终端越位

由于平层控制电路出现故障，轿厢运行到顶层端站或底层端站时，未停车而继续运行或超出正常的平层位置。

3. 冲顶或蹲底

当上终端限位装置失灵等，造成轿厢或对重冲向井道顶部，称为冲顶。

当下终端限位装置失灵或电梯失控，造成电梯轿厢或对重跌落井道底坑，称为蹲底。

4. 不安全运行

限速器失灵、层门和轿门不能关闭或关闭不严时电梯运行，轿厢超载运行，曳引电动机在断相、错相等状态下运行等。

5. 非正常停止

由于控制电路出现故障、安全钳误动作、制动器误动作或电梯停电等原因，都会造成运行中的电梯突然停止。

6. 关门障碍

电梯在关门过程中，门扇受到人或物体的阻碍，使门无法关闭。

二、电梯安全保护系统的组成

1）超速（失控）保护装置：限速器、安全钳。

2）超越上下极限工作位置保护装置：强迫减速开关、限位开关、极限开关，上述三个开关分别起到强迫减速、切断控制电路、切断动力电源三级保护。

3）蹲底（与冲顶）保护装置：缓冲器。

4）层门、轿门门锁电气联锁装置：确保门可靠关闭后电梯才能运行。

5）近门安全保护装置：层门、轿门设置光电检测或超声波检测装置、门安全触板等；

保证门在关闭过程中不会夹伤乘客或货物，关门受阻时，保持门处于开启状态。

6）电梯不安全运行防止系统：轿厢超载控制装置、限速器断绳开关、安全钳误动作开关、轿顶安全窗和轿厢安全门开关等。

7）供电系统断相、错相保护装置：相序保护继电器等。

8）停电或电气系统发生故障时，轿厢慢速移动装置。

9）报警装置：轿厢内与外面联系的警铃、电话等。

除上述安全装置外，还会设置轿顶安全护栏、轿厢护脚板、底坑对重侧防护栏等设施。综上所述，电梯安全保护系统一般由机械安全装置和电气安全装置两大部分组成，但是机械安全装置往往也需要电气方面的配合和联锁，才能保证电梯运行安全可靠。

三、电梯安全保护装置的动作关联关系

电梯安全保护系统关联图如图 3-1 所示。

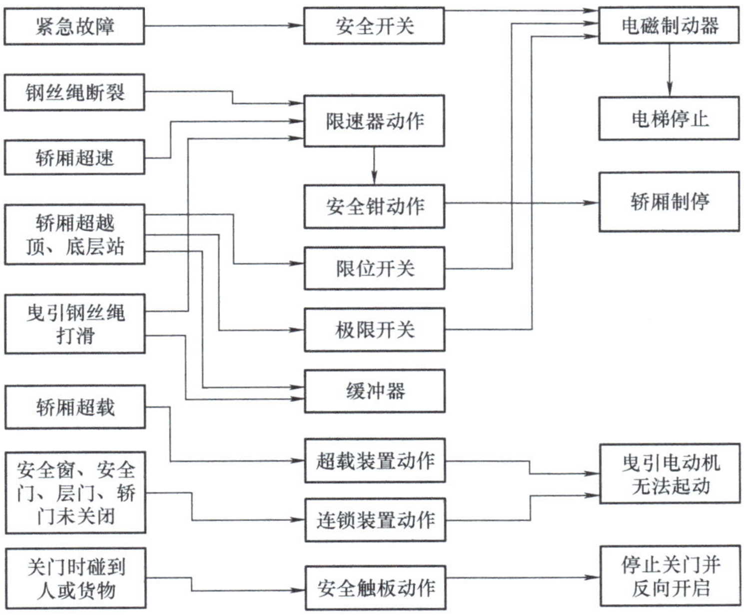

图 3-1　电梯安全保护系统关联图

轿门安全保护装置

由图 3-1 可知，当电梯出现紧急故障时，分布于电梯系统各部位的安全开关被触发，切断电梯控制电路，曳引机制动器动作，制停电梯。当电梯出现极端情况如曳引绳断裂，轿厢将沿井道坠落，当到达限速器动作速度时，限速器会触发安全钳动作，将轿厢制停在导轨上。当轿厢超越顶、底层站时，首先触发强迫减速开关减速；如无效，则触发限位开关使电梯控制电路动作将曳引机制停；若仍未使轿厢停止，则会采用机械方法强行切断电源，迫使曳引机断电且制动器动作制停。当曳引钢丝绳在曳引轮上打滑时，轿厢速度超限会导致限速器动作触发安全钳，将轿厢制停；如果打滑后轿厢速度未达到限速器触发速度，最终轿厢将触及缓冲器减速制停。当轿厢超载并达到某一限度时，轿厢超载开关被触发，切断控制电路，导致电梯无法起动运行。当安全窗、安全门、层门或轿门未能可靠锁闭时，电梯控制电路无法接通，会导致电梯在运行中紧急停车或无法起动。当层门在关闭过程中安

全触板遇到阻力，则门机立即停止关门并反向开门，稍作延时后重新尝试关门动作，在门未可靠锁闭时电梯无法起动运行。

3.2 限速器

一、限速器的结构与工作原理

限速器是电梯安全运行中最为重要的安全装置之一，它随时监测控制着电梯的运行速度，当出现超速情况时，能及时发出信号，继而产生机械动作，切断控制电路或驱动安全钳（夹绳器）将轿厢强制制停或减速，限速器是指令发出者并非执行者。

控制轿厢超速的限速器触发速度和相关要求在 GB7588—2003《电梯制造与安装安全规范》中有明确的规定：即该速度至少等于电梯额定速度的 115%；限速器动作时，限速器绳的张力不得小于安全钳起作用所需力的两倍或 300N；限速器绳的最小破断载荷与限速器动作时产生的限速器绳张力安全系数应大于 8，限速器绳公称直径不应小于 6mm；限速器绳必须配有张紧装置，且在张紧轮上装设导向装置。

限速器工作原理如图 3-2 所示。限速器装置由限速器、限速器绳及绳头、限速器绳张紧装置等组成；限速器一般安装在机房内，限速器绳绕过限速器绳轮后，穿过机房地板上开设的限速器绳孔，竖直穿过井道总高，一直延伸到装设于电梯底坑中的限速器绳张紧轮并形成回路；限速器绳绳头处连接到位于轿厢顶的连杆系统，并通过一系列安全钳操纵拉杆与安全钳相连；电梯正常运行时，电梯轿厢与限速器绳以相同的速度升降，两者之间无相对运动，限速器绳绕两个绳轮运转；当电梯出现超速并达到限速器设定值时，限速器中的夹绳装置动作，将限速器绳夹住，使其不能移动，但由于轿厢仍在运动，于是两者之间出现相对运动，限速器绳通过安全钳操纵拉杆拉动安全钳制动元件，安全钳制动元件则紧密地夹持住导轨，利用其间产生的摩擦力将轿厢制停在导轨上，保证电梯安全。

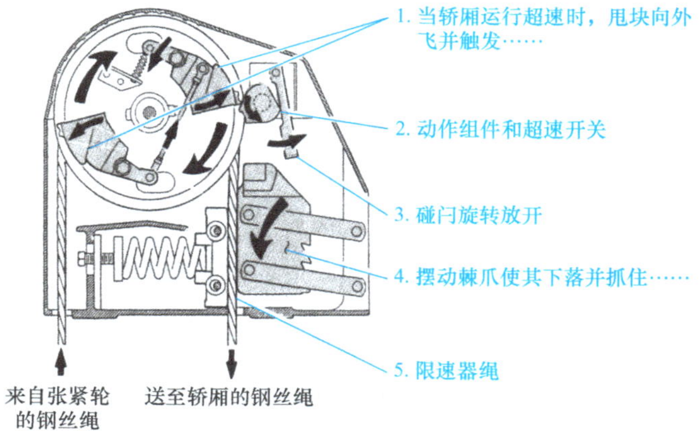

图 3-2　限速器工作原理

对于传统的电梯，都必须使用限速器来随时监测并控制轿厢的下行超速。随着电梯的广泛使用，人们发现轿厢上行超速并且冲顶的危险也实际存在，其原因是轿厢空载或极小载荷时，对重侧重量大于轿厢，一旦制动器失效或曳引机轴、键、销等折断，或由于曳引轮绳槽严重磨损导致曳引绳在其中打滑，轿厢上行超速就有可能发生。所以在 GB7588—

2003 中规定，曳引驱动电梯应装设上行超速保护装置，该装置包括速度监控和减速元件，应能检测出上行轿厢的失控速度，当轿厢速度大于等于电梯额定速度的 115% 时，应能使轿厢制停，或至少使其速度下降至对重缓冲器的允许范围。该装置应该作用于轿厢、对重、钢丝绳系统（悬挂绳或补偿绳）或曳引轮上，当该装置动作时，应使电气安全装置动作或控制电路失电，电动机停止运转，制动器动作。图 3-3、图 3-4 所示为两种不同类型的限速器。

图 3-3　单向限速器

图 3-4　双向限速器

二、限速器的运行条件

1. 操纵轿厢安全钳装置的限速器动作速度

操纵轿厢安全钳装置的限速器的动作应发生在速度至少等于额定速度的 115%，但应小于下列各值：

1）对于除了不可脱落滚柱式以外的瞬时式安全钳装置，为 0.8m/s。

2）对于不可脱落滚柱式安全钳装置，为 1m/s。

3）对于额定速度小于或等于 1m/s 的渐进式安全钳装置，为 1.5m/s。

4）对于额定速度大于 1m/s 的渐进式安全钳装置，为（1.25 ± 0.25）m/s。

2. 动作速度的选择

对于额定速度大于 1m/s 的电梯，建议选用上述示出的上限值的动作速度。对于额定载重量大、额定速度低的电梯，应专门为此设计限速器，并建议选用上述示出的下限值的动作速度。

3. 对重安全钳装置的限速器动作速度

对重安全钳装置的限速器的动作速度应大于轿厢安全钳装置的限速器动作速度，但不得超过 10%。

4. 限速器绳的张紧力

为了防止限速器绳在轮槽内打滑，使限速器能始终反映出电梯运行时的真实速度，并确保安全钳作用时动作可靠，限速器绳必须被张紧。限速器动作时，限速绳的张紧力不得小于以下两个值的较大者：

1）300N。

2）安全钳装置起作用时所需力的两倍。

5. 限速器的方向标记

限速器上应标明与安全钳装置动作相应的旋转方向。

6. 限速器绳

限速器绳应选用柔性良好的钢丝绳，在安全钳装置作用期间，即使制动距离大于正常值，限速器绳及其附件也应保持完整无损。限速器绳的安全系数应不小于 8，公称直径应不小于 6mm，限速器绳轮的节圆直径与绳的公称直径之比应不小于 30。

限速器绳由安装于底坑的张紧装置予以张紧，张紧装置的重量应使正常运行时钢丝绳在限速器绳轮的槽内不打滑，且悬挂的限速器绳不摆动。张紧装置应有上下活动的导向装置。限速器绳轮和张紧轮的节圆直径应不小于所用限速器绳直径的 30 倍。为了防止限速器绳断裂或过度松弛而使张紧装置丧失作用，在张紧装置上应有电气安全触点，当发生上述情况时能切断安全电路使电梯停止运行。

7. 限速器的响应时间

限速器动作前的响应时间应足够短，不允许在安全钳装置动作前达到危险速度。

8. 限速器可接近性

限速器在任何情况下都应是完全可接近的。若限速器装于井道内，则应能从井道外面接近它。

9. 限速器动作速度的整定

限速器的动作速度整定后，其调节部位应加封记。

10. 限速器的电气安全装置

在轿厢上行或下行的速度达到限速器动作速度之前，限速器或其他装置上的一个符合规范要求的电气安全装置使电梯驱动主机停转，但是对于额定速度不大于 1m/s 的电梯，电气安全装置动作允许较迟，具体规定为：

1）如果轿厢速度直到制动器作用瞬间仍与电源频率相关，则此电气安全装置最迟可在限速器达到其动作速度时起作用。

2）如果电梯在可变电压或连续调速的情况下运行，则最迟当轿厢速度达到额定速度的 115% 时，此电气安全装置应动作。

如果安全钳装置释放后，限速器未能自动复位，则在限速器处于动作状态期间，这个符合规范要求的电气安全装置应能阻止电梯起动。通过紧急电动运行开关或另一个电气安全装置时例外。

限速器动作后，应由专职人员使电梯恢复使用。

11. 限速绳的防断裂或松弛电气安全装置

为了确保限速绳始终在完好和张紧状况下运转，应借助一个符合规范要求的电气安全装置，在限速绳断裂或松弛时起作用，使电动机停止运转。

12. 限速器标牌

限速器上应有标牌，标牌上应标明限速器及电气保护开关（电气安全装置）的工作速度、动作速度及制造单位等内容。

13. 限速器动作速度的校验

对于没有限速器调试证书副本的新安装电梯和封记移动或动作出现异常的限速器及使用周期达到两年时，应进行限速器动作速度校验。

3.3　安全钳

电梯安全钳装置（见图 3-5）是在限速器的操纵下，当电梯出现超速、断绳等非常严重的故障后，将轿厢紧急制停并夹持在导轨上的一种安全装置。它为电梯的安全运行提供有效的保护作用，一般将其安装在轿厢架或对重架上。随着轿厢上行超速保护要求的提出，现在双向安全钳已有较多的使用。

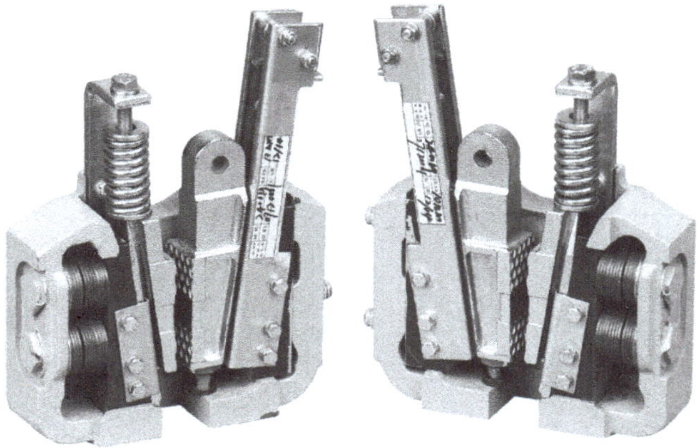

图 3-5　电梯安全钳装置

安全钳

一、安全钳的种类与结构特点

目前电梯用安全钳，按照其制动元件结构形式的不同可分为楔块型、偏心轮型和滚柱型三种；从制停减速度（制停距离）方面可分为瞬时式和渐进式安全钳。上述安全钳根据电梯额定速度和用途不同来区别选用。

1. 瞬时式安全钳

瞬时式安全钳也叫作刚性急停型安全钳，它的承载结构是刚性的，动作时产生很大的制停力，使轿厢立即停止。瞬时式安全钳的使用特点是，制停距离短，轿厢承受冲击严重，在制停过程中楔块或其他形式的卡块将迅速地卡入导轨表面，从而使轿厢瞬间停止。滚柱型瞬时式安全钳的制停时间为 0.1s 左右；而双楔瞬时式安全钳的瞬时制停力最高时的区段只有 0.01s 左右，整个制停距离也只有几十毫米乃至几个毫米，轿厢最大制停减速度约为 5 ~ 10g㊀甚至更大，而一般人员所能承受的瞬时减速度为 2.5g 以下。由于上述特点，电梯及轿厢内的乘客或货物会受到非常剧烈的冲击，导致人员或货物伤损，因此瞬时式安全钳只能适用于额定速度不超过 0.63m/s 的电梯（某些国家规定为 0.75m/s 以下）。

瞬时式安全钳如图 3-6 所示，按照制动元件结构形式可分为楔块型、偏心轮型和滚柱型三种。楔块型瞬时式安全钳的结构原理如图 3-7 所示，安全钳座一般用铸钢制成整体式结构，楔块用优质耐热钢制造，表面淬火使其有一定的硬度；为加大楔块与导轨工作面间的摩擦力，楔块工作面常制出齿状花纹。电梯正常运行时，楔块与导轨侧面保持 2 ~ 3mm 的间隙，楔块装于钳座内，并与安全钳拉杆相连。在电梯正常工作时，由于拉杆弹簧的张力作用，楔块保持固定位置，与导轨侧工作面的间隙保持不变。当限速器动作时，通过传动装

㊀ g 代表重力加速度，g=9.8m/s^2。

置将拉杆提起，楔块沿钳座斜面上行并与导轨工作面贴合楔紧，随着轿厢的继续下行，楔紧作用增大，此时安全钳的制停动作就已经和操纵机构无关了，最终将轿厢制停。

为了减小楔块与钳体之间的摩擦，一般可在它们之间设置表面经硬化处理的镀铬滚柱，当安全钳动作时，楔块在滚柱上相对钳体运动。

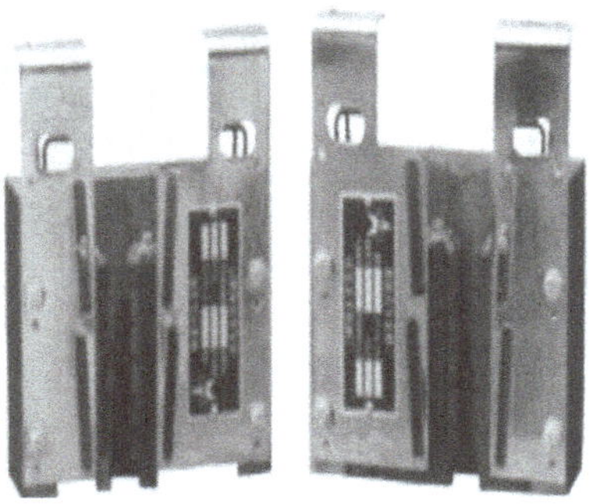

图 3-6 瞬时式安全钳

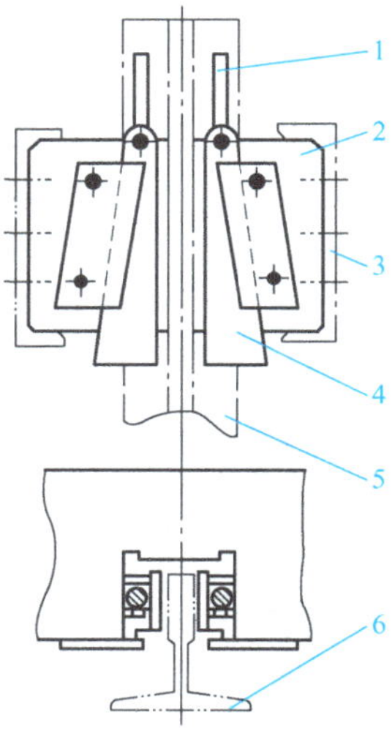

图 3-7 楔块型瞬时式安全钳

1—拉杆 2—安全钳座 3—轿厢下梁 4—楔（钳）块 5—导轨 6—盖板

2. 渐进式安全钳

渐进式安全钳又称为滑移动作式安全钳，也叫作弹性滑移型安全钳。它能使制动力限制在一定范围内，并使轿厢在制停时有一定的滑移距离，它的制停力是有控制地逐渐增大或保持恒定值，使制停减速度不致很大。

渐进式安全钳（图 3-8）与瞬时式安全钳之间的根本区别在于，安全钳制动开始之后，其制动力并非是刚性固定，而是增加了弹性元件，致使安全钳制动元件作用在导轨上的压力具有缓冲的余地，在一段较长的距离上制停轿厢，有效地使制动减速度减小，保证人员或货物的安全，渐进式安全钳均使用在额定速度大于 0.63m/s 的各类电梯上。

图 3-8 双向渐进式安全钳

楔块型渐进式安全钳的结构原理如图 3-9 所示，它与瞬时式安全钳的根本区别在于，钳座是弹性结构（弹簧装置），当楔块 3 被拉杆 2 提起，贴合在导轨上起制动作用，楔块 3 通过导向滚柱 7 将推力传递给导向楔块 4，导向楔块后侧装置有弹性元件（弹簧），使楔块作用在导轨上的压力具有一定的弹性，产生相对柔和的制停作用。增加了导向滚柱 7 可以减少动作时的摩擦力，使安全钳动作后容易复位。

二、安全钳的使用条件及方法

1. 安全钳装置的使用范围

轿厢以及对重之下有人们能够达到的空间存在的对重装置。

2. 各类安全钳装置的使用条件

若电梯额定速度大于0.63m/s，轿厢应采用渐进式安全钳装置；若电梯额定速度小于或等于0.63m/s，轿厢可采用瞬时式安全钳装置。

若轿厢装有数套安全钳装置，则应全部采用渐进式。

若电梯额定速度大于1m/s，对重安全钳装置应是渐进式的，其他情况下可以采用瞬时式。

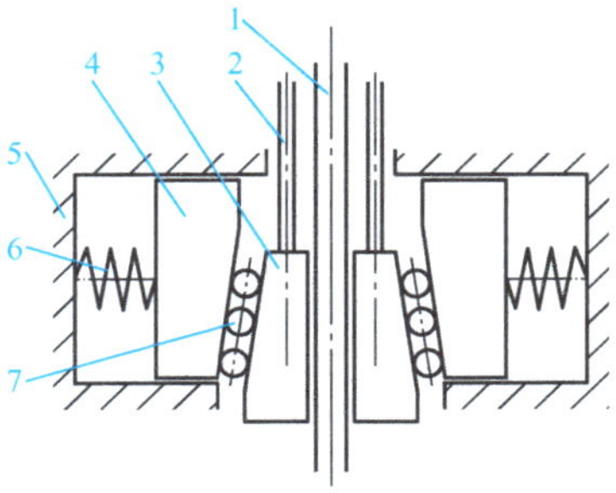

图3-9　楔块型渐进式安全钳

1—导轨　2—拉杆　3—楔块　4—导向楔块　5—钳座　6—弹性元件　7—导向滚柱

3. 安全钳装置的控制方法

轿厢和对重安全钳装置的动作应由各自的限速器来控制。特殊情况下若电梯额定速度小于或等于1m/s，对重安全钳装置可借助悬挂装置的断裂或借助一根安全绳来动作。

禁止使用电气、液压或气压操纵装置来操纵安全钳装置。

4. 安全钳制动时的减速度

在装有额定载重量的轿厢自由下落时，渐进式安全钳装置制动时的平均减速度应在0.2g～1.0g。

5. 安全钳动作后的释放

只有将轿厢（或对重）提起，才有可能使轿厢（或对重）上的安全钳装置释放，安全钳装置经释放后应处于正常操纵状态，经过称职人员调整后，电梯才能恢复使用。

6. 安全钳装置的结构要求

禁止安全钳充当导靴使用。

7. 安全钳装置作用时轿厢地板的允许倾斜度

在载荷（如果有的话）均匀分布的情况下，安全钳装置动作后轿厢地板的倾斜度不得大于其正常位置的5%。

8. 安全钳装置上的电气安全装置

当轿厢安全钳装置作用时，其电气安全装置应在安全钳装置动作之前或同时使电动机停转。该电气安全装置应符合规范要求。

3.4　缓冲器

缓冲器安装在井道底坑内，要求其安装牢固可靠，承载冲击能力强，缓冲器应与地面垂直并正对轿厢（或对重）下侧的缓冲板。缓冲器是一种吸收、消耗运动轿厢或对重的能量，使其减速停止，并对其提供最后一道安全保护的电梯安全装置。

电梯在运行中，由于安全钳失效、曳引轮槽摩擦力不足、抱闸制动力不足、曳引机出现机械故障、控制系统失灵等原因，轿厢（或对重）超越终端层站底层，并以较高的速度撞向缓冲器，由缓冲器起到缓冲作用，以避免电梯轿厢（或对重）直接蹲底或冲顶，保护乘客或运送货物及电梯设备的安全。

当轿厢或对重失控竖直下落时，具有相当大的动能，为尽可能减少和避免损失，就必须吸收和消耗轿厢（或对重）的能量，使其安全减速，平稳地停止在底坑。所以缓冲器的原理就是使轿厢（对重）的动能、势能转换为一种无害或安全的能量形式。采用缓冲器将使运动着的轿厢或对重在一定的缓冲行程或时间内逐渐减速停止。

一、缓冲器的作用及运行条件

缓冲器是电梯端站保护的最后一道安全装置。当电梯由于某种原因失去控制冲击缓冲器时，缓冲器能逐步吸收轿厢或对重对其施加的动能，迅速降低轿厢或对重的速度，直到停住，最终达到避免或减轻冲击可能造成的危害。

1. 缓冲器的设置位置

缓冲器应设置在轿厢和对重行程底部的极限位置。

如果缓冲器随轿厢和对重运行，则在行程末端应设有与其相撞的支座，支座高度至少为 0.5m（对重缓冲器在特殊情况下除外）。

2. 缓冲器的适用范围

蓄能型缓冲器仅用于额定速度小于或等于 1m/s 的电梯；耗能型缓冲器可用于任何额定速度的电梯。

3. 缓冲器的行程

蓄能型缓冲器可能的总行程应至少等于相应于 115% 额定速度的重力制停距离的两倍，即 $0.0674v^2 \times 2 \approx 0.135v^2$（单位为 m）。但无论如何，此行程不得小于 65mm。

耗能型缓冲器可能的总行程应至少等于相应于 115% 额定速度的重力制停距离，即 $0.0674v^2$（单位为 m）。若电梯在其行程末端的减速受到监控时，在计算耗能型缓冲器的行程时，可采用轿厢（或对重）与缓冲器刚接触时的速度取代额定速度，但是行程不得小于：

1）当额定速度小于或等于 4m/s 时，行程为 $1 \times 0.0674v^2/2$（单位为 m）。

2）当额定速度大于 4m/s 时，行程为 $1 \times 0.0674v^2/3$（单位为 m）。

但任何情况下，该行程应不小于 0.42m。

4. 耗能型缓冲器作用期间的平均减速度

当装有额定载重量的轿厢自由下落时，缓冲器作用期间的平均减速度应不大于 g。$2.5g$ 以上的减速时间应不大于 0.04s（所考虑的对缓冲器的冲击速度应等于用于计算缓冲器行程的速度）。

5. 耗能型缓冲器的电气安全装置

耗能型缓冲器应设符合规范要求的电气安全装置，以检查缓冲器的正常复位，保证在缓冲器动作后恢复至其正常伸长位置后电梯才能运行。

二、缓冲器的类型

缓冲器按照其工作原理的不同，可分为蓄能型和耗能型两种。

1. 蓄能型缓冲器

此类缓冲器又称为弹簧缓冲器，当缓冲器受到轿厢（或对重）的冲击后，利用弹簧的变形吸收轿厢（或对重）的动能，并储存于弹簧内部；当弹簧被压缩到最大变形量后，弹簧会将此能量释放出来，对轿厢（或对重）产生反弹，此反弹会反复进行，直至能量耗尽，弹力消失，轿厢（或对重）才完全静止。

弹簧缓冲器（见图 3-10）一般由缓冲橡胶、上缓冲座、缓冲弹簧及弹簧座等组成，用地脚螺栓固定在底坑基座上。

为了适应大吨位轿厢，缓冲弹簧由组合弹簧叠合而成。对于行程高度较大的弹簧缓冲器，为了增强弹簧的稳定性，在弹簧下部设有导管（见图 3-11）或在弹簧中设导向杆。

弹簧缓冲器的特点是缓冲后有回弹现象，存在缓冲不平稳的缺点，所以弹簧缓冲器仅适用于额定速度小于 1m/s 的低速电梯。

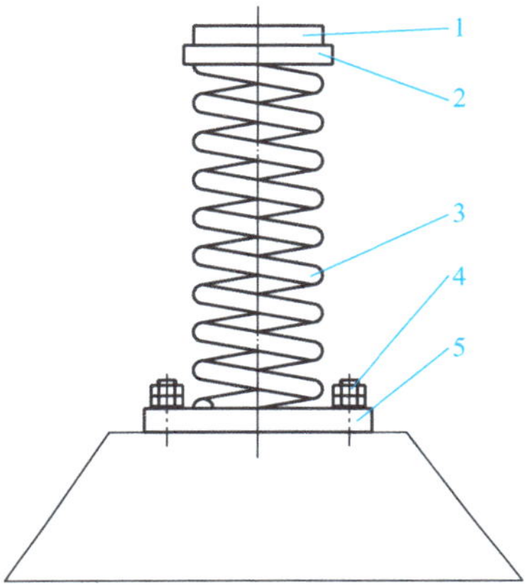

图 3-10　弹簧缓冲器

1—缓冲橡胶　2—上缓冲座　3—缓冲弹簧　4—地脚螺栓　5—弹簧座

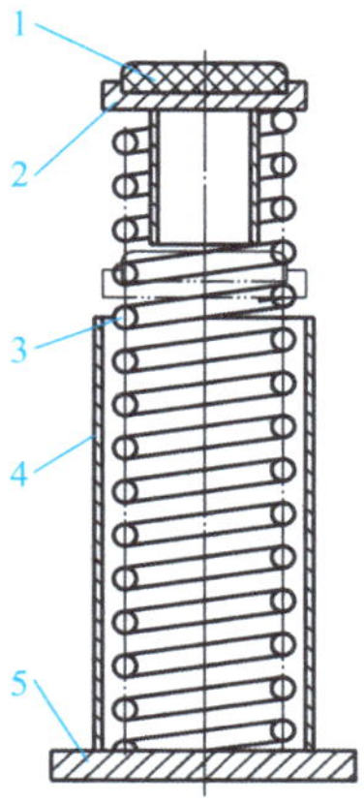

图 3-11　带导套弹簧缓冲器

1—缓冲橡胶　2—上缓冲座　3—弹簧　4—外导管　5—弹簧座

图 3-12　聚氨酯缓冲器

近年来，人们为了克服弹簧缓冲器容易生锈腐蚀等缺陷，开发出了聚氨酯缓冲器。聚氨酯缓冲器是一种新型缓冲器，具有体积小、重量轻、软碰撞无噪声、防水、防腐、耐油、安装方便、易保养、好维护、可减少底坑深度等特点，近年来在中低速电梯中得到应用，其外形如图 3-12 所示。

2. 耗能型缓冲器

耗能型缓冲器（见图 3-13）又被称为油（液）压缓冲器，常用的油压缓冲器的结构如图 3-14 所示。它的基本构件是缸体 10、柱塞 4、缓冲橡胶垫 1 和复位弹簧 3 等，缸体内注有缓冲器油 13。

图 3-13　耗能型缓冲器

（1）油压缓冲器的结构　当油压缓冲器受到轿厢和对重的冲击时，柱塞 4 向下运动，压缩缸体 10 内的油，油通过环形节流孔 8 喷向柱塞腔（沿图中箭头方向流动）。当油通过环形节流孔时，由于流动截面积突然减小，就会形成涡流，使液体内的质点相互撞击、摩擦，将动能转换为热量散发掉，从而消耗了轿厢或对重的能量，使轿厢或对重逐渐缓慢地停下来。

因此，油压缓冲器是一种耗能型缓冲器，它是利用液体流动的阻尼作用缓冲轿厢或对重的冲击。当轿厢或对重离开缓冲器时，柱塞4在复位弹簧3的作用下向上复位，油重新流回油缸，恢复正常状态。

由于油压缓冲器是以消耗能量的方式实现缓冲的，因此无回弹作用，同时由于变量棒9的作用，柱塞在下压时，环形节流孔的截面积逐步变小，能使电梯的缓冲接近匀减速运动。因而，油压缓冲器具有缓冲平稳、有良好的缓冲性能的优点，在使用条件相同的情况下，油压缓冲器所需的行程可以比弹簧缓冲器减少一半，所以油压缓冲器适用于快速和高速电梯。

（2）油压缓冲器的分类及工作原理　常用的油压缓冲器有油孔柱式油压缓冲器（图3-14）、多孔式油压缓冲器及多槽式油压缓冲器等。

以上三种油压缓冲器的结构虽有所不同，但基本原理相同。即当轿厢（或对重）撞击缓冲器时，柱塞向下运动，压缩油缸内的油，使油通过节流孔外溢并升温，在制停轿厢（或对重）的过程中，其动能转换为油的热能，使轿厢（或对重）以一定的减速度逐渐停下来。当轿厢或对重离开缓冲器时，柱塞在复位弹簧的作用下复位，恢复正常状态。

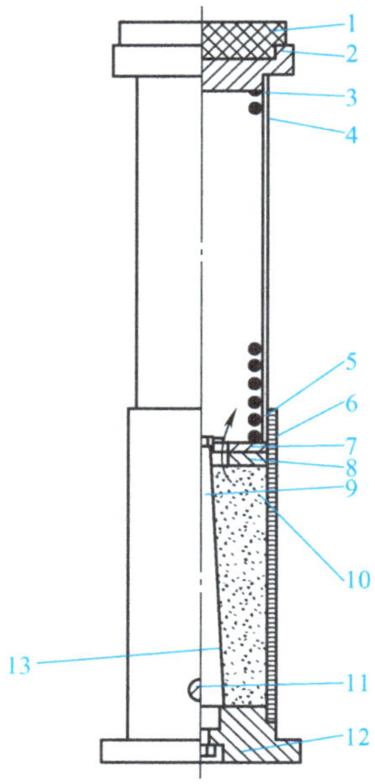

图3-14　油孔柱式油压缓冲器

1—橡胶垫　2—压盖　3—复位弹簧　4—柱塞　5—密封盖　6—油缸套　7—弹簧托座　8—环形节流孔　9—变量棒　10—缸体　11—放油口　12—油缸座　13—缓冲器油

1）油孔柱式油压缓冲器的工作原理与结构特点前文已介绍。

2）多孔式油压缓冲器的工作原理。

多孔式油压缓冲器分为缸体内壁溢流和柱塞油孔溢流两种。

对于缸体内壁具有溢流孔的油压缓冲器，当柱塞下移进入充满缓冲器油（液压油）的缸体中，油被迫从油缸壁的溢流孔进入外部的储油腔中，随着柱塞的下降，缸壁泄油孔数目逐渐减少，油流动的节流作用也增大，由此产生足够的油压，使轿厢的运动减速，直到平稳地停止。

对于柱塞上带有泄油孔的油压缓冲器，在柱塞的下部有一空腔，柱塞四壁有一泄油孔，缸体平滑无孔。当柱塞被压下时，缸体上部渐渐盖住柱塞上的泄油孔，减少了泄油孔的数目和总泄油孔面积，油流动的节流作用也就增大，由此产生足够的油压，使轿厢的运动减速，直到平稳地停止。当提起轿厢使缓冲器卸载时，复位弹簧使柱塞回到正常位置，这样，油经溢流孔从油腔重新流回油缸，活塞自动回复到原位置。

3）多槽式油压缓冲器的工作原理。

在柱塞上有一组长短不一的泄油槽，在缓冲过程中泄油槽依次被挡住，即泄油通道面积逐渐减少，由此产生足够的油压，从而使轿厢（或对重）减速。当提起轿厢使缓冲器卸载时，复位弹簧使柱塞回到正常位置，这样，油经溢流孔从油腔重新流回油缸，活塞自动回复到原位置。这种缓冲器由于要在柱塞上加工油槽，工艺比加工孔要复杂，所以较少使用。

三、缓冲器的数量

缓冲器使用的数量要根据电梯的额定速度和额定载重量确定。一般电梯会设置三个缓冲器，即轿厢下设置两个缓冲器，对重下设置一个缓冲器。

3.5　终端限位保护装置

终端限位保护装置的功能就是防止由于电梯电气系统失灵，轿厢到达顶层或底层后仍继续行驶（冲顶或蹲底），造成超限运行的事故。此类限位保护装置主要由强迫减速开关、终端限位开关、终端极限开关等三个开关及相应的碰板、碰轮和联动机构组成（见图 3-15）。

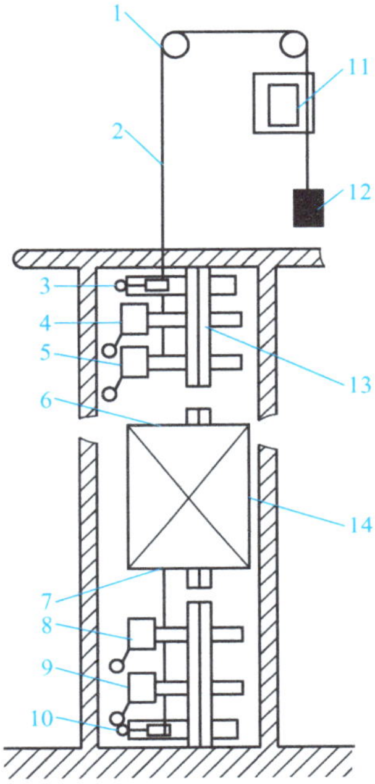

图 3-15　终端限位保护装置

1—滑轮组件　2—钢丝绳　3—极限开关上碰轮　4—上限位开关　5—上强迫减速开关　6—上开关打板　7—下开关打板　8—下强迫减速开关　9—下限位开关　10—极限开关下碰轮　11—终端极限开关　12—张紧配重　13—导轨　14—轿厢

一、强迫减速开关

1. 一般强迫减速开关

强迫减速开关是电梯失控有可能造成冲顶或蹲底时的第一道防线。强迫减速开关由上下两个开关组成，一般安装在井道的顶部和底部。当电梯失控，轿厢已到顶层或底层而不能减速停车时，装在轿厢上的碰板与强迫减速开关的碰轮相接触，使接点发出指令信号，迫使电梯减速停驶。

2. 快速梯和高速梯用的端站强迫减速开关

此装置包括分别固定在轿厢导轨上下端站处的打板以及固定在轿厢顶上且具有多组触点的特制开关装置，开关装置部分如图 3-16 所示。

电梯运行时，设置在轿顶上的开关装置跟随轿厢上下运行，达到上下端站楼面之前，开关装置的橡胶滚轮左、右碰撞固定在轿厢导轨上的打板，橡胶滚轮通过传动机构分别推动预定触点组依次切断相应的控制电路，强迫电梯到达端站楼面之前提前减速，在超越端站楼面一定距离时停驶。

二、终端限位开关

终端限位开关由上、下两个开关组成，一般是分别安装在井道顶部和底部，在强迫减速开关之后，是电梯失控的第二道防线。当强迫减速开关未能使电梯减速停驶，轿厢越出顶层或底层位置后，上限位开关或下限位开关动作，切断控制电路，使曳引机断电并使制动器动作，迫使电梯停止运行。

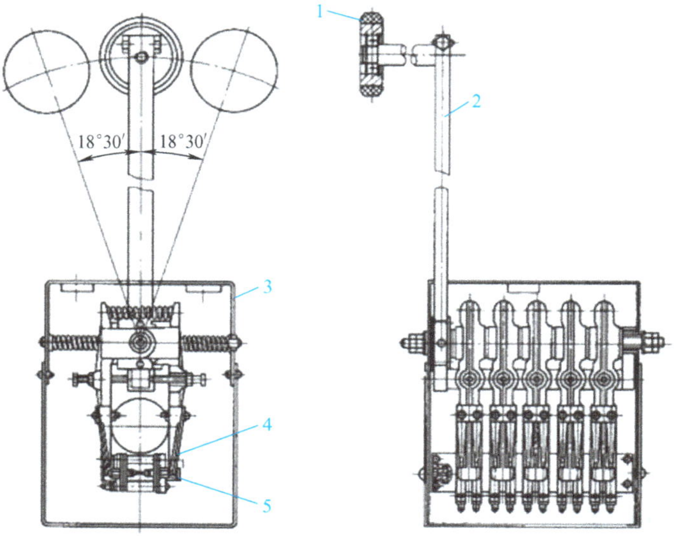

图 3-16　端站强迫减速开关装置

1—橡胶滚轮　2—连杆　3—盒　4—动触点　5—静触点

三、终端极限开关

1. 机械电气式终端极限开关

该极限开关是在强迫减速开关和终端限位开关失去作用，控制轿厢上行（或下行）的主接触器失电后仍不能释放时（例如，接触器触点熔焊粘连、线圈铁心被油污粘住、衔铁或机械部分卡死等），切断电梯供电电源，使曳引机停车且制动器制动。其工作过程是：当轿厢地坎超越上、下端站地坎 200mm，轿厢或对重接触缓冲器之前，装在轿厢上的碰板与装在井道上、下端的上碰轮或下碰轮接触，牵动与装在机房墙上的限位开关相连的钢丝绳，使只有人工才能复位的极限开关动作，切断除照明和报警装置电源外的总电源。

终端极限保护装置动作后，应由专职的维修保养人员检查、排除故障后，电梯方可再次投入运行。

极限开关常用机械力切断电梯总电源的方法使电梯停驶。

2. 电气式终端极限开关

这种形式的终端极限开关采用与强迫减速开关和终端限位开关相同的限位开关，设置在终端极限开关之后的井道顶部或底部，用支架板固定在导轨上。当轿厢地坎超越上下端站 200mm，且轿厢或对重接触缓冲器之前动作。其动作是由装在轿厢上的碰板触动限位开关，切断安全回路电源或断开上行（或下行）主接触器，使曳引机停止转动，轿厢停止运行。

四、层门门锁

层门门锁如图 3-17 所示，是确保层门能真正起到使层站与井道隔离，防止人员坠入井道或剪切而造成伤害的极其重要的一个安全装置。为此国家规范对它提出了严格的要求。

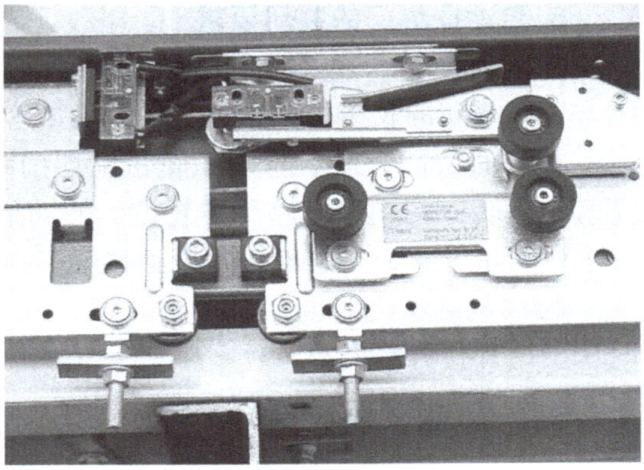

图 3-17 层门门锁

1. 对坠落危险的保护要求

在正常运行时，应不可能打开层门（或多扇层门中的任何一扇），除非轿厢停站或停在该层的开锁区域内。开锁区域不得大于层站地平面上下 0.2m。用机械操纵轿门和层门同时动作的电梯，开锁区域可增加到不大于层门地面上下 0.35m。

2. 对剪切危险的保护要求

如果一扇层门（或多扇层门中的任何一扇门）开着，在正常操作情况下，应不可能起动电梯，也不可能使它保持运行，只能为轿厢运行做预备操作。符合规范要求的特殊情况，如在开锁区域内的平层或再平层例外。

3. 锁紧要求

轿厢只能在层门门锁锁紧元件啮合不小于 7mm 时才能起动。切断电路的触点元件与机械锁紧装置之间的连接应是直接的和防止误动作的，必要时可以调节。锁紧元件应是耐冲击的，应用金属制造或加固。锁紧元件的啮合应能满足在沿着开门方向力的作用下，不降低锁住强度（沿着开门方向，在门锁高度处施以最小为 1000N 的力，门锁应无永久性变形）。层门门锁应由重力、永久磁铁或弹簧来保持其锁紧动作，即使永久磁铁或弹簧失效，重力亦不应导致开锁。若用弹簧来保持其锁紧，弹簧应在压缩状态下工作并有导向，其尺寸应保证在开锁时，弹簧圈不会被并圈。如锁紧元件是通过永久磁铁的作用保持其适当位置的，则它不应被一种简单的方法（如加热或冲击）导致失效。锁紧装置应有保护措施防止积尘，工作部件应易于检查，例如采用一块可以观察的透明板。当门锁触点放在盒中时，盒盖的螺钉应是不脱出式的，这样可以在打开盒盖时，螺钉仍能留在盒内或盖的孔中。

4. 紧急开锁要求

每个层门均应设紧急开锁装置，在一次紧急开锁以后，当无开锁动作时，锁闭装置在层门闭合下不应保持开锁位置。开启紧急开锁的钥匙只能交给一个负责人员。钥匙应带有书面说明，详述必须采取的预防措施，以防止开锁后因未能重新锁上而可能引起的事故。

在轿门驱动层门的情况下，当轿厢位于开锁区域以外时，若层门无论因何种原因而开启，应有一种层门自闭装置（可以利用重块或弹簧）应确保层门立即自动关闭。

5. 关于机械连接的多扇门组成的水平滑动门的要求

当水平滑动门由几个用直接机械连接的门扇组成时，允许只锁紧其中的一扇门，只要这个单独锁紧的门扇能防止其他门扇的开启，并将能验证层门闭合的符合规范要求的电气安全装置装在一个门扇上。

当门扇是由间接机械连接（如用钢丝绳、链条或皮带）时，这种连接机构应能承受任何正常情况下能预计的力，并应精心制造并定期检查。也允许只锁紧一扇门，只要这个单独锁紧的门扇能防止其他门扇（应均未安装手柄）的开启，未被锁住的其他门扇应安装一个验证其关闭位置的符合规范要求的电气安全装置。

6. 自动操纵门的关闭要求

正常使用中，在经过一段必要的时间后仍未得到轿厢运行的指令，自动操纵层门应关闭。这段时间的长短可以根据使用电梯的客流量而定。

关门时，门刀向右推动滚轮带动层门移动，接近闭合位置时，关门碰轮被挡块挡住做逆时针翻转，带动滚轮座翻转复位，使动滚轮脱离门刀，锁臂在弹簧力作用下与锁钩啮合，导电片接通开关，使电梯控制电路接通。

为在紧急状态时能从层门外开锁，每个层门均应有一个紧急开锁装置，以便于在必要时从层站外打开层门。

五、超载限制装置

超载限制装置是一种设置在轿底、轿顶或机房，当轿厢超过额定负载时能发出警告信号并使轿厢不能运行的安全装置。

轿厢超载装置

设置超载限制装置是为防止轿厢超载引起机械构件损坏及因超载而可能造成的溜车下滑事故。

超载限制装置有机械式、橡胶块式、负载传感器式等类型。

机械式超载限制装置类似于一个磅秤。当轿厢超载时，平衡杆触动相关的开关发出信号，同时切断电梯运行控制回路。其结构较笨重。

橡胶块式超载限制装置是利用橡胶块受力后的变形来控制相应的开关。其结构简单、减振性好，但易老化失效。

负载传感器是一种连续测量载荷的装置，它不但能防止超载，还能测量轿厢内的负载量来供电梯拖运系统选择起制动运行力矩曲线，以及计算电梯负载的变化，使电梯达到合理的调度运行。

3.6 其他安全防护装置

电梯安全保护系统中所配备的安全保护装置一般由机械安全保护装置和电气安全保护装置两大部分组成，但是有一些机械安全保护装置往往需要和电气部分的功能配合，构成联锁装置才能实现其动作和功效的可靠性。

一、轿厢顶部安全窗

安全窗是设在轿厢顶部的只能向外开的窗口。当轿厢因故障停在楼房两层中间时，司机可通过安全窗到达轿顶，再设法打开层门，维修人员在处理故障时也可利用安全窗。安全窗打开时，装于门上的触点断开，切断控制电路，此时电梯不能运行。由于控制电源被切断，可防止维修人员出入轿厢窗口时因电梯突然起动而造成人身伤害事故。当出入安全窗时，还必须先将电梯急停开关按下（如果有的话）或用钥匙将控制电源切断。出于安全考虑，电梯司机正常情况不要从安全窗出入，更不要让乘客出入，因安全窗窗口较小且离地面有两米多高，上下很不方便，停电时轿顶很黑，又有各种装置，易发生人身事故，加之部分电梯轿顶未设置护栏，不能确保安全。

二、电梯急停开关

急停开关也称为安全开关，是串接在电梯控制电路中的一种不能自动复位的手动开关。

当遇到紧急情况或在轿顶、底坑、机房等处检修电梯时，为防止电梯的起动、运行，应将开关关闭，切断控制电源以保证安全。

急停开关分别设置在轿厢内操纵箱上、轿顶操纵盒上、底坑内和机房控制柜壁上，有的电梯轿厢内操纵箱上不设此开关。

三、可切断电梯电源的主开关

每台电梯在机房中都应装设一个能切断该电梯电源的主开关，并具有切断电梯正常行驶的最大电流的能力，如有多台电梯，还应对各个主开关进行相应的编号。注意，主开关切断电源时不包括轿厢内、轿顶、机房和井道的照明、通风以及必须设置的电源插座等的供电电路。

四、轿顶护栏

轿顶护栏是电梯维修人员在轿顶作业时的安全保护栏。护栏可以防止维修人员不慎坠落井道，就实践经验来看，设置护栏时应注意使护栏外围与井道内的其他设施（特别是对重）保持一定的安全距离，做到既可防止人员从轿顶坠落，又避免因扶、倚护栏造成人身伤害事故。在维修人员安全工作守则中可以写入“站在行驶中的轿顶上时，应站稳扶牢，不倚靠护栏”和“与轿厢相对运动的对重及井道内其他设施保持安全距离”字样，以提醒维修作业人员重视安全。

五、底坑对重侧护栅

为防止人员进入底坑对重下侧而发生危险，在底坑对重侧两导轨间应设防护栅，防护栅高度 L 为 2.5m 以上，距地 0.3m 装设。宽度不小于对重导轨两外侧之间距，防护网空格或穿孔尺寸，无论水平方向或垂直方向测量，均不得大于 75mm。

六、轿厢护脚板

轿厢不平层，当轿厢地面（地坎）的位置高于层站地面时，会使轿厢与层门地坎之间产生间隙，这个间隙会使乘客的脚踏入井道，存在发生人身伤害的可能。为此，国家标准规定，每一轿厢地坎上均需装设护脚板，其宽度是层站入口处的整个净宽。护脚板的垂直部分的高度应不少于 0.75m。垂直部分以下部分成斜面向下延伸，斜面与水平面的夹角大于 60°，该斜面在水平面上的投影深度不小于 20mm。护脚板用 2mm 厚铁板制成，装于轿厢地坎下侧且用扁铁支撑，以加强机械强度。

七、制动器扳手与盘车手轮

当电梯运行当中遇到突然停电造成电梯停止运行时，电梯又没有停电自投运行设备，且轿厢又停在两层门之间，乘客无法走出轿厢。这就需要由维修人员到机房用制动器扳手和盘车手轮两件工具人工操纵使轿厢就近停靠，以便疏导乘客。制动器扳手的式样因电梯抱闸装置的不同而不同，作用都是使制动器的抱闸脱开。盘车手轮是用来转动电动机主轴的轮状工具（有的电梯装有惯性轮，亦可操纵电动机转动）。操作时，首先应切断电源，由两人操作，即一人操作制动器扳手，一人转动手轮。两人需配合好，以免因制动器的抱闸被打开而未能把住手轮致使电梯因对重的重量而造成轿厢快速行驶。一人打开抱闸，一人慢速转动手轮使轿厢向上移动，当轿厢移到接近平层位置时即可。制动器扳手和盘车手轮平时应放在明显位置并应涂以红漆标示。

八、超速保护开关

在速度大于 1m/s 的电梯限速器上都装有超速保护开关，在限速器的机械动作之前，此开关就得动作，切断控制电路，使电梯停止运行。有的限速器上安装两个超速保护开关，第一个开关动作使电梯自动减速，第二个开关才切断控制电路。对速度不大于 1m/s 的电梯，其限速器上的电气安全开关最迟在限速器达到其动作速度时起作用。

九、曳引电动机的过载保护

电梯使用的电动机容量一般比较大，从几千瓦至十几千瓦。为了防止电动机过载后被烧毁而设置了热继电器过载保护装置。电梯电路中常采用的 JR0 系列热继电器是一种双金属片热继电器。两只热继电器热元件分别接在曳引电动机快速和慢速的主电路中，当电动机过载超过一定时间，即电动机的电流大于额定电流时，热继电器中的双金属片经过一定时间后变形，从而断开串接在安全保护回路中的触点，保护电动机不致因长期过载而烧毁。

现在也有将热敏电阻器埋设在电动机的绕组中，即当过载发热引起阻值变化时，经放大器放大使微型继电器吸合，断开其接在安全回路中的触点，从而切断控制电路，强令电梯停止运行。

十、电梯控制系统中的短路保护

一般短路保护是由不同容量的熔断器来实现的。熔断器是利用低熔点、高电阻金属不能承受过大电流的特点使它熔断，从而切断电源，对电气设备起到保护作用。极限开关的熔断器为 RC1A 型插入式，熔体为软铅丝、片状或棍状。电梯电路中还采用了 RL1 系列螺旋式熔断器和 RLS 系列螺旋式快速熔断器，用以保护半导体整流元件。

十一、供电系统相序和断相保护

当供电系统因某种原因造成三相动力线的相序与原相序有所不同，有可能使电梯原定的运行方向变为相反的方向时，将给电梯运行造成极大的危险。同时，为了防止电动机在电源断相时不正常运转而导致电动机烧损，电梯电路中采用相序继电器，当线路错相或断相时，相序继电器切断控制电路，使电梯不能运行。

近年来，由于电力电子器件和交流传动技术的发展，电梯的主驱动系统采用晶闸管直接供电给直流曳引电动机，以及大功率器件 IGBT 为主体的交 - 直 - 交变频技术在交流调速电梯系统（VVVF）中的应用，使电梯系统的工作与电源相序无关。

十二、主电路方向接触器联锁装置

1. 电气联锁装置

交流双速及交流调速电梯运行方向的改变是通过主电路中的两只方向接触器改变供电相序来实现的。如果两接触器同时吸合，则会造成电路短路。为防止短路故障，在方向接触器上设置了电气联锁，即上方向接触器的控制电路串接下方向接触器的辅助常闭触点，下方向接触器的控制电路串接上方向接触器的辅助常闭触点。只有下方向接触器处于失电状态时，上方向接触器才能吸合，而下方向接触的吸合必须是上方向接触器处于失电状态。这样，上下方向接触器便形成了电气联锁。

2. 机械联锁装置

为防止上下方向接触器电气联锁失灵，造成短路事故，在上下方向接触器之间设有机械联锁装置。当上方向接触器吸合时，由于机械作用，限制下方向接触器的机械部分不能动作，使接触器触点不能闭合。当下方向接触器吸合时，限制上方向接触器触点也不能闭合，从而达到机械联锁的目的。

任务实施

3.7　实训：电梯安全钳 – 限速器联动

任务实施目的

1. 掌握限速器工作原理。
2. 掌握安全钳工作原理。
3. 熟悉安全钳 – 限速器联动试验演示。
4. 掌握安全钳与导靴间隙尺寸的调整方法。

任务实施设备

本实训采用电梯安全钳 – 限速器联动实训平台，如图 3-18 所示，它是根据当前真实电梯限速器 – 安全钳联动机构的安装和维修、保养要求开发的模块式的实训平台。

图 3-18　电梯安全钳 – 限速器联动实训平台

1. 特点

1）此平台采用真实的工业级部件，特殊的设计能够使学生更直观地了解限速器与安全钳的结构。

2）此平台能清晰表现安全钳和限速器在电梯发生超速时的动作过程，有利于学生理解限速器和安全钳的工作原理。

3）此平台为开放式结构，可方便学生观察学习，也可实现多人同时教学。

2. 技术参数

安全钳和限速器的技术参数分别见表 3-1 和表 3-2。

表 3-1 安全钳的技术参数

安全钳参数	
额定速度 /（m/s）	≤2.5
总允许质量（$P+Q$）/kg	1108 ～ 3953
导轨厚度 /mm	16
额定负荷 /kg	550 ～ 3000

表 3-2 限速器的技术参数

限速器参数	
额定速度 /（m/s）	≤0.4
钢丝绳直径 /mm	6
机械动作速度 /（m/s）	≤0.8
电气动作速度 /（m/s）	≤0.69
绳张紧力 /N	≥300
电源 /V	220

任务实施工具（见表 3-3）

表 3-3 任务实施工具

序号	名称	型号	数量	单位	备注
1	人字梯	2.5m	1	张	
2	两用扳手	8 ～ 24mm	1	套	
3	活扳手	250mm	1	把	
4	套筒扳手	32 件镜面 6 角套筒组套	1	套	
5	钢板尺	300mm	2	把	
6	胶锤		1	把	
7	卷尺	5m	2	把	
可根据实际需要自行添加					

如图 3-19 所示，在订做好的平台框架上安装部件，首先按要求将电动手拉葫芦安装到支架上，后安装导轨支架，立导轨（初步安装），安装底梁与上梁并按要求调整导轨，使导轨符合安装要求（可用电动手拉葫芦吊起底梁与上梁），安装缓冲器，最后安装限速器与安全钳，并进行安全钳，限速器的联动试验。

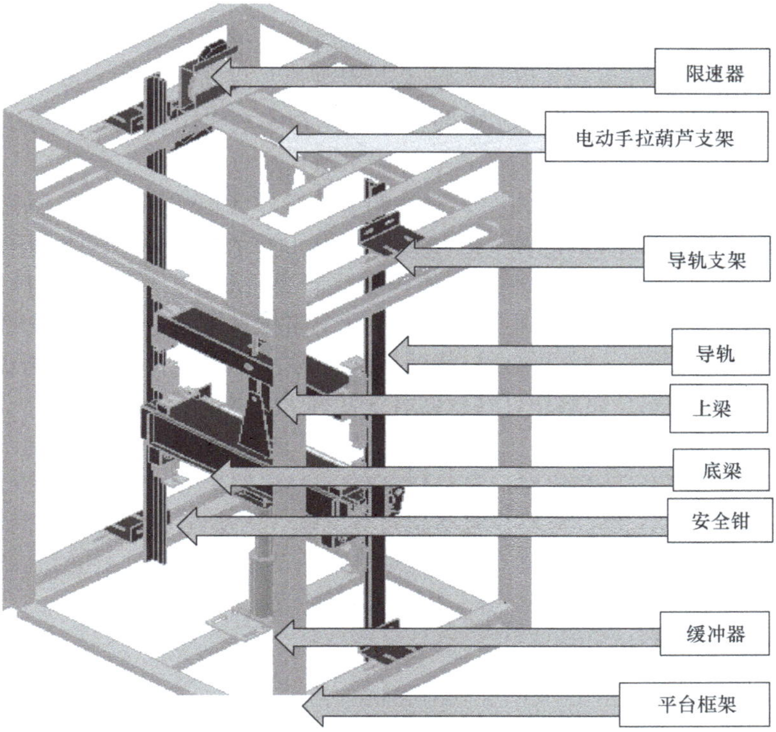

图 3-19 平台框架部件安装步骤

任务实施步骤

1. 安全钳－限速器联动过程原理

当电梯速度超过额定速度 115% 下行，限速器电气开关动作，切断控制电路电源，使轿厢停止。如果轿厢未停止继续下行且超过额定速度 125%，则限速器机械装置动作，通过限速器钢丝绳提升安全钳拉杆，安全钳开关动作；如果轿厢继续下行，安全钳楔块牢牢刹在导轨上，迫使轿厢停止运行。

2. 安装要求

（1）限速器

1）应注意限速器轮铅垂度偏差不应超过 0.5mm，限速器钢丝绳与机房预留孔中心应对准，其误差不大于 0.5mm，限速器绳槽中心与张紧轮绳槽中心必须在同一铅垂面上。将两绳头拉至连接孔，连接好后，两连接孔应在同一铅垂线上。

2）按安装平面布置图的要求，限速器位置偏差不应大于 3mm。

3）限速器装置绳索与导轨的距离应满足安装平面布置图的要求。

4）张紧装置对绳索的每个分支的拉力应不小于150N。

5）限速器开关和张紧轮开关应保证发生绳索折断、脱落、绳夹脱钩或限速器动作时，能迅速可靠地切断控制电路。

（2）安全钳　安全钳出厂时一般已安装在轿厢架下梁内，安装轿厢时，只要将安全钳拉杆与安全钳楔块与轿厢架上梁处的连杆机构和限速器钢丝绳相连接。

1）安装瞬时式安全钳时，应通过调节上拉杆螺母使安全钳楔块表面与导轨工作侧面保持2～3mm间隙，以保证电梯正常运行时安全钳楔块与导轨不致相互摩擦或误动作。同时应对与拨叉相连的杠杆部分进行动作试验，保证左右安全钳拉杆能同步动作，其动作应灵活无阻碍。

2）在轿厢上安装渐进式安全钳时，通过调节各楔块旁边的定位螺栓使安全钳楔块表面与导轨工作侧面保持2～3mm间隙。并用弹簧秤校正安全钳上拉杆拨叉与限速器钢丝绳连接处的提拉力，使之在15kgf能拉起安全钳楔块。即当轿厢下行速度达到115%v以上时（v为额定速度），限速器动作轧住限速器钢丝绳，安全钳拨叉能使安全钳开关断开，使电动机与制动器失电停转、制动。在轿厢失控或断绳而下冲，无法停止下降的情况下，安全钳应被安全钳拉杆提起，使安全钳楔块轧住导轨，避免轿厢发生下坠蹲底事故。

3. 安装步骤

（1）平台框架部件的安装步骤　在订做好的平台框架上安装部件，首先按要求将电动手拉葫芦安装到支架上；然后安装导轨支架、立导轨（初步安装），安装底梁与上梁并按要求调整导轨，使导轨符合安装要求（可用电动手拉葫芦吊起底梁与上梁），安装缓冲器；最后安装限速器与安全钳，并进行安全钳、限速器的联动试验。

（2）安全钳、限速器的安装步骤

1）安全钳的安装。

先将安全钳装入上梁、下梁上的安全钳座内；调整各楔块拉杆上端螺母，以使安全钳楔块面与导轨工作面的间隙达到规定要求；最后调整上梁安全钳联动机构的非自动复位开关，使之当安全钳动作瞬间断开电气控制电路。

注：安全钳底面与导轨正工作面的间隙要求为2～3.5mm，楔块与导轨两侧工作面的间隙要求为2～3mm。

2）限速器的安装步骤。

① 将限速器固定在平台框架上。

② 安装时，先检查是否可与安全钳联动。

③ 按安装图要求的坐标位置将限速器就位；然后确定限速器的位置；限速器位置确定以后，将其固定。限速器的安装位置误差应小于3mm。

④ 限速器钢丝绳的张紧力可通过增加或减少张紧装置中的配重块来调整，张紧装置在轿厢升降时沿着自己的导轨上下运动。

限速器安全技术要求：限速器经标定后加铅封，不准拆卸；限速器轧绳装置应反应灵敏，轧绳可靠；当绳索伸长或折断时，应立即断开控制开关，与安全钳联动控制；限速器在正常运行时，绳索不应接触机构的压绳钳口，以防误动作。

4. 平台的维修保养注意事项

1）限速器要勤检查。旋转轴销，张紧装置轮轴与轴套每周应挤加钙基润滑油一次。张紧装置的张力应一致，旋转轴销部分每周注油一次，每年清洗一次，铅封处不得拆卸，离心甩动装置应定期清理上油，保持动作灵活。限速器的绳索伸长超出规定范围时，应截短绳索。每两年要经有关部门校验 1 次限速器动作速度，确保其动作速度在国家标准规定的范围内。

2）安全钳、连杆机构每月应加机油润滑 1 次，同时紧固，保证提拉力迅速传递到安全钳拉杆上，且不超过 300N。调整松动的弹簧、螺钉、销轴等零件。楔块、钳座每月涂少量凡士林 1 次。定期清洗调整安全钳楔块，清除里面沉积的油污，保证钳块的动作灵活。

3）限速器–安全钳系统是电梯的一个十分重要的安全装置，其动作正常与否不仅关系到电梯本身的运行安全，更关系到人们的生命及财产的安全。因此，对该安全装置的维护保养十分必要。

知识拓展 电梯远程监视管理系统

电梯远程监视管理系统是利用传感器采集电梯运行数据，通过微处理器进行非常态数据分析，经由 GPRS 网络传输、公用电话线传输、局域网传输与 RS485 通信传输多种方式实现电梯故障报警、困人救援、日常管理、质量评估、隐患防范等功能的综合性电梯管理平台。GPRS 为无线网络，设备连接网络方便快捷，能极大地减轻设备网络架设工作强度。电梯远程监视管理系统主要包括以下几部分。

1）电梯故障信息采集分析仪（以下简称“采集分析仪”）：用于采集安装在电梯轿箱顶部各种传感器的信号，分析电梯的当前运行状态。

2）数据传输中继器（以下简称“中继器”）：数据通信的中转设备，用于监控中心管理软件系统与电梯采集分析仪之间的数据交换。

3）安装在轿箱顶部的各种传感器：包括平层及方向感应器、门开关感应器、红外人体感应器、基站感应器、上极限感应器、下极限感应器，用于采集电梯的信号。

4）电梯维保信息屏（轿厢机）：安装于电梯轿厢内部。显示电梯运行的楼层、方向、电梯铭牌、维保单位等信息；接收维保人员的刷卡信息，从而对维保人员维保电梯的情况进行监察和记录；接收电梯检验人员的刷卡信息，对电梯检验人员的电梯检验工作进行监督；可根据设置播放音视频多媒体、文字等广告文件，并可通过 U 盘或 GPRS 网络进行更新；当电梯发生故障时，播放安抚语音告知乘客该电梯的当前状态及正确的处理方法，从而避免因乘客的错误操作造成事故；当电梯发生故障时，通过无线网络自动打开与电梯维保信息屏（门厅机）的双向视频、语音对讲，通过双向视频对讲，轿内被困乘客能够与外部人员取得联系，同时对电梯轿厢内进行音、视频录像。

5）电梯维保信息屏（门厅机）：安装于电梯间，根据设置播放音视频多媒体、文字等广告文件，并可通过 U 盘或 GPRS 网络进行更新。当电梯发生故障时，与电梯维保信息屏（轿厢机）通过无线网络打开双向视频、语音对讲，与轿厢内被困乘客取得联系，为处理电梯故障、营救被困乘客提供帮助。

项目 4 电梯电力拖动与电气控制系统

项目导入 三大黑科技电梯

数年前，德国的一家科学研究所提出了一种全新电梯的构想，颠覆了 160 多年来传统电梯的设计。去掉了拉拽吊箱的缆绳，取而代之的是磁悬浮列车所使用的线性电机技术，配备多级自动系统，并通过电梯井道向吊箱传递感应电能，无缆绳可以让吊箱在楼里内实现横向移动。这种创新的转轨系统会把最近的两个井道首尾相连，从而实现连续循环。吊箱从一个井道上行，从另一个井道下行，这样不但能大大缩短等电梯的时间，还能提升 50% 以上的载客量。最重要的是，还大大减少了多井道占用楼宇的面积，而且建筑形状还能展现更多形式。如今，这种新型电梯已在德国的公共观景平台投入使用。

英国的 PLP Architecture 公司研发出一种具有颠覆性的电梯——SkyPod，是基于 Maglev 技术的创新推进系统。其最大的特色是，可以像过山车一样沿着大楼外预制的轨道快速运行。这样的电梯摒除传统升降设计，更像是竖着的地铁，把铁轨头尾相连铺设在楼梯外，电梯轿厢沿着轨道高速上下穿行！每条轨道上会安放很多这种“电梯轿厢”，它们一个接一个周而复始地运行。不同的是，这种轿厢不再是方形，而是类似圆筒状的太空舱。其内置有类似陀螺仪的装置，无论怎样旋转运动，内部乘客都能站得稳稳当当。

一款由一个阿根廷科技公司开发的黑科技电梯——Pneumatic Vacuum Elevator，外观非常精致漂亮，因为全身都是透明的，就像一根巨型的玻璃试管，贯通了地板和天花板，炫酷的黑色散发出浓浓的科技感。这款电梯的工作过程也充满了科幻的感觉，电梯的上升和下降完全不需要像我们平时接触的普通电梯那样通过线缆来运作，这种黑科技电梯靠的完全就是“一口仙气”，听起来是不是很神奇？其实，Pneumatic Vacuum Elevator 是一种由空气能驱动的电梯，也就是说，依靠空气能完成载人升降的动作。如果你想上楼，只需要轻轻一按上升开关，就会起动一个抽气泵，对电梯上部的空气进行抽取，然后底部的气压就会把电梯往上推，看起来就像用吸管喝饮料一样，跟在针管中抽取空气的原理差不多。当然，除了靠气压调节升降的黑科技之外，这款电梯还有一个最大的优点：超级简单的安装方式。因为你不用为此设立机房，不用挖井坑，也不需要钢索等设备，而只需在地板上凿个 1m 左右的洞就行了，然后就可以把每一节电梯管道挨个连接起来，是不是比起一般的观光电梯方便多了？

思政案例 情系航天的“大国工匠”

“既然干就要把这份工作干好、干到极致。”在采访中，天津航天长征火箭制造有限公司总装车间副主任崔蕴告诉记者，“作为一名中国航天人，既要有为国奉献的精神，更要有在一个岗位上持之以恒、潜心钻研、默默耕耘的情怀。”

多年来，为了保证每个零件之间配合达到最优，崔蕴阅读了大量资料，从力学到化学，从金属材料到化工研究，只要与火箭沾边，他都不放过。早些年，崔蕴一有空就到图书馆里查阅资料，他说：“那个时代信息没这么发达，书上的信息很少，我就一本接一本的看，有时一本书里只有一个段落或者一个章节与火箭相关，我会用笔记下来，回去认真学习研究。”靠着这股韧劲儿，崔蕴一步步从一名普通的火箭装配工走到国家级技能大师。

铜、铝、碳钢、不锈钢……运载火箭的零部件多达十几万个，在火箭总装的过程中，从构造参数到作用原理，这些不同材质、型号的零件装配得是否合格，崔蕴都了如指掌。他说：“我的岗位叫作火箭总体装配工，除了常规的装配以外，每天的工作其实也是一个不断创新的过程，航天产业是一个高新技术产业，很多最新的技术和材料都要应用于火箭的生产中，因此，我们就要不断学习、不断创新，这样才能不被时代所淘汰。”

在年轻同事们的眼中，崔蕴既是严厉的老师，也是慈祥的长者，他关心每个人的成长，时刻提醒团队成员要精益求精、团结协作。他带领团队完成300余项技术改革，独创火箭总装总测工作技艺及流程方法，有效支撑了火箭短短几百秒生命周期的安全飞行。崔蕴说：“我现在带领的这个装配团队大部分都是朝气蓬勃的年轻人，让航天精神和操作技艺薪火相传是我义不容辞的责任。”要时刻发扬这种工匠精神，以爱岗敬业的职业精神为根本；以精益求精的品质精神为核心；以团结协作的团队精神为要义；以追求卓越的创新精神为灵魂，为实现中国梦添彩于足下！

学习目标 熟悉电梯拖动系统的构成和掌握电梯电气控制系统

- 熟悉电梯拖动系统的构成及工作原理。
- 熟悉VVVF电梯电气控制系统的构成。
- 能熟练使用电梯常用工具及万用表。
- 掌握电路图的识读方法，熟练绘制电梯主电气图。
- 掌握主要电气部件（操作盘、呼梯按钮等）的安装与调试。
- 掌握PLC电梯控制系统的工作原理。

知识准备

4.1 电梯的拖动系统

一、电梯拖动系统的结构

随着社会的发展，高层、超高层的建筑物日益增多，电梯已成为一种必备的基础设施。同时，对电梯在起动加速、制动减速、正反向运行、平层精度、调速范围、乘坐的舒适感和安全性等静态特性和动态响应方面提出了更高、更新的要求。这些指标将由电梯的拖动系统直接决定。因此，一台电梯运行性能的好坏，在很大程度上取决于其拖动系统的优劣。电梯拖动系统的结构如图 4-1 所示。

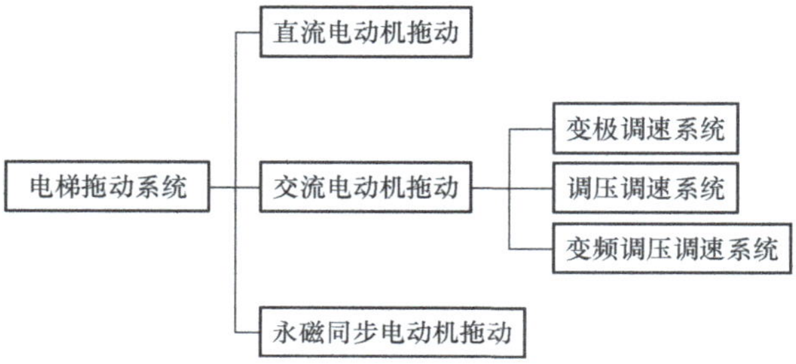

图 4-1 电梯拖动系统结构图

根据电梯曳引电动机的分类，可以将电梯的拖动系统分为直流电动机拖动系统、交流电动机拖动系统和永磁同步电动机拖动系统。下面分别介绍常用的直流电梯拖动系统、交流双速电梯拖动系统、交流调压调速系统和变频变压调速系统。

电梯的拖动控制系统经历了从简单到复杂的过程。目前用于电梯的拖动系统主要有单、双速交流电动机拖动系统；交流电动机定子调压调速拖动系统；直流发电机－电动机晶闸管励磁拖动系统；晶闸管直接供电拖动系统。交流变压变频调速电梯简称 VVVF 电梯。

按拖动方式分类，包括：

1）交流单速异步电动机开环直接起动的电梯拖动系统。

2）交流双速电动机变极调速电梯的开环拖动系统。

3）交流双速电动机半闭环调压调速拖动系统。

4）交流双速电动机全闭环调压调速的电梯拖动系统。

5）交流单速电动机全闭环调压调速的电梯拖动系统。

6）交流永磁同步电动机全闭环调压调速的电梯拖动系统。

7）直流电动机全闭环调压调速拖动系统。

二、VVVF 电梯电气控制系统的构成

VVVF 电梯电气控制系统的构成如图 4-2 所示。从图 4-2 中可以看出，VVVF 电梯的电气控制系统主要由下列几个主要环节组成。

1. 拖动部分

它是 VVVF 电梯的最重要部分，由 INTEL 公司的 I8086 微处理器构成的 DR-CPU 进行控制，并应用了矢量变换和脉宽调制（PWM）技术。

2. 控制部分

它由 PLC 进行控制，其控制的主要功能是对选层器、速度图形和安全保护电路进行控制。

3. 管理部分

它负责处理电梯的各种运行，特别是对多台电梯群控功能的控制。

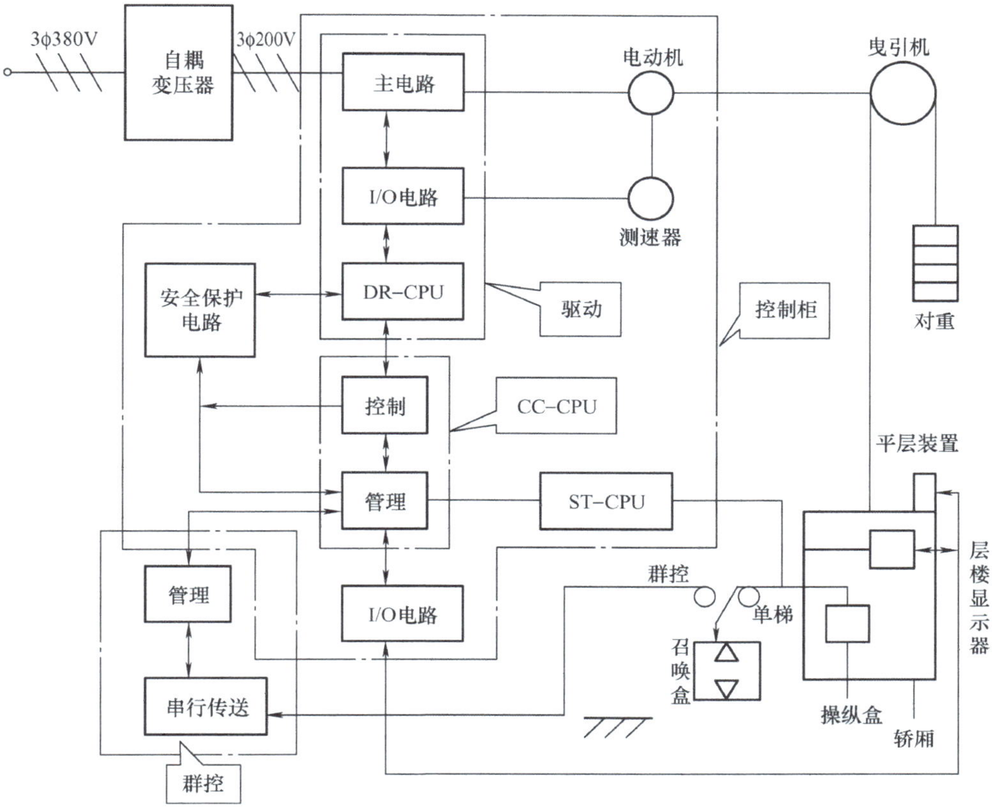

图 4-2　VVVF 电梯电气控制系统结构框图

三、VVVF 电梯拖动系统的结构和原理

拖动系统是 VVVF 电梯的核心，其基本的控制原理这里不再阐述。但对于一个具体的电梯系统来说，尤其是为了提高拖动系统的动态品质，减少电动机发热，节约能源和提高效率，不是仅靠前述的电压型或电流型变频器就可解决问题的，还必须在拖动系统中应用矢量变换控制和 PWM 调制技术。低、中速电梯拖动系统结构如图 4-3 所示。现将图 4-3 中的几个主要环节分别加以介绍。

1. 整流电路

在低、中速电梯中（v<2.0m/s），整流器采用由 3 块二极管模块（每块模块有两只二极管）组成的三相桥式全波整流电路。在中、高速电梯中（2m/s≤v≤6m/s），整流器部分采用了由 6 块晶闸管模块（每块模块有两只晶闸管）组成的三相全控桥式整流电路。晶闸管的导通角开放大小由正弦波 PAM（PULSE AMPLITUDE MODULATION）控制（PAM 这里不再叙述），输出可调直流电压。事实上，电梯在加速、恒速运行时，晶闸管的输出电压是恒定的，仅在减速时，晶闸管模块作为由电动机侧的再生能量反馈电网时的通路，此时其输出电压是连续变化的。

整流电路用的二极管模块、晶闸管模块是目前最先进的功率半导体器件。这种器件的一致性极好。

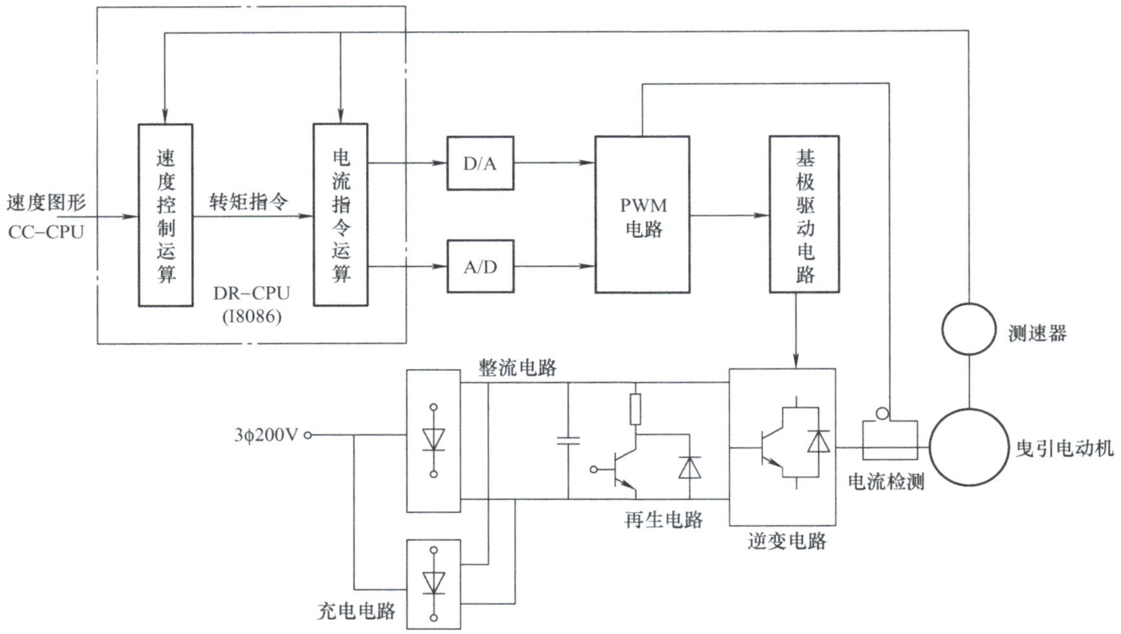

图 4-3　低、中速电梯拖动系统结构框图

2. 充电器电路

充电器电路原理如图 4-4 所示。

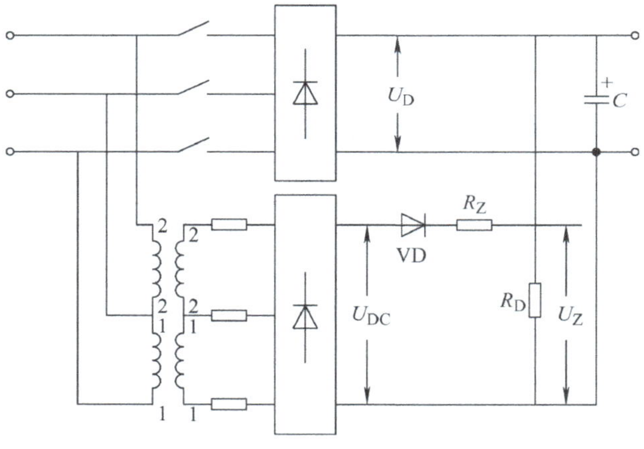

图 4-4　充电器电路原理图

3. 逆变电路

逆变电路的工作原理如图 4-5 所示。逆变器采用 6 只大功率晶体管（IGBT）模块，每只模块有 1 只 IGBT 和 1 只续流二极管。因为大功率晶体管导通时相当于起 1 只开关的作用。所以可以将图 4-5a 简化成图 4-5b。

当来自于正弦波 PWM 控制电路的三相矩形脉冲列经基极驱动电路放大时，按相序分别触发大功率晶体管基极，使其导通。由于三相矩形脉冲列每相相位相差 120°，所以逆变器中大功率晶体管 VT1、VT3、VT5 分别以 120° 角滞后导通。而在同一相上、下半波的大功率晶体管 VT1、VT4；VT3、VT6；VT5、VT2 之间分别以 180° 角区间内导通。如 VT1 在 A 相的正半波内导通，而在 VT4 在 A 相的负半波内导通。这样，在每相之间输出电压为一个交变电压，其线电压也为一个交变电压。

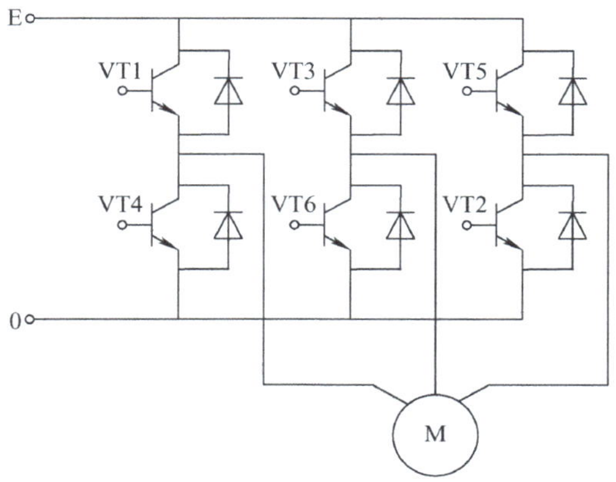

a) 电路原理图

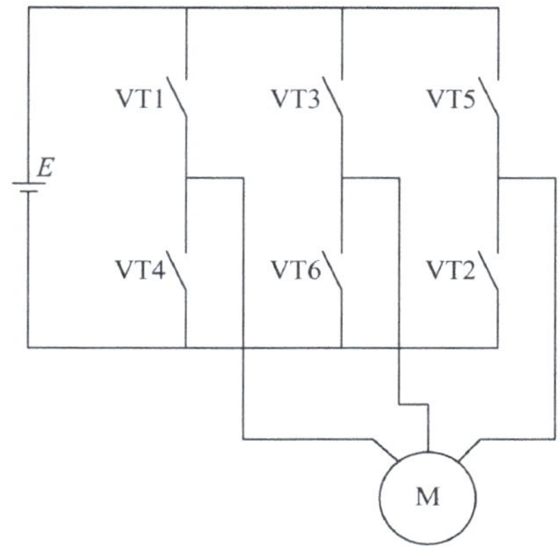

b) 简化原理图

图 4-5　逆变电路工作原理图

4. 再生电路

电梯能源再生技术的工作原理：当电梯满载下降、空载上升、制动等情况下，回馈模块将电动机转换的电能回馈给电网，实现能量再生，即把变频器直流环节中的电能变换成一个和电网电源同步的同相位交流正弦波，把电能反馈回电网。如果曳引机上、下运动时负载又使得势能改变，当曳引机拖动负载减速运动时，动能将释放出来，当负载做下行运动时其势能也将减少，如果能有效地将这两部分机械能转换成的电能再次利用，也就达到了节约电能的目的。电梯对重块最主要的作用是以自身重量来平衡轿厢侧的重量，减少电梯曳引机的输出功率，对重的重量通常是轿厢满载时重量的一半。只有当轿厢载客量为额定载重量一半时，轿厢和对重之间才相互平衡。因此大部分情况下，对重和轿厢是有重量差的。

当轿厢侧的重量大于对重侧时，轿厢依靠重力势能就可以自发向下运行，这时曳引机处于被动旋转状态，也就是工作于发电状态；当轿厢侧的重量小于对重侧时，对重依靠重力势能就可以自发向下运行，拉着轿厢上行，这时曳引机也处于被动旋转状态，同样工作于发电状态。

电梯在正常运行中会频繁产生回馈能量，当曳引机处于电动状态时，它与传统的交－直－交变频器工作方式相同；当曳引机处于发电状态时，通过逆变器将电梯再生能量回馈到电网。由于逆变 PWM 的脉宽调制，回馈的能量中其电流谐波畸变率约为 5% ～ 7%。因此，采用超级电容器与直流母线直接相连吸收回馈能量，当曳引机处于电动状态时，超级电容器按照其功率需求进行放电；当曳引机处于发电状态时，超级电容器按照其回馈功率进行充电。变频器直流母线电压在 513 ～ 539V 之间变化，而超级电容器的单体电压为 2 ～ 3V。直流母线可以看做电压源，其与超级电容器连接构成一阶 *RC* 电路，无论母线电压在哪个范围波动，超级电容器的充放电效率始终为 50%。超级电容器通过双向 DC-DC 与直流母线连接吸收回馈能量，超级电容器通过双向 DC-DC 与变频器直流母线连接。当曳引机处于电动状态时，超级电容器进行恒流快速放电；当曳引机处于发电状态时，超级电容器进行恒流转恒压充电。

5. 基极驱动电路

由正弦波 PWM 控制电路来的脉冲列信号，必须经基极驱动电路放大后，才能输送至逆变器的大功率晶体管的基极使其导通。

电梯减速时，VVVF 系统的动能必须经过再生电路释放。因此，VVVF 系统在减速再生控制时，整流电路大电容器的电压和充电电路输出的电压与基极驱动电路比较后，经信号放大，驱动再生电路中大功率晶体管的导通。

基极驱动电路除以上两个功能外，还具有整流电路部分安全回路检测的功能：整流电路直流侧的过电压；整流电路直流侧的欠电压；基极驱动电路的逆变器大功率晶体管输出的欠电压；整流电路直流侧充电电压的欠电压；整流电路大容量电容器充电电压是否已达到 $\sqrt{2}\times1.1U$，如达到，则向控制微处理器发出充电完毕信号。

6. PWM 控制器

从前述逆变器电路可知，晶体管逆变器将直流电压转换为频率不同的交流电压。但因为其输出电压是方波电压，经傅里叶级数分解，除基波外，在其电压波形中还含有较大成分的高次谐波分量。这样，曳引电动机的供电电源中存在谐波分量，使电动机运行效率降低。矩形波供电的电动机效率将下降 5% ～ 7%，功率因数下降 8% 左右，而电流却要增大 10 倍左右。虽可在逆变器的输出端采用交流滤波器来消除高次谐波分量，但又非常不经济，且增大了逆变器的输出阻抗，使逆变器的输出特性变坏。

由于前述原因，目前 VVVF 调速系统均采用脉宽调制（PWM）控制器。它按一定的规律控制逆变器中功率开关元件（IGBT 等）的通与断，从而在逆变器的输出端即可获得一组等幅而不等宽的矩形脉冲波形，其近似等效于正弦电压波。

正弦波 PWM 控制是利用等幅的三角波（称为载波）与正弦波（称为调制波）的相交点发出开、关功率开关元件（IGBT）的触发脉冲，并经基极驱动电路放大后送至逆变器中。即幅值和频率可变的正弦控制波与幅值和频率固定（按设计时确定）的三角波进行比较，由两个波形的交点得到一系列幅值相等、宽度不等的矩形脉冲列。当正弦控制波的幅值大于三角波的幅值时，输出正脉冲，可使逆变器中的功率开关元件导通；当正弦波的幅值小于三角波的幅值时，输出负脉冲，可使逆变器中的功率开关元件截止。PWM 的输出脉冲列近似于正弦波。如提高三角波的频率，则 PWM 的输出脉冲列更逼近于正弦波，故称此时的 PWM 为“正弦波 PWM”。正弦波的 PWM 输出波形如图 4-6 所示。

由于 PWM 的控制作用，在逆变器的输出端得到一组幅值等于整流电路的直流输出电压 U_D、宽度按正弦波规律变化的矩形脉冲列。它等效于正弦曲线 $U_D\sin\omega t$，提高 U_D 和提高正弦调制波 $U_m\sin\omega t$ 的幅值就可提高输出矩形波的宽度，从而提高输出等效正弦波的幅值。改变正弦调制波的角频率 ω，就可改变输出等效正弦波的频率，这样就可以实现变压变频的目的了。

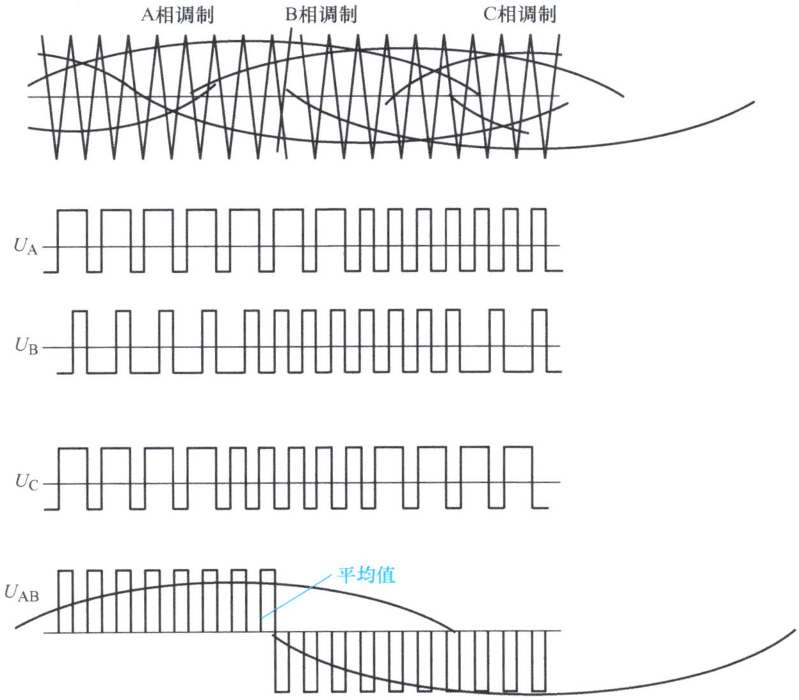

图 4-6 PWM 输出波形

4.2 电梯的电气控制部件

一、操纵箱

1. 操纵箱的型式

（1）手柄操纵箱　一般由司机操纵使电梯门开启或关闭、起动或制停轿厢的手柄开关装置，扳手有向上、向下、停车三个位置，板面上一般设有安全开关、指示灯开关、信号灯开关、照明开关、风扇开关及应急开关等，常用在货梯上。

（2）按钮操纵箱　由乘客或司机通过按钮操纵电梯上、下、急停等的装置，并设有钥匙开关，用以选择司机操纵或自动操纵方式。另外，还备有与电梯停站数相对应的指令按钮、记忆呼梯信号的指示灯、上下行方向指示灯、超载灯、警铃等。

（3）轿厢外操纵箱　操纵按钮一般装在每层楼的层门旁侧井道墙上，按钮数量不多，形式比较简单，常用于不载人的货梯。

2. 常见操纵箱各个开关、按钮的功能和使用方法

（1）按钮组　操纵箱面板上装有单排或双排按钮组，按钮的数量由楼层的多少确定。按钮在压力下接通，使层楼指令继电器自保，按钮失压后会自动复位。司机操作时，可以根据需要按下一个或几个欲去层站的按钮，轿厢停层指令被登记，关门起动后轿厢就会按被登记的层站停靠。

（2）起动按钮　一般在盘面左右各装一个，一个用于向上起动，一个用于向下起动。当司机按下选层指令按钮，选好要去的层站，再按所要去的方向按钮，轿厢就会驶向欲去

的楼层。有的电梯不用按钮起动而采用手柄左右旋转的办法起动，效果相同，多用于货梯。

（3）照明开关　照明开关是控制轿厢内照明电路的。轿厢内照明是由机房专用电源供电，不受电梯其他供电部分控制。即使电梯主电路停电，轿厢内照明电路也不会断电，便于电梯司机或维修人员检修；不过维修人员处理故障时，要特别注意照明电路和开关仍带电，以免触电。

（4）钥匙开关　一般采用汽车钥匙开关。其作用是控制电梯运行状态，一般用机械锁带动电器开关，有的只控制电源，有的是控制电梯快速运行状态的检修（慢速）状态。在信号控制的电梯中，钥匙开关只有运行和检修两挡；而在集选控制电梯中，钥匙开关有三挡，即自动（无司机）、司机和检修。司机离开轿厢后，应将开关置于停止位置，并将钥匙带走，以防他人乱动设备（无司机电梯除外）。

（5）通风开关　用来控制轿厢内的风扇。轿厢内无人时，应将风扇开关关闭，以防时间过长烧坏风扇或引起火灾。

（6）直驶按钮（专用）　按下这个按钮，层站招呼停层即告无效，电梯只按轿厢内的指令停层。尤其在满载时，通过轿厢满载装置将直驶电路接通，电梯便直达所选楼层。

（7）独立服务按钮（或专用按钮）　按下此按钮，只应答轿内指令，外呼无效，即电梯专用。有的电梯甚至此时没有层站楼层显示。

（8）检修开关　也称为慢车开关。在检修电梯时，用来断开电气自动回路的一个手动开关。在司机操作时，只可在呼层区域内做慢速对接（调平）操作，不可用于行驶。

（9）急停按钮（安全开关）　按下或扳动此开关，电梯控制电源即被切断，立即停止运行。当轿厢在运行中突然出现故障或失控现象，为避免重大事故发生，司机可以按下急停按钮，迫使电梯立即停驶。为了安全，检修人员在检修电梯时也可以使用。

（10）开关门按钮　在轿厢停止行驶时，开关门按钮才能起开、关作用，在正常行驶状态下，该按钮不起作用。有的电梯的开关门按钮只在检修时起开、关门作用。

（11）警铃按钮　当电梯运行中突然发生事故停车，司机与乘客无法从轿厢中走出时，可按此按钮向外报警，以便及时解除困境。

（12）召唤蜂鸣器　当层站有人发出召唤信号时，接通装于操纵箱内的蜂鸣器电源将会发出蜂鸣声，提醒司机及时应答。

（13）召唤楼层和运行方向指示灯　当乘客发出召唤信号时，相应的继电器吸合，接通指示灯电源，点亮相应的召唤楼层指示灯，电梯轿厢应答到位后，指示灯自行熄灭。有的电梯把指示灯装在操纵箱上楼层选择按钮旁边，有的电梯把指示灯横装在操纵箱的上方。运行方向指示灯装在操纵箱盘面上，用箭头图形表示，当向上方向继电器吸合后，使向上箭头指示灯点亮，当向下方向继电器吸合后，使向下箭头指示灯点亮，以标志电梯轿厢运行方向。指示灯电压各不相同，一般采用6.3V、12V、24V，灯泡则选用7V、14V、26V，即灯泡额定电压略高于线路给定电压，这样可以延长指示灯泡的使用寿命。

另外，在信号控制电路操纵箱面板上不设超载信号指示，而在集选控制电梯操纵箱面板上设有超载指示灯和讯响器。

轿厢内轿门上方的上坎装设有楼层指示灯，用以显示轿厢所在楼层位置。旧式指层装置采用低电压（6.3V、12V、24V）等小容量指示灯显示，由楼层继电器驱动，每层由一只指示灯显示。旧式指层装置体积大，灯泡寿命短，维修量大。新式楼层指示装置采用LED

数码管显示，具有体积小、美观清晰、寿命长等优点，得到了广泛使用。

二、指示灯

指层灯箱是给司机、轿厢内外乘用人员提供电梯运行方向和所在位置指示灯信号的装置。

位于层门上方的指层灯箱称为层站指层灯箱，位于轿门上方的指层灯箱称为轿内指层灯箱。同一台电梯的层站指层灯箱和轿内指层灯箱在结构上是完全一样的。

指层灯箱内装置的电气元件一般有以下两种：电梯上下运行方向灯和电梯所在层楼指示灯。除杂物电梯外，一般电梯都在各停靠站的层门上方设置有指层灯箱。但是，当电梯的轿门为封闭门，而且轿门没有开设监视窗时，在轿厢内的轿门上方也必须设置指层灯箱。指层灯箱上的层数指示灯一般采用信号灯和数码管两种。

1. 层楼指示信号灯

在层楼指示器上装有和电梯运行层楼相对应的信号灯。每个信号灯外都有数字表示。当电梯运行中经过某层时，此层数指示灯亮，电梯通过后，指示楼层的信号灯就熄灭。也就是说，当电梯轿厢运行过程中进入某层时，该层的层楼信号灯就点亮，离开某层后，该层的层楼信号灯就灭，它可以告诉司机和乘客轿厢目前所在的位置。其电路接法是：把所要指示同一层的灯并联在一起，再经同一层楼层楼继电器常开（动合）触点接到电源上。每层均是这种接法。当电梯在某一层时，该层的层楼继电器通电，其常开触点闭合，使安在这层层站及轿厢内指示灯箱内的指示灯点亮；同理，装在指层灯箱内的上、下方向指示灯根据选定方向而指示。

2. 数码管

数码管层灯一般在微机控制的电梯上使用，层灯上有译码器和驱动电路，以数字显示轿厢位置。其型式多采用七段发光体 a、b、c、d、e、f、g 组成。当电梯运行楼层超过 9 层后，则在每层指示用的数码管需用两个（层门外上方和轿厢上方均用两个），可显示 00 ～ 99 共 100 个不同的层楼数。同理，装于指层灯箱内的上、下方向指示灯，一般装在层门上方，用塑料凸出上、下行三角。指示灯一般为白炽灯，有的为提醒乘客和层站候梯人员电梯已到本层，在指示灯箱内装有喇叭（俗称到站钟），以声响来传达信息。

3. 无层灯的层楼指示器

有的电梯除一层层门装有层楼指示器层灯外，其他层楼门仅有无层灯的层楼指示器，它只有上、下方向指示灯和到站钟。

三、呼梯按钮盒

呼梯按钮盒又称为召唤按钮盒，是设置在电梯停靠站层门外侧，给层站乘用人员提供召唤电梯的装置。一般根据位置的不同设置以下几种按钮（盒）:

位于上端站，只装设一只下行召唤按钮。

位于下端站，只装设一只上行召唤按钮（单钮召唤盒）。

在基站则装设一只上行召唤按钮和一只下行召唤按钮的双钮召唤盒。当层站候梯人员按下向上或向下按钮时（只许按一个按钮），相应的指示灯亮，于是司机和乘客便知某层站有人呼梯。当呼梯人所在的层站在运行电梯的前方，即顺向时，则电梯到达该层时，立即停车，开门，层站候梯人员上梯；若呼梯人所在的层站在运行电梯的后方，即反向时，则电梯只作记忆（从轿厢内操作盘上可知），等到完成这个方向运行后，再按要求接呼梯乘客。

若电梯的呼梯登记（即呼梯系统）是采用继电器控制的，则每一个呼梯按钮对应于一只继电器，按钮与对应继电器常开触点并联构成自保持环节。若电梯的呼梯登记（即呼梯系统）是采用计算机控制的，则呼梯按钮对应的是专用的呼梯记忆系统。

当电梯到达层站候梯人员所等候的层站时，此层呼梯信号被取消。

四、轿顶检修盒

在机房电气控制柜上及轿厢顶上设有供电梯检修运行时使用的检修盒。

其电器元件一般包括：电梯慢上、慢下按钮，点动开关门按钮，急停按钮，轿顶检修转换开关，轿顶检修灯开关。

五、换速平层装置

为使电梯实现到达预定的停靠站时提前一定的距离把快速运行切换为平层前的慢速运行，并使平层时能自动停靠的控制装置。

这种装置通常分别装在轿顶支架和轿厢导轨支架上，所装的平层部件配合动作来完成平层功能。

六、选层器

选层器设置在机房或轿厢内，是模拟电梯运行状态，向电气控制系统发出相应信号的装置，如图 4-7 所示。

1. 机械式选层器

它是一种以机械传动模拟电梯运行，以缩小的比例准确反映轿厢运行位置，并以电气触点的电信号实行多种控制功能的装置，其作用多为发出减速指令、指示轿厢位置、消除应答完毕的召唤信号、确定运行方向及控制开门等。

2. 电动式选层器

电动式选层器又称为刻槽式选层器，可装置在控制柜内，其结构由伺服电动机、螺杆、螺母和继电器触点组成。

3. 电气选层器（继电器式选层器）

这种选层器实际上是一个步进开关装置，可代替机械式选层器。对于电气选层器来说，必须特别注意依次顺序前进和后退的规定。

这种选层装置通常由双稳态磁性开关、圆形永久磁铁、选层器方向记忆继电器、选层器步进限位器、记忆继电器、选层继电器以及选层器的端站校正装置等组成。

井道信息是由装在轿厢导轨上各层支架上的圆形永久磁铁和装在轿厢顶上一组双稳态磁开关来完成。各层选层信号是由机房内控制屏上的层楼继电器来执行。

4. 电脑选层器（电子选层器）

这种选层器是利用数字脉冲信号、微处理器等技术组成的选层器。它是将脉冲信号的数字量相对于轿厢运行的距离量进行选层，它利用装在曳引电动机或限速器轮上的光码盘在电动机转动时产生光脉冲信号，其脉冲量的多少决定了电梯的平层精度。

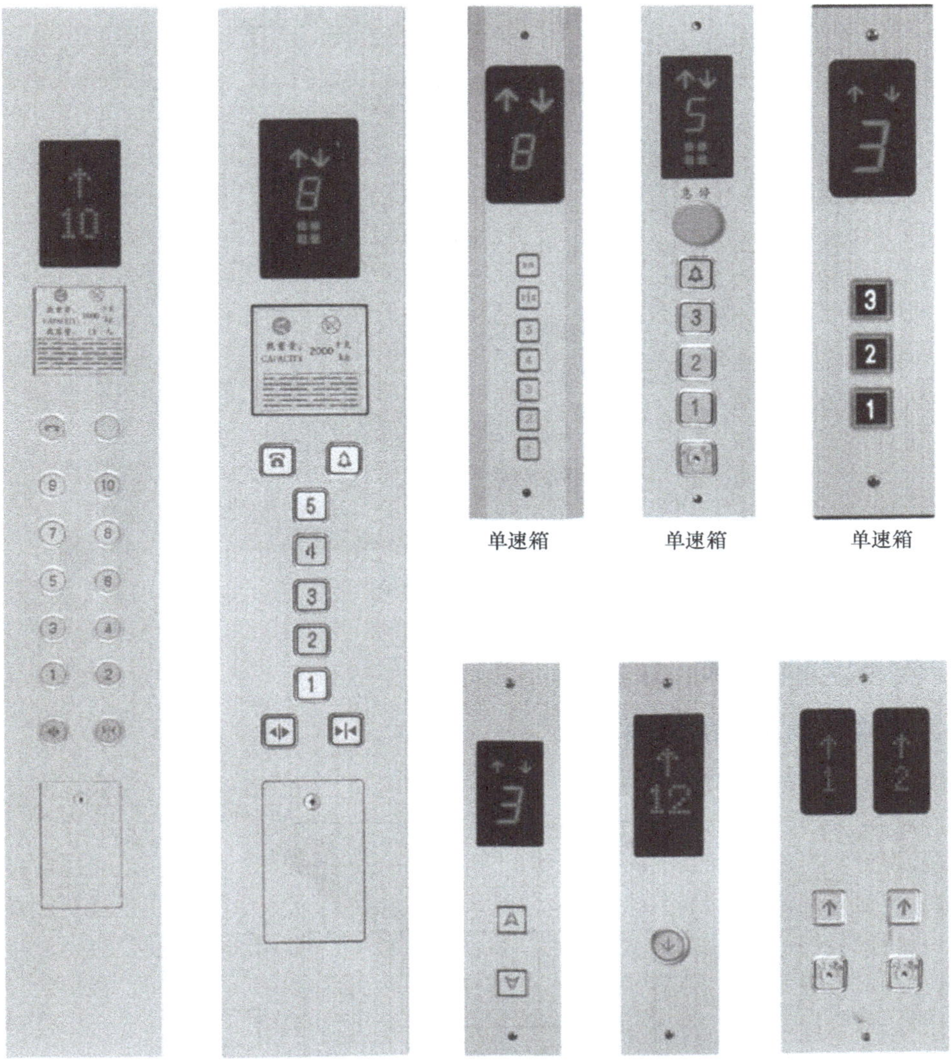

图 4-7　选层器

七、控制柜

控制柜是电梯电气系统完成各种控制任务、实现各种功能的控制中心。

控制柜由柜体和各种控制电器元件组成。控制柜中装配的元件，其数量规格主要与速度、控制方式、曳引电动机大小等参数有关，目前交流电梯主要有三个品种，每种因参数不同略有区别。交流双速电梯的控制系统一般由微机组成，动力输出由接触器完成，接触器较多；交流调压调速电梯的动力输出由交流调压调速器完成，配以相对较少的接触器组成；变频变压调速电梯目前较多，由变频器配以很少的接触器完成电梯的动力输出，由微机控制，故障率较低，其结构紧凑，外形美观。电梯控制柜如图 4-8 所示。

图 4-8 电梯控制柜

4.3 电梯控制系统

一、电梯控制系统的结构

电梯控制系统结构如图 4-9 所示。

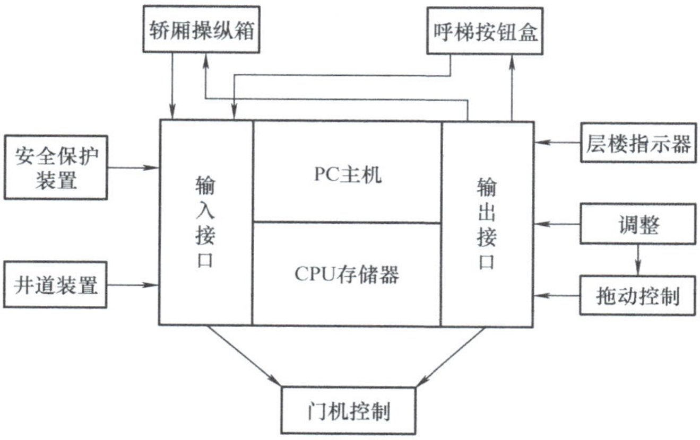

图 4-9 电梯控制系统结构

轿厢操纵箱用于轿厢门的关闭、轿厢需要到达的楼层等的控制；呼梯按钮盒的主要作用是当有人员进行呼叫时，电梯能够准确到达呼叫位置；层楼指示器用于显示电梯到达的具体位置；拖动控制用于控制电梯的起停、加速、减速等功能；门机控制主要用于控制当电梯达到指定位置后，电梯门应该能够自动打开，或者门外有人要求乘梯时，电梯门应该能够自动打开。

电梯信号控制基本由 PLC 软件实现。输入到 PLC 的控制信号有运行方式选择（如自动、有司机、检修、消防运行方式等)、运行控制信号、轿内指令信号、层站召唤信号、安全保护信号、开关门及限位信号、门区平层信号等。

电梯信号控制系统如图 4-10 所示。

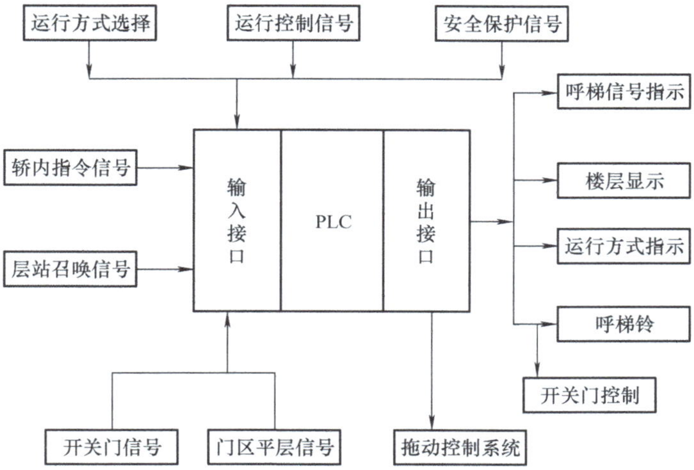

图 4-10　电梯信号控制系统

二、控制系统分析

电梯控制系统通常包括三大部分：继电器控制系统、PLC 控制系统和计算机控制系统，其逻辑关系如图 4-11 所示。

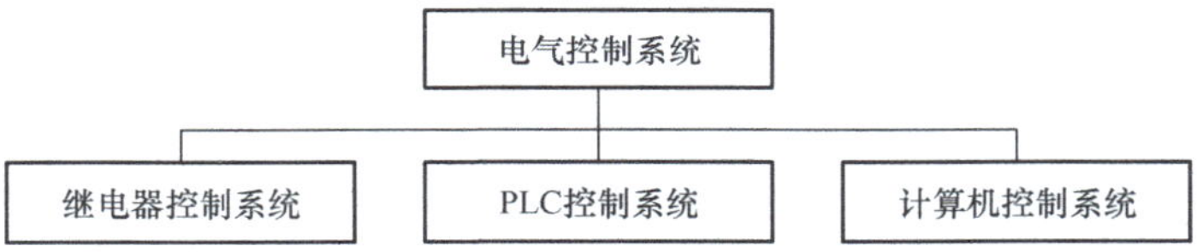

图 4-11　电气控制系统分类

(一)继电器控制系统

电梯继电器控制系统是最早的一种实现电梯控制的方法。但是，进入 20 世纪 90 年代，随着科学技术的发展和计算机技术的广泛应用，人们对电梯的安全性、可靠性的要求越来越高，继电器控制的弱点就越来越明显。

电梯继电器控制系统存在很多的问题：系统触点繁多，接线线路复杂，且触点容易烧坏、磨损，从而造成接触不良，因而故障率较高；普通控制电器及硬件接线方法难以实现较复杂的控制功能，使系统的控制功能不易增加，技术水平难以提高；电磁机构及触点动作速度比较慢，机械和电磁惯性大，系统控制精度难以提高；系统结构庞大，能耗较高，机械动作噪声大；由于线路复杂，易出现故障，因而保养维修工作量大，费用高，而且检查故障困难，费时费工。电梯继电器控制系统故障率高，大大降低了电梯的可靠性和安全性，经常造成停梯，给乘用人员带来不便和惊忧。且电梯一旦发生冲顶或蹲底，不但会造成电梯机械部件损坏，还可能出现人身事故。电梯继电器控制系统如图 4-12 所示。

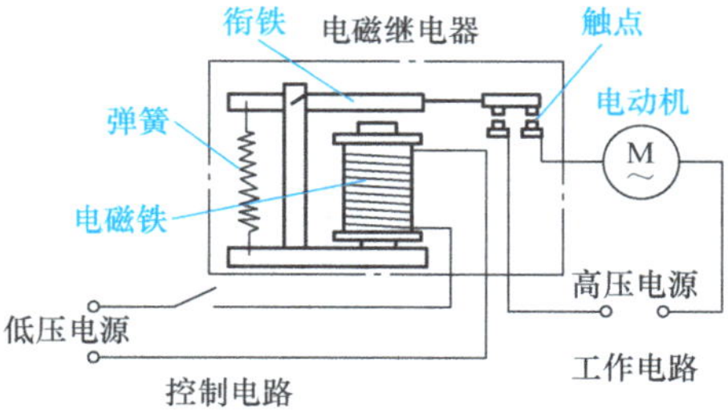

图 4-12　电梯继电器控制系统

（二）计算机控制系统

计算机控制系统多用在工业控制领域中，其主机一般采用能够在恶劣工业环境下可靠运行的工控机。工控机由通用微机应用发展而来，在硬件结构方面总线标准化程度高，品种兼容性强，软件资源丰富，能提供实时操作系统的支持，故对要求快速、实时性强、模型复杂的工业对象的控制占有优势。但是，其使用和维护要求工作人员具有一定的专业知识，较高的技术水平，且工控机在整机水平上尚不能适应恶劣工作环境。可编程序控制器对此进行了改进，变通用为专用，有利于降低成本，缩小体积，提高可靠性等特性，更适应过程控制的要求。电梯计算机控制系统如图 4-13 所示。

通讯板外观图

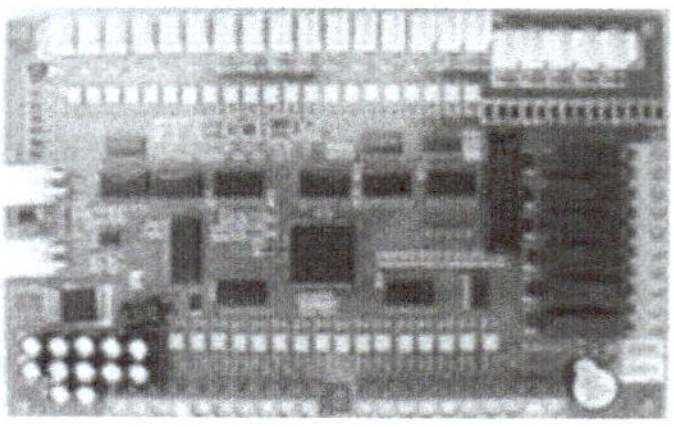

图 4-13　电梯计算机控制系统

微型计算机系统逻辑线路，实际相当于用一台计算机控制和实现逻辑功能的系统。与可编程序控制器（PLC）相比，它具有以下区别和优势：

1）采用了更高一级的 CPU，使得处理速度和指令的复杂性得到本质的提高。

2）有更宽广的存储器做后盾，提高了软件设计的复杂性，并成为大规模化控制系统的保障条件。

3）更加灵活、功能全面的软件设计范围，为人机交互图形化等智能化、人性化的实现打好了基础。

4）更加方便、功能强大的扩展能力，为各种特殊要求的硬件、软件功能的实现提供了保障。

5）使综合管理、多台控制、随机情况监视、汇总成为可能。

总之，采用微型计算机系统控制的电梯，无论在运行性能、实现功能，还是在实际应用管理方面，更加具有开发深度和提高了各种功能实现的可能性。

一般来说，微型计算机控制系统都与整个电梯的设计融合在了一起，使其在各个运行部分都充分发挥控制、监测功能。

因此，微型计算机控制系统常用在有高性能要求、智能化的电梯和大规模梯群的控制管理上。

目前，采用微型计算机控制的电梯还可自动或被动地接上互联网进行全球范围内的通信和管理。

（三）PLC 控制系统

1. 可编程序控制器（PLC）

可编程序控制器（PLC）最早是根据顺序逻辑控制的需要而发展起来的，是专门为工业环境应用而设计的数字运算操作的电子装置。鉴于其种种优点，目前电梯的继电器控制方式已逐渐被 PLC 控制所代替。同时，由于交流变频调速技术的发展，电梯的拖动方式已由原来直流调速逐渐过渡到了交流变频调速。因此，PLC 控制技术加变频调速技术已成为现代电梯行业的一个热点。图 4-14 所示为可编程序控制器。

在发达的工业国家，可编程序控制器已经广泛应用在所有的工业部门，随着可编程序控制器性能价格比的不断提高，过去许多使用专用计算机的场合也可以使用可编程序控制器。如用在开关量的控制，这是可编程序控制器最基本、最广泛的应用，它的输入和输出信号都是只有通、断状态的开关量信号，这种控制与继电器控制最为接近，可以用价格较低、仅有开关量控制功能的可编程序控制器替代继电器控制系统。开关量逻辑控制可用于单台设备，也可用于自动化生产线，如机床、冲压机械、铸造机械、运输带、包装机械的控制，同样也可以用于电梯的控制。

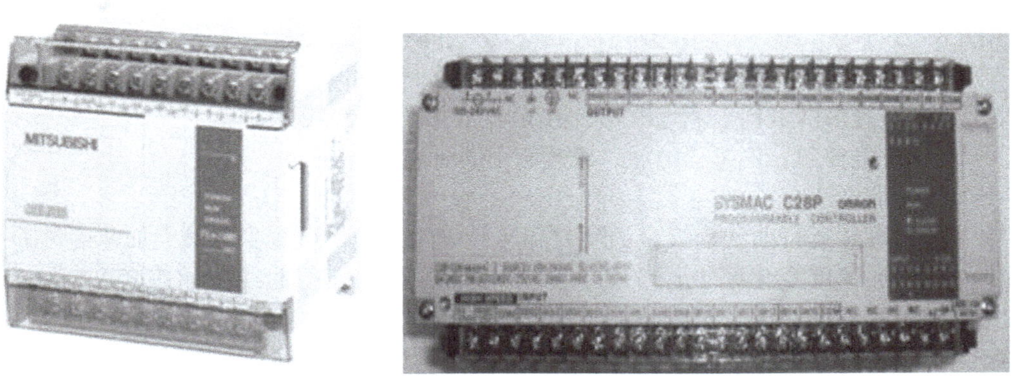

图 4-14　可编程序控制器（PLC）

2. 可编程序控制器的特点

1）可靠性高、抗干扰能力强。

2）控制系统构成简单、通用性强。

3）编程简单，使用、维护方便。

4）组合方便、功能强、应用范围广。

5）体积小、重量轻、功耗低。

3. PLC 电梯控制系统性能要求

（1）安全性　电梯是运送乘客的，即使是载货电梯，通常也有人伴随，因此对电梯的第一要求便是安全。电梯中设置有必要的安全措施，它们主要有：

1）超速保护装置。

2）轿厢超越上、下极限工作位置时切断控制电路的装置，交流电梯（除杂物电梯）还应有切断主电路电源的装置，直流电梯在井道上、下端站前应有强迫减速装置。

3）蹲底缓冲装置。

4）对三相交流电源，应设断相保护装置和相序保护装置。

5）应设置层门、轿门电气联锁装置。

6）电梯因中途停电或电气系统有故障不能运行时，应有轿厢慢速移动措施。

（2）可靠性　电梯的可靠性也很重要，如果一部电梯工作起来经常出故障，就会影响人们正常的生产、生活，给人们造成很大的不便。不可靠也是事故的隐患，是不安全的起因。要想提高电梯的可靠性，首先应提高构成电梯的各零部件的可靠性，只有每个零部件都是可靠的，整部电梯才可能是可靠的。

（3）乘坐舒适感　实际生活经验证明，在运动速度不变的情况下，速度值的大小对人们的器官基本上没有什么影响，这只是指人们沿地面或空中与地面平行的任意方向运动的情况而言的。高速的升降运动则有所不同。这是由于在升降运动中人体周围气压的迅速变化对人们的器官会产生影响。例如，耳膜会感到压力而“嗡嗡”响等。但是只要采取一定措施，这些影响是可以消除的。所以目前电梯的运行速度虽已高达 10m/s，但仍能使乘客无大的不适感。

（4）快速性　电梯作为一种交通工具，对于快速性的要求是必不可少的。快速可以节省时间，这对于生活在快节奏的现代社会中的乘客是很重要的。快速性主要通过以下方法得到：

1）提高电梯额定速度。

2）集中布置多台电梯，通过电梯台数的增加来节省乘客候梯时间。

3）可减少电梯起、停过程中加、减速所用的时间。

（5）停站准确性

（6）电梯理想运行曲线　大量的研究和实验表明，人体可接受的最大加速度（a_{max}）为 $1.5m/s^2$，最大加速度变化率（ρ_{max}）为 $3m/s^3$，电梯的理想运行曲线按加速度可划分为三角形、梯形和正弦波形。由于正弦波形加速度曲线实现较为困难，而三角形曲线最大加速度和在起、制动段转折点处的加速度变化率均大于梯形曲线，即由 ρ_{max} 跳变到 $-\rho_{max}$ 或由 $-\rho_{max}$ 跳变到 ρ_{max} 的加速度变化率，故很少采用，而梯形曲线容易实现且具有良好加速度变化率指标，故被广泛采用。

对于由变频器构成的电梯控制系统，当变频器接收到控制器发出的呼梯方向信号时，变频器会依据设定的速度及加速度值起动电动机，电动机达到最大速度后匀速运行，在轿厢到达目的层的减速点时，控制器发出切断高速度信号，变频器以设定的减速度将电动机从最大速度减至爬行速度，在轿厢减速运行过程中，变频器能够自动计算出减速点到平层点之间的距离，并计算出优化曲线，从而能够使电梯轿厢按优化曲线运行，使低速爬行时间缩短至 0.3s。在电梯的平层过程中，变频器通过调整平层速度或制动斜坡来调整平层精度，即当电梯停得太早时，变频器增大低速度值或减小制动斜坡值；反之，则减小低速度值或增大制动斜坡值。在电梯到距平层位置 4 ～ 10cm 时，由平层开关自动断开低速信号，系统按优化曲线实现高精度的平层，从而达到平层的准确可靠。其速度曲线如图 4-15 所示。

抛物线 – 直线综合速度曲线加速时间的起始阶段（t_a/n）和最末段（t_a/n）均为抛物线形速度曲线，而中间段（n–2）t_a/n 为直线形速度曲线；n 为起动时间系数。

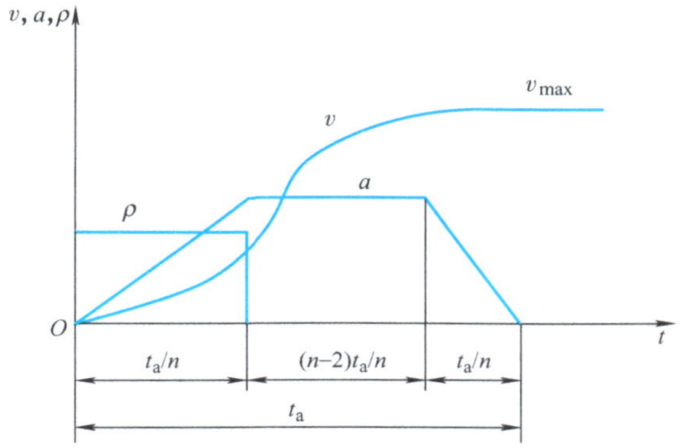

图 4-15 抛物线 – 直线综合速度曲线

任务实施

4.4 实训：电梯机房动车、吊装安装

任务实施目的

1. 了解曳引机在机房的安装、校正的过程。
2. 学习认识电路图及接线，熟悉曳引机的工作方式。
3. 了解曳引机的参数，从而掌握电梯控制系统的调试及电气故障排除方法。
4. 掌握慢车测试运行的调试方法。

任务实施设备

该教学装置模拟了真实电梯曳引机的动作，曳引机安装在曳引机底座上（模拟曳引机固定梁）。曳引机上方有手拉葫芦，用于吊起曳引机，旁边有控制箱（模拟在机房的控制系统）。此实训装置避免了真实电梯机房作业的危险性，具有一定的安全性，可多次循环使用，适用于初期电梯安装学习者使用。

电梯机房动车、吊装安装实训平台如图 4-16 所示。

图 4-16　电梯机房动车、吊装安装实训平台

任务实施工具（见表 4-1）

表 4-1　电梯机房动车、吊装安装实训工具列表

序号	名称	数量	型号或大小	备注
1	活扳手	1 把	10in	
2	线坠	1 个	黄色外皮的圆柱形线坠	
3	薄垫片	若干片	0.5 ～ 2mm 厚	
4	直角尺	1 把		垂直画线
5	保护手套	1 双 / 人		
6	安全鞋	1 双 / 人		
7	手拉葫芦	1 套	2t	有防脱落装置
可根据实际需要自行添加				

任务实施步骤

1. 曳引机的吊装定位、校正

（1）吊装定位

首先，检查曳引机底座水平误差均应在 1/1000 以下。

将曳引机用手拉葫芦吊起至底座上方（注意人员安全），通过人力稍微调整前后左右方向，使曳引机对准指定位置（注意曳引轮方向），缓慢拉动手拉葫芦致使曳引机继续下降，直到完全放到底座上，手拉葫芦对曳引机无力的作用（注意曳引轮方向）。

曳引机吊装

（2）校正

1）校正曳引轮的垂直度。在曳引轮的内侧放置一铅垂线，要求在曳引机无任何负荷的条件下上沿与下沿的垂直偏差小于 0.5mm，超差时可用增加垫片的方式调整。

2）在曳引轮的中心置一铅垂线，该铅垂线必须与曳引轮中心和节径交点重合。

3）曳引轮在水平面内的扭转不应超过 ±0.5mm。

4）在确认校正到位后，紧固所有紧固件，并再一次复查，确认无误。

2. 电梯大线及线槽布置

制动器的闸瓦应紧密贴合于制动轮的工作表面上；当松闸时，两侧闸瓦应同时离开制动轮表面，其间隙不大于 0.5mm。

根据曳引机的实际参数选用合适的导线，按照配备的相应电路图接线。具体按现场情况实施，符合相关标准即可。

3. 电动机参数自学习

（1）准备与检查　关掉电源开关，接着按下控制柜的急停按钮，然后将控制柜的检修开关打到检修位置，检查曳引机的接线。所有检查完成确认无误后，就可以合上电源总开关，复位控制柜急停按钮。

（2）参数记录　通过曳引机的铭牌记录下相关参数，例如，额定电压、额定电流、额定频率、转数、极数（需要计算 $p=2\times60f/n$）等。

（3）参数设定

1）同步机空载调谐。

- 进入检修状态。主板 X9 指示灯灭，表明进入检修状态。
- 确认：F0–01=0。空载调谐时 F0–01 必须为 0。
- 设置电动机类型：F1–25=1。F1–25 设置为 1：同步电动机。
- 设置主机参数：F1–00 ～ F1–05。① 从主机铭牌上获取额定功率、额定电压、额定电流、额定频率及额定转速五个参数；② 务必正确设置电动机参数，否则调谐会报故障。
- 设置编码器参数：F1–00、F1–12。① 根据编码器类型设置 F1–00（0：SIN/COS 型；1：UVVV 型；2：ABZ 型；3：Endat 型）；② 根据编码器铭牌标识设置 F1–12（编码器脉冲数）。
- F1–11=2。F1–11 设置为 2 后，按“Enter”键操作器会显示“TUNE”，提示进入电动机调谐状态。若显示 F1=12，则表明进入调谐状态失败：① 检查控制柜是否在检修状态；② 检查主板是否显示故障，需要清除故障；③ 检查 F1–01 是否为 0。
- 进行调谐：空载调谐状态下，需要人为打开抱闸。
  ① 手动打开抱闸；调谐完毕后，控制器自动停止输出。
  ② 按操作器上的“RUN”键启动调谐。
- 调谐完成。① 调谐成功后，主板将学到的编码器角度显示 3s；调谐失败时，主板显示“Err”。② 多次调谐，确认 F1–06 的误差值在 ±5° 以内。③ F1–08 大多数是 0 或 8，多次调谐 F1–08 不变。
- 恢复：F0–01=1。调谐完毕后，必须恢复 F0–01 为 1，否则曳引机无法运行。

同步机调谐注意事项：

■ 同步机调谐会学习主机初始磁极角度、编码器原点角度、电动机接线方式、D/Q 轴电感。

■ 调谐时，宜多次调谐（建议 3 次以上），比较每次调谐所得同步机编码器零点位置角（F1–06），误差应在 ±5° 以内。

■ 更换编码器、编码器线或电动机接线顺序后，以及更改电动机额定电流、额定频率、额定转速时，均需要重新对电动机进行调谐。

■ F1–06 的值可以进行手动修改，更改后立即生效。所以在更换主板时，可以不进行电动机调谐，手动输入原主板中的 F1–06 值，直接运行控制器即可。

2）异步机空载调谐。

■ 进入检修状态。主板 X9 指示灯灭，表明进入检修状态。

■ 确认：F0–01=0。空载调谐时 F0–01 必须为 0。

■ 设置电动机类型：F1–25=0。F1–25 设置为 0：异步电动机。

■ 设置主机参数：F1–01 ～ F1–05。① 从主机铭牌上获取额定功率、额定电压、额定电流、额定频率及额定转速五个参数。② 务必正确设置电动机参数，否则调谐会报故障。

■ 设置编码器参数：F1–00、F1–12。① 根据编码器类型设置 F1–00（0：SIN/COS 型；1：UVVV 型；2：ABZ 型；3：Endat 型）；② 根据编码器铭牌标识设置 F1–12（编码器脉冲数）。

■ F1–11=2。F1–11 设置为 2 后，按“Enter”键操作器会显示“TUNE”，提示进入电动机调谐状态。若显示 F1=12，则表明进入调谐状态失败：① 检查控制柜是否在检修状态；② 检查主板是否显示故障，需要清除故障；③ 检查 F1–01 是否为 0。

■ 进行调谐：① 手动打开抱闸；② 按操作器上的“RUN”键启动调谐。

■ 调谐完成。① 空载状态下，电动机会转动，需要人为打开抱闸，整个调谐过程将持续数十秒。② 调谐完成后，控制器自动停止输出。③ 调谐得到电动机参数 F1–14 ～ F1–18 五个参数值。

■ 恢复：F0–01=1。调谐完毕后，必须恢复 F0–01 为 1，否则曳引机无法运行。

异步机调谐注意事项：

异步机调谐对编码器 A、B 相的顺序有要求，如果顺序接反，电动机调谐会报“Err38”故障，此时可尝试调换编码器 A、B 相序。

4. 慢车测试运行

（1）慢车测试运行涉及的相关参数见表 4-2。

表 4-2 慢车测试运行涉及的相关参数

相关参数	参数描述	说明	默认值
F2-10	运行方向选择	0：方向相同 1：方向取反	0
F3-11	检修运行速度	0.100 ～ 0.630m/s	0.250m/s

（2）慢车测试运行流畅

1）确认电动机运转方向正确。

调谐完成后，检修试运行，查看电动机实际运行方向与指令方向是否一致，若不一致，应通过参数 F2-10 更改。

2）确认电动机运行电流正常。

检查运行，电动机空载运转时电流要小于电动机额定电流很多；因无法通过带载进行调试，则需进行以下步骤，防止带载时出现多次调谐后编码器角度值相差不大，但带载恒速运行电流仍然大于电动机额定电流，就需要进行以下步骤：

检查抱闸是否完全打开。

检查电梯平衡系数是否正常。

检查轿厢或对重导靴是否过紧。

3）在实际中还需要注意几个问题：

轿顶的检修是否有效。

井道是否畅通。

端站极限开关是否有效。

知识拓展 智能电梯控制系统发展趋势

电梯的拖动控制系统经历了从简单到复杂的过程，现代电梯主要由曳引机（绞车）、导轨、对重装置、安全装置（如限速器、安全钳和缓冲器等）、信号操纵系统、轿厢与层门等组成。智能电梯专供电梯轿箱内管制人员出入特定楼层，管制持卡人员出入特定允许楼层，以防止随意出入各楼层而造成安全隐患。

智能电梯具有区段式增加、删除、查询卡号及楼层设定；操作模式，单层卡持有人刷卡直达，无需再按键，多层卡用户刷卡后须再按卡片内记录的权限按键抵达；可选配密码键盘，实现忘带卡时输密码坐电梯；具有时间区管制，实现系统在某段时间内开放，某段时间内受控，使电梯按规定自动运行；该系统与电梯本身系统采用无源触点连接，两者完全隔离，不会对电梯原有性能产生任何影响；产品自带自检装置，当系统发生故障或者遭破坏时可送出信号，并会自动从原系统中脱离，恢复电梯原状态，不影响电梯的使用。

智能电梯具有消防信号输入接口，当无源的干接点消防开关信号启动后，IC 卡电梯系统不工作，电梯恢复到原状态；使用低功率的 CMOS 微型计算机，断电时人员储存资料可保存 10 年；含高级接待卡功能；脱机或者联网状态系统会自动记录每次成功刷卡使用电梯的相关信息（包括使用者卡号、使用时间、所使用的电梯代号、所到达的楼层以及交易情况等），以进行统计、打印、存档、查询等。其主要功能包括以下几方面：

1. 智能电梯呼梯控制系统

通过控制电梯每层的呼叫按键，只有持有管理中心授权的 IC 卡并刷卡后方能将电梯呼叫到本层，其他持有未经授权的 IC 卡或无卡人员无法呼叫电梯。这种方式相对简单，电梯内的楼层按键不受控制，进入电梯后可以选择去任何一个楼层。

2. IC 卡电梯楼层控制系统

系统安装在轿箱内，控制电梯轿箱内的楼层按键，无合法的 IC 卡（即未经授权的人员）无法选择被控制的楼层按键。这种控制方法可以有效地控制未经授权人员在建筑物内随意流串，但对于持有已经授权 IC 卡的人员在楼内流动不设任何限制。因此，这种型号的电梯控制系统适合于主要控制和限制外来人员使用电梯的场所。

项目1 项目2 项目3 项目4 项目5 项目6 项目7 附录

3. 智能电梯楼层控制系统

系统安装在轿箱内，控制电梯轿箱内的楼层按键，无合法的 IC 卡（即未经授权的人员）无法选择被控制的楼层按键。持有合法 IC 卡（被授权人员）也只能选择被授权的楼层按键，其他楼层按键无效。这种控制方法功能更强大，管理更方便，也更实用，特别是对于一些小区或高档写字楼或办公楼的电梯智能控制，不仅可以控制外来人员的乘梯问题，对于本大厦 / 楼内部人员的走动也可以根据需要合理设置和管理。

4. 智能电梯门禁控制系统

该系统也称为电梯智能控制外呼控制系统，刷卡电梯门开放，乘客进入，进入后正常操作电梯。

5. 智能电梯对讲联动控制系统

在 IC 卡电梯楼层控制系统的基础上，为了有效解决访客乘梯的问题，增加了与楼宇对讲系统的联动功能。访客通过对讲主机呼叫业主，业主通过对讲分机确认访客身份后开启单元门，同时对讲系统送给 IC 卡电梯控制系统相应的楼层信号；IC 卡电梯控制系统根据接收到的楼层信号开放电梯相应楼层的按钮，这样访客进入电梯后即可选择业主所在楼层的电梯选层按键并到达业主所在楼层，其他楼层无法到达。

在楼层控制系统及对讲联动系统的基础上，具体项目的方案设计可以增加一些扩展功能：如刷卡直达功能、收费功能、密码功能、超级接待卡功能等，从而可以解决并完善访客乘梯、操作方便、收费管理等方面的问题。

项目 5
电梯的安装与维修

项目导入 高温下的“电梯医生”

高温之下，电梯故障时有发生。为了保障电梯的安全运行，有这样一群坚守者，每天都要背着近 30 斤的工具包从底楼爬到楼顶机房，再钻进电梯井道为电梯做体检，在闷热的井道里常常一待就是两三个小时。他们就是“电梯医生”—— 一个必须 24h“在线”的职业。

每部电梯的保养含清洁、润滑、检查、调整、更换配件等步骤。首先是要在机房进行检查，相对于电梯井道，机房的空间相对宽敞，但机房往往位于顶楼，在阳光的暴晒下，机房的温度常常接近 45℃。“物业在机房安装了排风系统，夏季高温机房里的机器耐不了高温，易造成零部件损坏。”王伟看了看放在机房内的温度计，指针显示室内温度为 40℃。除尘、测试、调整等一系列步骤之后，郑张永和王伟二人便到了电梯井道里，一打开电梯门，热浪就涌了出来，温度计显示井道内温度达 43℃。王伟架起照明灯开始仔细检查各个零部件，郑张永则用毛巾擦拭器械上的灰尘：“清洁这一步非常重要，要是井道内灰尘渣滓多，电梯故障率就会升高。”爬高楼、进机房、钻井道、蹲地坑，入行时曾想放弃，但想着大家的用梯安全和方便，自己还是咬咬牙坚持下来了。王伟用沾满灰尘的清洁布擦了擦黑黝黝的脸，不到一个小时，电梯井道里的他，衣服已经全身湿透了，他笑笑说：“就当每天免费蒸桑拿了。”

根据国家规定，电梯每 15 天需要维保一次，一般电梯维保人员两人为一组负责社区内电梯的维护保养工作，郑张永和王伟等三人共同负责 45 部电梯的维修，一年需要维护 1080 余次，平均下来，他们每天需要维保 3 ~ 4 部电梯，一天除了吃饭，几乎没有时间休息，衣服持续被汗水浸润。电梯井道里面不光是热，空气里夹杂着灰尘和机油的浓重味道，让人有一种窒息的感觉。电梯轿厢顶部周边除了防护栏没有其他安全防护措施，日常检查和保养常常需要电梯在运行状态下进行，高速旋转的部件和带电的控制系统需要维护人员极高的专业技巧和耐心，稍有不慎就可能发生意外。

“住户对电梯的安全性要求很高，电梯属于精密设备，只要有一个地方没有复位，电梯的运行就会受阻。”郑张永一边介绍一边熟练地拧动着螺钉。轿门锁、钢丝绳、安全钳、轴承、电梯按钮等每一个设备和元件都是他们维保的对象。高温天气下，电梯井道里的温度最高时能超过 50℃，即使冬天也不好受。“井道就像一个大烟囱，夏天闷热，冬天阴冷，坑底阴暗潮湿，冬天接触这冷冰冰的铁索，那滋味也不好受。”王伟说，“也有想过要换份工作，但20多年了都是从事这门行业，活苦活累，总得有人做。”

思政案例 “电气维修之神”张辉

他巧妙地修改细纱机PLC程序，使吹吸风电机自动间歇和运转，既满足生产需要又达到了节能目的；他将进口设备异纤机给棉电机直流控制系统进行交流变频系统国产化改造，大大降低了故障率和维护成本；在车间精梳打包机滤尘，清花、预混滤尘共7套滤尘机组改造电气线路，加装主风机变频器，降低运行频率，年可节约电费35.4万元……

他就是石家庄常山恒新纺织有限公司电气车间主任、高级技师张辉，他是企业“张辉创新工作室”的带头人，拥有全国纺织工业劳动模范、河北省劳动模范、河北省能工巧匠等多项荣誉，但熟悉他的人都叫他“低调的张大拿！”

1994年，张辉从石家庄纺织技校毕业后，被分配到当时的石家庄国棉五厂从事维修电工。“那会儿比较有体力，跟师傅学活儿的时候让干啥干啥，所以我对一些电气知识只是一知半解，就是个‘二把刀’。”回想当初，张辉笑言。

2005年，张辉调到恒新纺织有限公司电气车间当电工。初来乍到，败在“洋设备”手下的张辉恨自己学业不精，也暗下决心：“一定要把业务水平提高上来！”他在工作中不断学习，通过社会考试分别取得了维修电工技师和高级技师职业资格，还考上夜大，系统学习电子电工专业知识，取得了机电工程师职称证书。随着工作经验的不断积累，他也成功变身为电工班里的维修能手。

一次，进口设备特吕茨勒清花机“罢工”了，经检查发现是一个机台上的直流喂棉机坏了。如按照惯例是需要等进口配件，可时间太久会影响生产。张辉决定试一试将这个“洋家伙”的替代品研究出来。经过反反复复地比对各种电机参数，张辉最后选了一个交流减速电机，又千辛万苦地给电机配上了一个变频器。机器正常转动了起来，现场的干部职工高兴地鼓起掌来。“第一次大的改造，让我挺有成就感，一想到自己开动一下脑筋、跑跑腿，就为企业节约了2万多元成本，这样的改造经验一定要好好积累。”张辉兴奋地说。自此，他不断给进口设备“动手术”，给多个进口设备安上“中国件”。

为了更好地发挥“传帮带”作用，企业赋予张辉新的使命——建立“张辉创新工作室”，张辉作为主持人，每周坚持对车间员工进行培训，并将理论应用于实践。仅仅5年，该工作室累计提出并实施合理化建议240条，取得实用新型专利3项，通过设备电气技改和配件国产化替代，累计节约电费和电气配件费用450万元。

学习、奋斗“一直在路上”。张辉将创新工作室2019年的主要工作列了十余项，包括使用国产减速电机改造替代损坏的瑞士立达清花多仓角钉帘电机，节约购买进口减速电机费用3.5万元；五万锭车间立达C51梳棉机纺纯黑棉条，原装断条光电无法检测，利用现有备筒光电替代，改造电气线路，满足特殊品种需要；对特吕茨勒TC03梳棉机棉箱打手电机和刺辊电机加装变频器降速，满足品种需要……基本都是通过技改为企业节能、增效的项目。

张辉不善言谈，为人低调，工作起来却像“拼命三郎”。正是凭着勤奋和执着，他从一名“二把刀”电工成长为行业里赫赫有名的“电气维修之神”，也深深感染和带动着身边更多职工，更是我们学习的楷模。张辉热爱自己的工作岗位，热爱本职工作，敬业是夯实人生之基，只有爱岗敬业的人，才会在自己的工作岗位上勤勤恳恳，不断地钻研学习，一丝不苟，精益求精，才有可能为社会为国家做出崇高而伟大的贡献。张辉的事迹说明：古之立大事者，不唯有超世之才，亦必有坚韧不拔之志。

学习目标 掌握电梯安装与维修的标准和一般方法

- 掌握现场施工能力及电梯规范等知识。
- 具备电梯机械和电气识图能力。
- 熟悉电梯安装检验规范及国家标准、电梯的年检、质量检验及相关报告。
- 能熟练使用电梯常用电工仪器仪表、电工工具、简单起重工具等。
- 能解决电梯安装与维修过程中的一般技术问题，具有实施施工和进行质量评估的能力。
- 了解曳引机的拆装及调整方法。
- 掌握开关门机构的调整方法及工作原理。
- 掌握层门、轿门的拆装工艺及调整要领、开关门机构的构造及层门、轿门的调整与检修。
- 掌握电梯限速器、安全钳的技术参数、检修及调整。
- 掌握电梯更换部件的基本要求及安全注意事项。
- 掌握电梯常见故障的根源分析及解决方法。
- 掌握电梯维修安全与技术要点。

知识准备

5.1 电梯安装工艺与流程

一、施工现场的检查

1）检查井道、机房是否符合安装电梯的各项规定（不应存在与电梯无关的设备，机房不可以当通道使用，通往机房的道路应畅通无阻，井道和机房的结构应是隔火的）。

2）井道内的净平面尺寸、垂直度、井道留孔等，如发现不符合要求的，以书面形式通知甲方整改。井道内是否有障碍物及积水需要清除，必须要加装护栏，如图 5-1 所示。

图 5-1 电梯井道

3）检查堆放较大电梯零部件的堆货场，堆货场地应保持干燥，有防雨水、防气候影响等保护措施，如图 5-2 所示。

图 5-2　电梯主要发运部件

二、人员的组织与施工计划制定

1）电梯安装小组一般由 3 ～ 4 个人组成，其中，需要有熟练的机械安装钳工和电工分别负责安装及调试。同时，也要配备一定数量的焊工、起重工等相关人员，人员组织好后编制施工进度表。

2）电梯施工进度表。施工进度表通常是按机械和电气两部分内容同时进行的原则来安排，如图 5-3 所示。

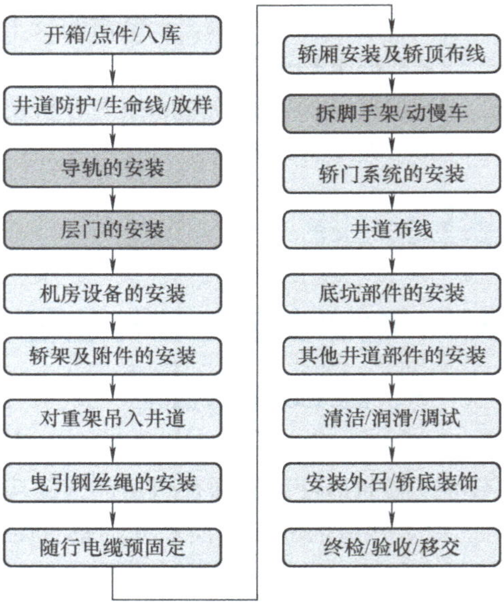

图 5-3　电梯施工进度表

3）工具的准备。选择合理的工具及各种合适的专用工具，以便工作。选择前做一次严格检查，将坏掉的剔除，换上合格的工具，确保施工安全及工程质量。所有工具应妥善保管。

4）人员上岗前进行必须的安全培训。

三、电梯配件清单检查

安装负责人开启电梯包装箱，根据装箱单位及有关资料核对所有零部件，了解该电梯的类型及控制方式，如散装提货，在提货时应根据技术资料核对验收。

四、劳保用品的准备

安装人员必须遵守安全作业守则，牢记“安全第一”。作业时，必须戴安全帽，系安全带，穿安全鞋，戴手套，带电作业必须两个人以上配合进行。劳保用品要充足，以便有损坏时及时更换。

5.2　电梯的机械安装

一、架设脚手架

1）架设脚手架前必须对井道进行一次全面的清理，从机房开始逐层向下进行，直至最后将底坑内所有杂物全面清除。如图 5-4 所示。

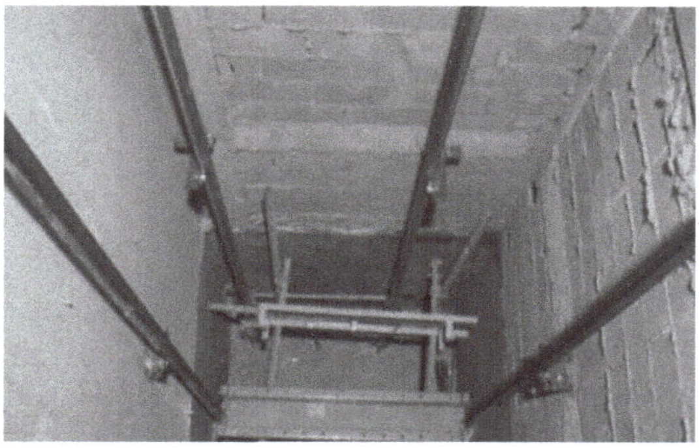

图 5-4 脚手架安装

制作样板

架设脚手架总的要求：

① 避开各挂线点。

② 不妨碍托架、导轨、厅门等的安装和电气线路的排列。

③ 脚手架安全稳固，承载能力不得小于 250kg/m²。

④ 脚手架的搭设不得妨碍样线和导轨的安装。

2）一般载重量 3t 以下的电梯可采用单井式，3t 以上电梯可采用双井字式。四根直档受力在底坑平面上，横档每档交替有一根和井道壁支撑，以避免脚手架摇晃。在脚手架任意一面两横档之间增一横梁供攀登用，搭至最高楼面以下约 400mm 应做齐平处理，然后继续向上架设，这样为以后安装轿厢提供了方便。脚手架架设完毕后，应做全面细致的检查后才能使用。脚手架材料采用直径 48 ～ 51mm 钢管，用建筑扣件联结。横档之间的间距应小于 1200mm，在每层门口处的脚手架应按图架设。如图 5-5 所示。

3）井道、机房安装施工照明

① 采用 36V 安全电压。

② 每台电梯井道单独供电，在底层井道入口处设开关。

③ 井道内应有足够亮度，根据需要在适当位置设插座。

④ 顶层和底坑各设两盏或两盏以上的电灯照明。

⑤ 电梯所需动力电源应送到机房内和工地的加工场地，保证施工作业。

图 5-5 电梯井道安装

二、样板架制作和架设及基准线挂设

1）根据电梯布置的轿厢外形尺寸，用不易变形的干木料。木质样板应选用无节干燥、韧性强、不变形的木材，必须光滑平直。见表 5-1。

表 5-1 电梯样板架尺寸表

提升高度 /m	厚度 /mm	宽度 /mm
≤ 20	40	80
20 ～ 60	50	100
>60	60	100

注：表中尺寸为加工后净尺寸。

提升高度超高木条厚度应相应增大或用角刚制作。

① 加工后横断面不小于 100mm × 100mm 的方木。方

木做托架，用 M16 膨胀螺栓或 M16 的钢筋将托架固定，水平度用薄铁皮调正，用钉子将样板架固定在托架上，用 8# 号钢丝做样线。

② 木质样板架在制作时要确定电梯的主轨间距、副轨间距及门宽三者的距离。

门样线位置到中心线长度为 1/2 门宽。

主副轨样线到中心线长度为主副轨间距 1/2 减 3mm。

主副轨支架样线位置到中心线长度为 1/2 的主副轨间距加导轨高度再减 3mm。

③ 搭设样板架。

在井道顶端下面 1.2m 左右处用膨胀螺栓或钢筋将角钢或者是托木水平固定在井道壁上。

若井道壁为砖墙，应在井道顶端下 1.1m 左右处沿水平方向剔洞，稳放样板木支架，并且端部固定。

样板架上各尺寸允许误差为 ±0.3mm，并严格检查，不得有扭曲现象。

2）测量井道，确定标准线，由机房放样线 10 根，如图 5-6 所示。

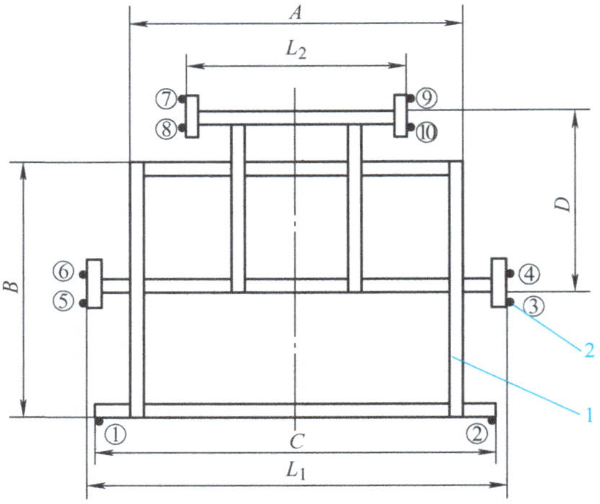

对甩式电梯样板架

图 5-6　电梯样板架示例图

1—木条　2—吊线位置

三、导轨支架和导轨安装

1. 支架埋入孔的要求

导轨与支架的安装对整个电梯运行质量的好坏是一个重要环节。

在样板架的工作线放下后，首先应检查井道壁，预留孔或预埋铁的位置及大小尺寸是否与土建要求相符。支架埋入孔的要求：

1）每根导轨至少设有两个导轨支架，其间距不大于 2.5m。

2）留孔大小尺寸要符合内大外小要求。

安装导轨及厅门

2. 导轨支架的安装

用膨胀螺栓固定导轨支架，对于混凝土电梯井壁，没有预埋铁的情况下多使用膨胀螺栓直接固定导轨支架的方法。使用的膨胀螺栓的规格要符合电梯厂图样要求，若厂家没有要求，膨胀螺栓的规格不得小于 M16mm。

支架应错开导轨接头 200mm 以上，支架应安装水平，其水平度不大于 1.5%。

每根导轨应保证至少有两个支架支撑。导轨支架稳固后，不能碰撞，常温下经过 6 ~ 7 天的养护，达到规定强度后才能安装导轨。如图 5-7 所示。

3. 导轨的安装

在安装前对导轨进行检验，看有无外伤、弯曲变形等现象，然后将导轨用汽油或煤油

图 5-7　导轨支架安装

逐一擦拭干净。如图 5-8 所示。

1）对有外伤或变形的地方应予以修复。

① 每根导轨至少应有两个支架，两支架间距不得大于 2.5m。

② 导轨公母头上面的杂物，应进行认真的清理。

③ 导轨架距导轨连接板不小于 200mm。

④ 距顶层楼板不大于 0.5m 处应安装一支架。

⑤ 导轨下端应支撑在地面坚固的导轨座上。

先将导轨固定在导轨支架上，用压导板固定，螺栓用手上紧，以方便校正。

⑥ 悬挂铅垂线，在每列导轨距中心端 5mm 处悬挂一铅垂线。

⑦ 用卡板校正，先用粗卡校正，分别自下而上地粗校导轨，校导轨的 3 工作面与导轨铅垂线之间的偏差。

图 5-8　导轨安装

2）经粗校调整后的导轨，还需要用精校卡尺对两列导轨的间距、垂直度、偏扭度进行检测和调整。

① 两列导轨端面上的间距偏差：轿厢导轨为 ±2mm，对重导轨为 ±3mm。

② 每列导轨工作面（包括侧面、顶面）的安装基准线，每 5m 偏差为 0.6mm。

③ 导轨接头处缝隙应不大于 0.5mm。

④ 用 300mm 钢板尺靠在导轨表面，用塞尺检测导轨接头处的台阶不应大于 0.05mm。超过应修平，修光长度为 150mm 以上，修光后的凸出量不大于 0.02mm。

导轨应用压板固定在导轨架上，不能用焊接或螺栓直接连接。

四、层门的安装

1. 电梯层门的安装要求及工艺

层门的安装步骤如图 5-9 所示。

（1）设备、材料及要求

1）层门部件应与图样相符，数量齐全。

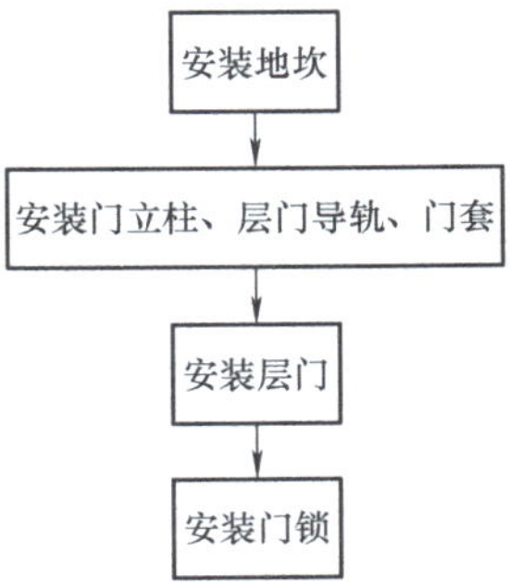

图 5-9　层门的安装步骤

电梯层轿门安装及联动

2）地坎、门滑道、层门门扇无变形、损坏，其他部件应完好无损、安全牢固。

（2）作业条件

1）各层脚手架横杆位置不应妨碍稳装地坎以及层门的安装。

2）各层层门口及脚手板上干净，无杂物，防护门安全可靠。

2. 层门地坎的安装

1）根据电梯安装布置图，并按木制样板架以悬挂的铅垂线为依据，确定层门门口位置及开门方向，将悬挂的铅垂线准确地稳固于底坑后，以轿厢导轨为基准，确定地坎的前后位置并定出地坎的中心位置。

2）取出牛腿中预埋的木块，校正位置后放地坎下脚，然后用水泥埋设地坎，铝合金型材门地坎不设下脚。在埋设时应将水泥埋入地坎底部转角处。

3）校正地坎的水平度不大于 2‰，地坎上平面的高度应高于楼面 2 ～ 5mm。并将地坎前的楼面抹成 1 ： 50 的斜坡，保养 3 天后再进行下道工序。

4）层门地坎至轿门地坎水平距离偏差为 +3mm。

3. 层门门框的安装

层门门框的安装如图 5-10 所示。

图 5-10　层门门框安装

1）在井道壁预留孔中按规定位置埋设地脚螺栓，保养后固定门框左右直档装上上坎架，层门门框应横平竖直，其垂直度和水平度均不超过 1%，上坎架的上坎中心与地坎滑槽的中心应保持位置正确。

2）挂上层门门扇，重复校正各部分位置，调正门滑轮和门导靴，使得层门在用手推动时不产生跳动、抖动、噪声和冲击等现象。双折式层门在开门后应相互重叠，两门扇之间的间隙上下一致，保证净门的尺寸；中分式层门关门时应在门口中心线处闭合，不得偏移，左右门扇应在垂直平面上，关门时应合缝，开启后也应保证开门宽度和尺寸。

① 层门门扇与门扇、门套与门扇、门扇下端与地坎的间隙，乘客电梯为 1 ～ 6mm，载货电梯为 1 ～ 3mm。

② 在关门行程 1/3 以后，阻止关门的力不超过 150N。

③ 各扇单门装好后，拉动的力应小于 300gf，且各门基本拉力相同。

3）调正层门间隙。

① 层门装好，门的滚轮及其相对运动部件运动时应无卡阻现象。

② 开门刀与层门地坎、门锁滚轮与轿厢地坎的间隙，应保证在 5 ～ 10mm 内。

③ 层门与导轨底端面间隙为 0.5mm。

④ 门扇下端距地坎间隙不大于 6mm，门垂直度误差不大于 0.5mm。

4）门锁的安装。

① 根据轿门上开门刀片的中心，放一根铅垂线到底坑并稳固，然后沿铅垂线确定门锁两只胶轮的中心。

② 当各层站的层门和门锁初步装好并调整后，将井道内的脚手架拆除，清理杂物，检查是否有影响电梯上下慢速试车运行的障碍物。

③ 慢速试车时，逐层对层门门锁位置进行精确调整，再加以紧固。

④ 各门锁的位置应在同一直线上，并保证层门关闭后在层门外不能用手扒开。

⑤ 安装层门钥匙，保证层门从外面能借助钥匙开启。

⑥ 安装层门机械电气联锁行程开关，应保证动作灵活可靠。

5）层门锁、层门的安装标准如下：

① 门扇与门套之间的的间隙为 ±1mm。

② 门扇下端与门坎上平面间隙为 5mm±1mm。

③ 两扇门全闭合时，门的间隙为 2mm 以内。

④ 门地坎中心与两扇门全关闭时的中心位置间隙为 1mm 以下。

⑤ 两扇门全关闭时，在水平方向的倾斜度差距为 0.5mm 以下。

⑥ 各层门门锁滚轮与轿厢地坎之间的间隙为 5 ～ 10mm。

⑦ 调整开门刀片与各层层门地坎，使之保持在 5 ～ 10mm 的间隙。

⑧ 开门刀片两侧与门锁开锁滚轮间隙为 3mm。

⑨ 门锁在闭合时，应灵活轻巧，不能有太大的撞击声。

6）层门。

层门必须是无孔的，当门关闭后，门扇之间或门扇与立柱、门楣和地坎之间的间隙应尽可能小。对于客梯，层门、轿门的门扇之间，门扇与门套之间，门套与地坎之间的间隙不得大于 6mm；货梯不得大于 8mm。在水平滑动门开启方向以 150N 的力施加在最不利点上时，间隙应不大于 30mm。层门、轿门运行不应卡阻、脱轨或在行程终端时错位。轿门与闭合后的层门之间的水平距离，或各门之间在其整个正常操作期间的通行距离，不得大于 0.12m。如图 5-11 所示。

图 5-11　层门安装

井道内表面与轿厢地坎、轿门或门框的水平距离不大于 0.15m。下列情况允许水平距离为 0.2m：

① 在井道内表面局部一段距离不大于 0.5m 的范围内。

② 带有滑动门的载货液压电梯和非商业用汽车液压电梯；轿门装有机械门锁且只能在开锁区内打开的则可除外。

③ 层门的净高度不得小于 2m，并且层门净进

口宽度比轿厢净入口宽度在任何一侧的超出部分均不应大于 50mm。

五、承重梁和曳引机的安装

1. 承重梁的安装

机房承重梁担负着电梯传动部分的全部动负荷和静负荷，因此要可靠架设在坚固的墙或横梁上。

1）曳引机承重梁安装前要除锈并刷防锈漆，交工前再刷一层与机器颜色一致的装饰漆。

2）根据样板架和曳引机安装图在机房画出承重钢梁位置。

3）安装曳引机承重钢梁，其两端必须放于井道承重墙或承重梁上，如需埋入承重墙内，则埋入墙内的厚度应超过墙厚中心 20mm，且不应小于 75mm，在曳引机承重钢梁与承重墙（或梁）之间，垫一块面积大于钢梁接触面、厚度不小于 16mm 的钢板，并找平垫实，如果机房楼板是承重楼板，承重钢梁或配套曳引机可直接安装在混凝土机墩上。

4）设备与钢梁连接使用螺栓时，必须按钢梁规格在钢梁翼下配以合适偏斜垫圈。钢梁上开孔必须圆整，稍大于螺栓外径，为保证孔规矩，不允许使用汽焊割圆孔或长孔，应用磁力电钻钻孔。如图 5-12 所示。

承重梁两端埋入墙内的深度必须超过墙厚中心 20mm，且不小于 75mm，承重梁应安装水平，每根承重梁的上面水平度应小于 0.5‰，相邻之间的高度允许误差为 0.5mm 以内，承重梁相互平行度允许误差为 6mm。

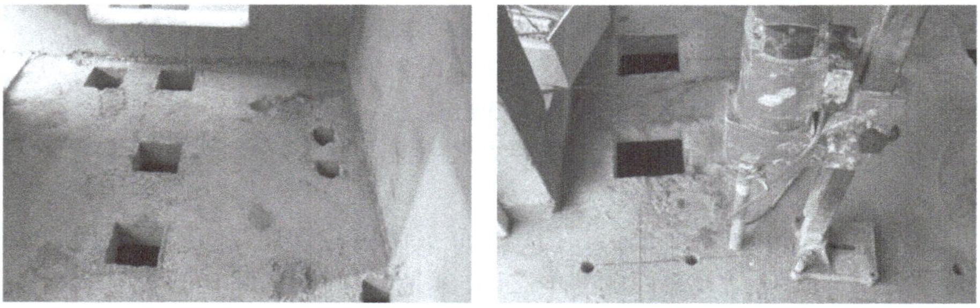

图 5-12　承重梁安装

2. 导向轮的安装

在机房楼板或承重梁上对准井道顶端样板架上的对重中心和轿厢中心各放一铅垂线，在导向轮两个侧面根据导向轮宽度另放两根辅助铅垂线，在同一平面内使两辅助铅垂线连接与两中心连线垂直，用以校正导向轮水平方向偏摆。

导向轮和曳引轮的平行度允许误差为不大于 ±1mm。

导向轮的垂直度不大于 0.5mm。

导向轮安装位置误差在前后方向为 ±0.5mm，在左右方向为 1mm。如图 5-13 所示。

图 5-13　导向轮安装

3. 曳引机的安装

曳引机的安装正确与否直接影响到电梯的工作质量，安装时必须严格把关。承重梁在机房楼板上的安装。借用机房内顶上的预埋铁或铁环，把吊葫芦挂上去，然后把曳引机吊起，放在承重梁上的准确位置。

对于曳引机和导向轮安装位置的确定，首先要确定曳引轮和导向轮的拉力作用中心点，需根据引向轿厢或对重的绳槽而定。

若导向轮及曳引机已由制造厂家组装在同一底座上，确定安装位置则极为方便，在电梯出厂时，轿厢与对重中心距已完全确定，只要移动底座使曳引机作用中心点吊下的垂线对准轿厢（或轿轮）中心点，使导向轮作用中心点吊下的垂线对准对重（或对重轮）中心点，这项即已完成。然后将底座固定。

若曳引机与导向轮需在工地安装成套时，曳引机与导向轮的安装定位需要同时进行，其方法是：在曳引机及导向轮位置，使曳引轮作用中心点吊下的线对准轿厢（或轿轮）中心点，使导向轮作用中心点吊下的垂线对准对重（或对重轮）中心点，并且始终保持不变，然后水平转动曳引机及导向轮，使两个轮平行，且相距绳槽距 /2，并进行固定。

曳引机与承重梁之间有减振装置，减振装置由上、下两块与曳引机底盘尺寸相等、厚度为 16 ～ 20mm 的减振橡胶垫构成，为防止位移，应设置压板和挡板。曳引机座采用防振胶垫时，在其未挂曳引绳时，曳引轮外端面应向内倾向，倾斜值视曳引机轮直径及载重量而定，一般为 +1mm，待曳引轮挂绳承重后，再检测曳引机水平度和曳引轮垂直度，应满足标准要求。曳引机底盘的钢板与承重梁用螺栓连接或焊接成一体。如图 5-14 所示。

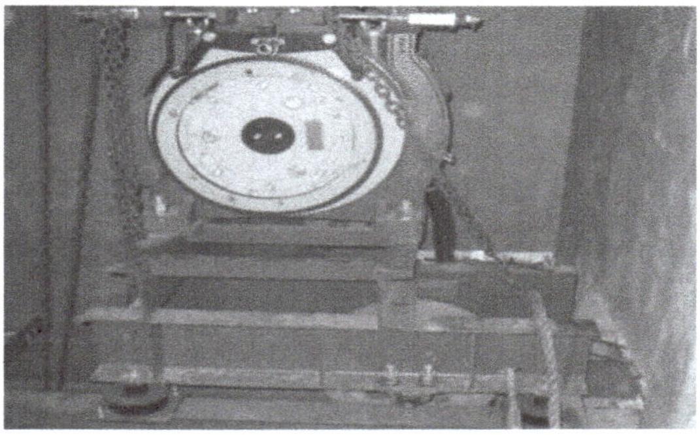

图 5-14　曳引机安装

曳引机安装位置的校正：校正前，需在曳引机上方拉一根水平线，而且从该水平线悬挂下放两根铅垂线，并分别对准井道上样板架标出的轿厢中心点和对重装置中心点。再根据曳引轮的节圆直径在水平线上再悬挂放下另一根铅垂线，根据轿厢中心铅垂线与曳引机的节圆直径铅垂线去调整曳引机的安装位置，应达到：

1）曳引轮位置偏差，前、后（向着对重）方向不应超过 ± 2mm。

2）曳引轮的轴向水平度，从曳引轮缘上边放一根铅垂线，与下边轮缘的最大间隙应小于 0.5mm。

3）曳引轮与导向轮或复绕轮的平行度，不大于 ± 1mm。

4）曳引机安装好后，要求在靠惯性轮位置的电动机端盖上用红色油漆作标记，指示电梯的运行与方向，“上”与“下”。

六、轿厢系统的安装

轿厢是电梯的主要部件之一，一般轿厢的体积比较大，制造厂把全部机件完成之后，经合装检查再拆成零件进行表面装潢处理，然后以零件的形式包装发货，因此轿厢的组装工作比较麻烦。轿厢是乘用人员的可见部件，装潢比较讲究，组装时必须避免磕碰划伤。

轿厢的组装工作一般多在上端站进行，因为上端站最靠近机房，组装过程中便于起吊部件、核对尺寸、与机房联系等。由于轿厢组装后位于井道的最上端，因此通过曳引钢丝绳和轿厢连接在一起的对重装置在组装时，就可以在井道底坑进行。这对于轿厢和对重装置组装和挂曳引钢丝绳，通电试运行前对电气部分作检查和预调试，检查和预调试后的试运行等都是比较方便和安全的。其安装流程如图 5-15 所示。

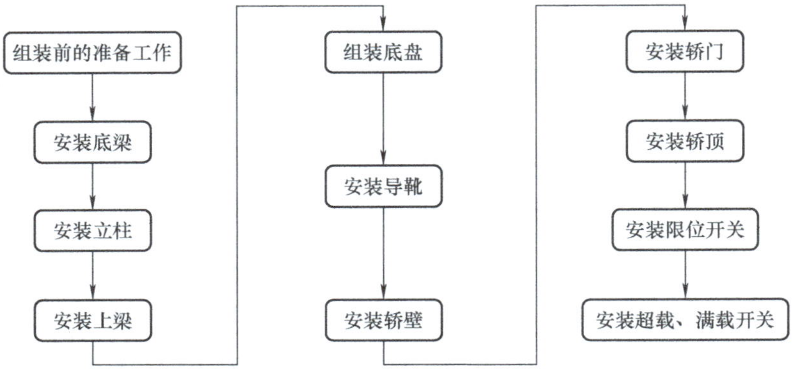

图 5-15　轿厢的安装流程

将脚手架拆至顶层楼面以下约 400mm 处，在门口对面的井道壁上平行地凿两个孔洞，大小约为 250mm × 250mm，其宽度（两孔洞之间的距离）与层门口的宽度一致，用截面不小于 200mm × 200mm 的方木或 20 号槽钢做支撑梁，将一端伸入孔内，另一段架于楼面上，校正水平后加以固定。如图 5-16 所示。

图 5-16　轿厢支架

在机房露面上垫上方木，搁一段直径大于 50mm 的圆钢，通过机房预留孔悬挂不小于 3t 的电动或手动葫芦一只，用于吊装。在进入井道内进行轿厢拼装前需要穿戴好安全帽、安全带、防滑鞋，在机房内固定一条安全绳索，绳索下放入井道，在进入井道内进行拼装轿厢等作业时，需要把安全带的吊钩固定在安全绳索上面。

1. 轿厢的安装

1）将轿架下梁平放在支撑横梁上，校正下梁上平面的水平度，应不超过 2‰，上好安全钳座和缓冲板，导轨顶面和安全钳座之间的间隙应均匀，此时应稳固下梁，防止移动。

2）将轿厢底板吊在下梁上，如需拼接应在此时进行，在支承横梁和底板之间加调整片，调整底板的水平度，应不超过 3‰，用螺栓连接底板和下梁。

3）竖起两侧直梁，将其与下梁和底板连接紧固，调整直梁在其最高点处测量的垂直度偏移量不超过 1.5mm。

4）吊起上梁，将其与两侧直梁用螺栓连接紧固（M16），再次校正直梁的垂直度，不允许有扭弯力矩。

2. 导靴的安装

导靴有滚动和滑动两种，滑动导靴又分为弹簧式和固定式两种。高速电梯多采用滚动导靴；快速或低速电梯采用弹簧式滑动导靴，或采用固定式无簧导靴。

1）将导靴在上下梁连接紧固，应吻合良好，不偏斜、不产生切割导轨的现象。

2）无论轿厢导靴和对重导靴，上下四只导靴应位于同一垂直平面上。

3）调整有簧导靴压力使其均匀，无簧导靴与导轨端面之间的间隙应均匀且左右各不大于 1mm。

3. 安全钳的安装

安全钳分为瞬时式和渐进式两种。当电梯额定速度超过 0.63m/s 时，轿厢采用渐进式安全钳；当额定速度不超过 0.63m/s 时，轿厢采用瞬时式安全钳。

1）安装位置与尺寸。

安装在轿架下横梁两端的连接板上，螺栓螺母不必拧得过紧，尺寸见说明书。

2）调整耐磨衬与导轨两侧的间隙，保证两侧间隙为 2.5mm ± 0.1mm，调整后将螺栓和螺母旋紧。

3）将安全钳提拉杆螺栓旋到安全钳楔块上，使楔块提升 0.5mm，拉杆旋入的深度为 18.25mm，最后用螺母锁紧，防止提拉杆松动。

4）用微小力提起拉杆，使两楔块同时接触导轨，在提升时不应有卡住的现象，达到工作位置时，楔块对导轨应有微夹紧现象，然后将楔块放到非工作面位置。

4. 轿壁的安装

1）轿厢壁板表面在出厂时贴有保护膜，在装配前应用裁纸刀清除其折弯部分的保护膜。

2）拼装轿壁可根据井道内轿厢四周的净空尺寸情况预先在层门口将单块轿壁组装成几大块，首先安放轿壁与井道间隙最小的一侧，并用螺栓与轿厢底盘初步固定，再依次安装其他各侧轿壁。待轿壁全部装完后，紧固轿壁板间及轿底间的固定螺栓，同时将各轿壁板间的嵌条和与轿顶接触的上平面整平。

3）轿壁底座和轿厢底盘的连接及轿壁与轿壁底座之间的连接要紧密。各连接螺钉要加弹簧垫圈（以防因电梯的振动而使连接螺钉松动）。若因轿厢底盘局部不平而使轿壁底座下有缝隙时，要在缝隙处加调整垫片垫实。

4）安装轿壁，可逐扇安装，亦可根据情况将几扇先拼在一起再安装。轿壁安装后再安装轿顶。但要注意轿顶和轿壁穿好连接螺钉后不要紧固。要在调整轿壁垂直度偏差不大于 1/1000 的情况下逐个将螺钉紧固。

5）安装完后要求接缝紧密，间隙一致，嵌条整齐，轿厢内壁应平整一致，各部位螺钉垫圈必须齐全，紧固牢靠。

有自动门机构的轿门其碰撞力小于 150N，且各层门撞力基本相同。门关闭后，门扇之间和门扇与门柱、门楣或地坎之间隙应尽可能小，客梯为 1 ～ 6mm，货梯为 1 ～ 8mm。

5. 轿顶及轿顶轮的安装

1）轿顶接线盒、线槽、导线管、安全保护开关等要按厂家安装图安装。若无具体安装要求规定，则根据保证功能、便于检修和易于安装的原则进行布置。

2）安装、调整开门机构和传动机构使门在开关过程中有合理的速度变化，而又能在开关门到位时无冲击，并符合厂家的有关设计要求。若厂家无明确规定，则按其功能可靠、运行灵活、安全高效的原则进行调整。一般开关门的平均速度为 0.3m/s，关门时限为 3.0 ～ 5.0s，开门时限为 2.5 ～ 4.0s。

3）轿顶需能承重两个人同时上去工作，其构造必须达到在任何位置能承受 2kN 的垂直力而无永久变形的要求。因此除尺寸很小的轿厢可做成框架形整体轿顶外，一般电梯均分成若干块形成独立的框架构件拼接而成。

4）井道壁离轿顶外侧水平方向自由距离超过 0.3m 时，轿顶应当装设护栏，并且满足以下要求：由扶手、0.10m 高的护脚板和位于护栏高度一半处的中间栏杆组成；当自由距离不大于 0.85m 时，扶手高度不小于 0.70m，当自由距离大于 0.85m 时，扶手高度不小于 1.10m；护栏装设在距轿顶边缘最大为 0.15m 之内，并且其扶手外缘和井道中的任何部件之间的水平距离不小于 0.10m；护栏上有关于俯伏或斜靠护栏危险的警示符号或须知；护栏的固定必须坚固，各连接螺栓要加弹簧垫圈紧固，以防松动。

5）平层传感器和开门传感器要根据传感原理和实际位置的定位来调整，要求横平竖直，各侧面应在同一垂直平面上，其垂直度偏差不大于 1mm。

轿顶轮根据钢丝绳绕法不同，在上梁上装绳头板或轿顶轮。在装顶轮时，应调整其与轿架上梁之间的间隙。轿顶轮与上梁间的间隙相互差值不应超过 1mm，轿顶轮铅垂度不超过 1mm。

七、对重和曳引绳的安装

1. 对重的安装

对重装置用以平衡轿厢自重及部分起重量。对重安装如图 5-17 所示。

图 5-17 对重安装

安装钢丝绳

1）安装时，先拆去对重架上一边的上下各一只导靴，然后将对重架放入导轨，再将拆下的导靴装上，（如轿厢支架与对重架在同一个组合件上，对重架应先放好。）

2）在对重导轨中心处由底坑起约 5m 左右高处，牢固地悬吊一只手拉葫芦，做起吊对重装置用。

3）轿厢在两端站平层位置时，对重底缓冲板或轿厢下梁缓冲板至缓冲器顶面间的距离 S 参照表 5-2。

表 5-2 轿厢下梁至缓冲器距离设定

额定速度 /(m/s)	所用的缓冲器	S/mm
0.5 ～ 1	弹簧	200 ～ 350
1.5 ～ 3.0	油压	150 ～ 400

4）吊起的对重架至选定的 S 值高度位置，用木桩垫好，接着安装上下导靴。

5）待钢丝绳装好，去掉木桩后，装上安全栅栏，其底部距地不大于 300mm，顶部距地不小于 2500mm，且宽至少等于运动部件需保护部分的宽度每边各加 100mm。

6）将对重块逐一加入架内，用压紧装置将对重块固定。

$$对重的总重量 = 轿厢自重 + (40\% \sim 50\%) 额定起重量$$

2. 曳引钢丝绳的安装

1）曳引绳截取的长度，必须根据电梯安装实际情况确定。轿厢位于顶层位置，对重位于底层距缓冲器行程处 S 的位置，采用 2mm 的铅丝由轿架上梁起通过机房内绕至对重上部的钢丝绳锥套组合处作实际测量，加上轿厢在安装时实际位置高出最高楼层面的一段距离，并加 0.5mm 的余量，即为曳引绳的所需长度。

绳长 L 用下列公式确定：

单绕式：$L=0.996\times(X+2Z+Q)$

复绕式：$L=0.996\times(X+2Z+2Q)$

式中，Z 为钢丝绳在锥体内的长度（包括钢丝绳在绳头锥套内回弯部分）；Q 为轿厢地坎高出层门地坎的高度。

用 $2.5mm^2$ 以上的铜线从轿厢绕过曳引轮导向轮至对重，测量轿厢绳头椎体出口至对重绳头椎体出口的长度为 X。

2）截绳时，先用汽油将绳擦干净，并检查有无打结、扭曲、松股等现象。最好在地上预拉伸，以消除内应力，或者在挂绳时一端与轿架上梁固定后，另一端自由悬挂，也能起到部分消除内应力的作用。

3）为避免截取时绳股松散，应先用 22 号铅丝分三段扎紧，然后再截断。

4）用汽油清洗锥套，再将绳穿入，解开绳端的铅丝，将各股钢丝松散拧成花结或回环。接着将做好的绳套拉入锥套内，钢丝不得露出锥套。将巴氏合金加热到 270 ～ 350℃（即到颜色变成发黄的程度），去除渣滓，同时把锥套预热到 40 ～ 50℃，此时即可浇灌，位置应高出锥套浇口面 10 ～ 15mm。钢丝绳及其锥套的结合处至少应该承受钢丝绳最小破断负荷的 80%。

5）挂曳引绳，将绳从轿厢顶起通过机房楼板绕过曳引轮导向轮，至对重上端，两端连接牢靠。

6）将曳引绳挂好，用井道顶的葫芦提起轿厢，拆除托轿厢的横梁，将轿厢缓慢放下，放下后初步调整绳头组合螺母，然后在电梯运行一段时间后再调整曳引绳，使每根曳引绳均匀受力。其张力与平均值偏差均不大于 5%，且每个绳头锁紧螺母均应安装有锁紧销。

3. 缓冲器的安装

缓冲器分为弹簧缓冲器（蓄能型缓冲器）和油压缓冲器（耗能型缓冲器）两种，蓄能型缓冲器适用于 $v\leq 1m/s$ 的电梯，耗能型缓冲器适用于任何额定速度的电梯。

（1）越程

1）轿厢下越程：轿底平面与底层平面地坪平齐时，轿底梁缓冲板到缓冲器顶面的距离为越程。当使用弹簧缓冲器时，此越程为 200 ～ 350mm。当使用油压缓冲器时，越程为 150 ～ 400mm。

2）对重下越程：轿底平面与顶地坪平齐时，对重架缓冲板至缓冲器顶面距离为越程。

弹簧缓冲器越程为 200 ～ 350mm；

油压缓冲器越程为 150 ～ 400mm。

（2）安装缓冲器的技术要求

按电梯土建总布置图定的平面位置，对于有底坑槽钢的电梯，通过螺栓把缓冲器固定在底坑槽钢上，没设底坑槽钢的电梯，砌混凝土墩将缓冲器按照越程要求架起，固定采用地脚螺栓或膨胀螺栓。

（3）安装缓冲器的技术要求

1）缓冲器中心对轿底梁缓冲板或对重架缓冲板的中心偏移不得超过 20mm。

2）在同一基础上安装两个缓冲器时，其顶面相对高度差不得超过 2mm。

3）油压缓冲器活动柱塞的铅垂度差值不应超过 0.5mm，充液量合适。

4. 限速器及张紧轮的安装

1）限速器在出厂之前已经严格测试检查，并规定了使用速度范围，安装时不得随意调整限速器的弹簧压力，以免影响限速器的动作速度。

2）限速器是限制电梯轿厢超速下行的安全装置，当电梯超速到限速器动作的速度时，限速器动作，限速器动作后即将限速器钢丝绳扎住，并同时将安全钳开关断开，使曳引机和制动器失电停止运行，如轿厢因失控或打滑而继续下坠，限速器就拉动安全钳拉杆，使安全钳动作，将轿厢牢牢固定在导轨上。

3）在承重梁或机房楼板上装设限速器底板以安装限速器。限速器定位的方法是限速器钢丝绳直径中心计算的限速器绳槽内悬下铅垂线，通过机房楼板顶预留孔和轿厢架上绳头拉手孔，再与底坑张紧装置的轮槽对正。

4）限速器钢丝绳的连接采用小锥套，工艺与曳引钢丝绳相同。

5）限速器和张紧轮装置的安装应使限速器绳轮的铅垂度不超过 0.5mm。绳索至导轨的距离偏差均不应超过 10mm。

6）调整张紧轮装置的松绳安全开关到适当位置，当绳索伸长或拉断时应能断开控制电路迫使电梯停止运行。

7）绳索张紧装置底面距底坑地面的高度为 450mm ± 50mm。

8）限速器动作速度不低于额定速度的 115%，且小于下列数值：

① 0.8m/s，滚柱式以外的瞬时式安全钳；

② 1.0m/s，滚柱式的瞬时式安全钳；

③ 1.5m/s，用于额定速度（v）不超过 1.0m/s 的渐进式安全钳；

④ 1.25v+0.25/v，用于电梯额定速度超过 1.0m/s 的渐进式安全钳。

9）限速器上应标明与安全钳动作相应的旋转方向。

10）限速器动作时，限速器绳的张紧力至少应为以下两个值的较大值：300N ；安全钳起作用所需力的两倍。

11）张紧设备的轮架，应保证在导轨上灵活运动。

八、补偿链的安装

当电梯提升高度超过 30m 时，应采用补偿链，其一端连接在对重下部，另一端边接在轿厢架下部。

补偿链的长度 L= 提升高度 +5000mm

5.3 电梯电气设备的安装

一、井道内电气设备安装

1. 导线槽或管敷设

1）导线槽或管装于层门口内侧墙上，在机房楼板管槽预留孔上 25mm 处放下一根铅垂线，并在底坑内固定，为安装导线槽或管校正用。

2）用电锤打孔，固定膨胀螺栓。

3）测量每层的标高，在每层的呼梯盒、层楼指示相对应的位置处根据导线数量选择适当的开孔口，连接金属软管与导线管。

4）按照接线图上的导线数量，将导线放入导线槽内，导线两端标明线号，分别穿过金属软管与各层楼指示、呼梯盒、层门机械电气联锁等装置连接。

5）导线槽与金属软管用接头成直角连接，井道中间接线盒与电控屏之间亦用线槽连接。

2. 敷设导线时的注意事项

1）导线数量应留有充足的余量，对导线槽敷设导线的总面积（包括绝缘层），不应超过导线槽内净面积的 60%。

2）对于按钮、接近开关等易受外界信号干扰的线路，应采用金属屏蔽线，以避免相互干扰发生误动作。

3）动力和控制电路应分开敷设，导线出入金属管口或通过金属板壁处应加强绝缘和光滑护口保护。

4）应采用不同颜色的导线，使用单色导线时，需在导线两端刻上接线标记。

3. 层楼指示、呼梯盒、消防按钮的安装

先将盒中电器零件拆出，妥善保管，按布置图要求将盒平地埋灌在墙上，用水泥砂浆将盒边与墙抹平，测量金属软管长度，穿导线与线槽（或接线盒）相连接，再将电器零件装好，按号接线，最后将面板装好。

4. 电缆的安装

1）在轿厢架下梁和井道壁上把电缆架固定好，井道电缆架装在提升高度一半再加 1.5m 高度的井道壁上，用地脚螺栓固定。

2）将电缆一端与轿底电缆架连接，另一端与井道电缆架连接，电缆弯曲半径不小于 400mm，两端留出绑扎的长度。

安装随行电缆

3）电缆长度要合适，当轿厢在底层，电缆不得与底坑的缓冲器相碰，当轿厢冲顶蹲底时，电缆不致拉紧，要有足够的垂挂长度，电缆挂上电缆架后，用 20 号铅丝扎紧，使电缆与套筒无转动，捆绑长度约 30mm，然后回弯再用铅丝扎紧一次，使其捆绑牢固。

5. 井道中间接线盒的安装

当井道电缆架设于井道中间位置时，应在井道电缆的上方 200mm 处装设井道中间接线盒，用地脚螺栓固定于井道壁上。

6. 轿顶电气设备的安装

1）轿顶接线盒的安装。

轿顶接线盒位于轿顶轿门侧，用螺栓连接在轿顶板上，轿厢电缆导线汇总于该接线盒，再分别接操纵箱、轿顶开门机等的管线。

2）限位开关的安装。

它是防止轿厢在最高层和最底层超程行驶的限位装置，当轿厢至最高层、最底层超行 40 ～ 70mm 处即起作用，切断控制电路，促使轿厢停止运行。

3）端站强迫减速装置的安装。

当干簧传感器失误时，防止轿厢行驶至最高层、最底层时快速冲顶蹲底的装置。该装置安装在井道内轿厢导轨架上，利用轿厢架立柱的碰铁触碰起作用。在顶层和底层各装一个。

当电梯速度大于或等于 1.6m/s 时，顶层和底层各装两只（多层、单层），其位置与选层器的最高或最底层换接位置相对应。

用双稳态磁开关时，将双稳态开关装在轿厢导轨侧的上方，并将磁铁装在对应双稳态磁开关未知的导轨两侧，其作用同上。

4）平层器的安装。

平层器位于轿顶上梁下侧固定架上，利用装在各层轿厢导轨上的插板使干簧传感器动作，控制平层开门。在调整好层门与轿厢地坎的间隙后，调整干簧传感器与插板间隙相一致。用双稳态磁开关时，装法同上。

5）在轿厢上梁上安装安全钳联动开关，当电梯下方向超速行驶，安全钳动作，使开关断开，切断电梯控制电路电源。

二、机房电气设备的安装

安装机房设备

1. 控制柜的安装

根据布置图的要求，控制柜位置一般应远离门窗：门、窗与控制柜正面距离不小于 1000mm；控制柜的维修侧与墙的距离不小于 600mm；控制柜与机房内机械设备的安装距离不宜小于 500mm。

极限开关用于交流电梯，装于机房电源板上，当轿厢运动超过上下极限工作位置时，位于轿顶的挡板压动井道里行程开关或牵引钢丝绳连杆，使极限开关断开，以切断总电源。

1）当轿厢超过上下极限工作位置 150 ～ 200mm 时，极限开关必须发生作用。

2）极限开关应保持灵活可靠，并通过实验，以确定其能正常工作。

2. 电梯总开关的安装

电源总开关应尽可能装在靠近机房出入口内的墙上，通常，此电源总开关由用户自备，在土建设计施工时予以考虑并放置。

3. 机房布线

根据接线图规定线数号码，选择线槽或穿管规格并按端子板线号接线，起线要平直，线头要干净，连接要可靠，导线不得有露出或与线槽短接的现象。

4. 接地

从进机房电源起零线和接地线应始终分开，接地线的颜色为绿 – 黄双色绝缘导线，除 36V 以下安全电压外的电气设备金属罩壳，均应设有易于识别的接地端，且应有良好的接地。接地线应分别直接接至接地线柱上，不得互相串联后再接地。

5.4　电梯的调试及安装验收

电梯的种类很多，控制方式各不相同，但调试的要求和方法都应符合我国 GB7588—2003《电梯制造与安装安全规范》和 GB/T10060—2011《电梯安装验收规范》的有关规定。

一、调试前的准备工作

1. 机房内曳引钢丝绳与楼板等孔洞的处理

机房内曳引钢线绳与楼板孔洞每边间隙应为 20 ～ 40mm，通向井道的孔洞四周应筑一高 50mm 以上、宽度适当的台阶。限速器钢丝绳、选层器钢带、极限开关钢丝绳通过机房楼板时的孔洞与曳引钢丝绳同样要求处理。

2. 清除调试电梯的一切障碍物

1）拆除井道中余留的脚手架和原安装电梯时留下的杂物，如样板架等，清除井道、底坑内的杂物和垃圾。

2）清除轿厢内、轿顶上及轿门、层门地坎槽中的杂物和垃圾。

3）清除一切阻碍电梯运动的物件。

3. 安全检查

在轿厢与对重悬挂在曳引轮上后，在拆除起吊轿厢手拉葫芦和保险钢丝绳前，电梯轿厢必须已装好可靠的限速器——安全钳超速保护安全装置，以防万一轿厢打滑下坠，酿成事故。这是一个先决条件，否则就不能拆除保险钢丝绳和动车。

4. 润滑工作

1）按规定对曳引电动机轴承、减速器、限速器及张紧轮等传动装置做加油润滑工作，所加润滑剂应符合电梯出厂说明规定的要求。

2）按规定对轿厢导轨、对重导轨、门导轨及门滑轮进行润滑。注意：滚轮式导靴只对其轴承润滑，导轨上不必加油。

3）对安全钳的拉杆机构应润滑并试验其动作是否灵活可靠。

4）对液压式缓冲器，调试前应对缓冲器加注工厂设计规定的液压油或其他适用的油类（一般为 HJ-5 或 HJ-10 机械油）。

二、调试前的电气检查

1）测量电源电压，其波动值应不大于 ±7%。

2）检查控制柜及其他电气设备的接线是否有错接、漏接或虚接。

3）检查各路熔断器内的熔体容量是否合理。

4）检查轿厢操纵按钮动作是否灵活，信号应显示清晰，控制功能应正确有效。检查呼梯楼层显示等信号系统功能是否有效，指示应正确，功能应无误。

5）按照 GB7588—2003 规范附录 A 的要求，检查电气安全装置是否可靠，其内容为：

- ◆ 检修门、井道安全门及检修活板门关闭位置安全触点是否可靠。
- ◆ 检查层门、轿门锁闭状况、关闭位置时机电联锁开关触点的可靠性。
- ◆ 检查轿门安全触板或电子接近开关的可靠性。
- ◆ 检查补偿绳张紧装置电气触点的可靠性。
- ◆ 检查限速绳张紧装置电气触点的可靠性。
- ◆ 检查限速器能否按要求动作，切断安全钳开关使曳引机与制动器断电。
- ◆ 检查缓冲器复位装置电气触点的可靠性。
- ◆ 检查端站减速开关、限位开关的可靠性。
- ◆ 检查极限开关的可靠性。
- ◆ 检查检修运行开关、紧急电动运行开关、急停开关等的可靠性。
- ◆ 检查轿厢钥匙开关和每台电梯主开关控制的可靠性。
- ◆ 检查轿厢平层或再平层电气触点或线路的动作可靠性。
- ◆ 检查选层器钢带保护开关的可靠性。

三、调试前的机械部件检查

1）检查控制柜的上、下车机械限位是否调节合适。

2）检查限速轮、选层器钢带轮的旋转方向是否符合运行要求。检查选层器钢带是否张紧，且运行时不与轿厢或对重相碰触。

3）检查导靴与导轨的接合情况是否符合要求。

4）检查安全钳及连杆机构能否灵活动作，要求两侧安全钳楔块能同时动作且间隙相等。

5）检查限速器钢丝绳与轿厢安全拉杆等连接部位，连接应牢固可靠，动作迅速灵活。

6）检查端站减速开关、限位开关、极限开关的碰轮与轿厢撞弓的相对位置是否正确，动作是否灵活和能否正确复位。

四、主要部件的调试

1. 制动器

电梯曳引机所配制动器都是常闭式双瓦块直流电磁制动器。通常应在曳引绳未挂上前调整到符合要求的程度，电梯试运转前应再次复校。直流电梯与交流电梯制动器的外形基本相似，但具体构造稍有差异。现以交流电梯的电磁制动器为例，列出制动器的调试步骤如下。

1）调整制动器电源的直流电压。

正常起动时，制动器两端电压为 110V，串入分压电阻器（ER1）后为 55V ± 5V，此电压适用于一般双速电动机用制动器，其他类型的电梯制动器电压（如设计时非 110V）应按要求另定端电压数进行调试。

2）适当调节制动力调节螺母使制动器有一定的制动力，防止电梯停车时发生滑移情况。

3）将间隙均匀调节螺栓和制动声音调节螺栓适当放松，再调节间隙大小螺母，使制动闸瓦与制动轮在线圈通电时有一定间隙。

4）调节螺栓，使制动器通电时制动轮与闸瓦四周间隙均匀相等。

5）调节螺母，使制动轮与闸瓦在松闸时间隙不大于 0.7mm（0.15 ～ 0.7mm）。

6）调节螺栓，使制动器动作时声音减小到最轻为止。

按上述步骤反复调整，达到要求后将所有防松螺母拧紧，以防受振动后松开而影响制动性能。

2. 自动门机

其调试过程为：

1）测量进线端（X11、X12）的直流电压为 110V，如无电压或电压不对，应检查整流电路。

2）将定子电压调节电阻器（RMQ）和转子电压调节电阻器（RMD）预先调至中间位置。

3）接通电源，根据开、关门驱动力的大小来调节定子和转子的电压调节电阻器的阻值，使驱动力适中。

4）调节关门分流电阻器（RGM）使关门时有明显的二次减速，分流电阻阻值越大，转子转速越高；反之，转速越低。同时调节两只关门限位开关位置，使关门速度换速平稳。

5）调节开门分流电阻器（RKM）使开门时有明显的一次减速，如转速太高可再减小阻值；反之，增加阻值。同时调节开门限位开关位置，使开门换速平稳。

6）调节开、关门终端限位，使开、关门到位后门机自动停止，并要求无明显碰撞声。

按以上步骤调节时，可在未带层门时先粗调一次，带上层门后再进一步调试至满足要求。自动门机调试完成后，应检查安全触板或电子接近保护是否起作用，反应是否灵敏。

五、电梯的整机运行调试

在电梯运行之前，应拆除对重下面的垫块、轿厢的吊钩及保险装置，并做好人员安排，一般机房内 1 ～ 2 人，轿厢内 1 人，轿顶上 1 ～ 2 人，应各负其职不得擅自离开，一切行动应听从轿顶人员指挥。以检修速度上、下运行一次，检查和调整以下项目（注：交流双速电动机慢速连续运转时间不应超过 3min，如整个行程时间超过 3min，应间断运行）。

1）检查并排除井道内所有影响电梯运行的杂物，注意轿顶人员的人身安全。

2）检查电梯运行部件之间及其与静止部件之间的间隙是否符合要求。如与井道墙壁、层站地坎、对重支架等。

3）检查电梯制动器动作情况，如不符合要求，再按前面所叙述的步骤及要求重新调整。

4）检查轿顶各感应器与相应感应板的相对位置。

5）检查选层器钢带、限速器钢丝绳及补偿装置、电缆等随轿厢和对重的运行情况。

6）调整轿门开门刀片与各层门门锁滚轮的相对位置，检查各层门的开、关门情况。

7）调节端站限位开关的高低位置，使轿厢地坎与该层层站地坎停平后，正好切断顺向控制电路。

8）调节上、下极限开关碰轮的位置，应使极限开关在轿厢或对重接触缓冲器之前起作用，并在缓冲器被压缩期间保持其动作状态，即极限开关此时能切断总电源，使轿厢停止运动。调节时，可暂时跨接端站的顺向限位开关，调节妥当后应立即拆除跨接线。

9）检查轿厢及对重架的缓冲碰板至缓冲器上平面的缓冲距离（对弹簧式缓冲器，此距离为 200 ～ 350mm；对液压式缓冲器，此距离应为 150 ～ 400mm），以及缓冲器与碰板中心的位置偏差，应满足安装要求。

六、电梯的安装验收试验

正式进入安装验收试验工作，其试验项目如下所述。

1. 曳引检查

1）检查电梯平衡系数，应为 40% ～ 50%。

轿厢分别以空载和额定载荷的 25%、40%、50%、75%、100%、110% 时做上下运行，当轿厢与对重运行到同一水平位置时，对于交流电动机测量电流（或转速），对于直流电动机测量电流同时测量电压（或转速）。平衡系数用绘制电流 – 负荷曲线（或速度 – 负荷曲线），以向上、向下运行曲线的交点来确定。

2）检查曳引能力。

在相应于电梯最严重的制动情况下停车数次，进行曳引检查，每次试验，轿厢应完全停止。

试验方法如下：

行程上部范围内，上行，轿厢空载；

行程下部范围内，轿厢内载有 125% 额定载荷，以正常运行速度下行，切断电动机与制动器供电；

当对重支承在被其压缩的缓冲器上时，空载轿厢不能向上提起；

当轿厢面积不能限制载荷超过额定值及额定载重量不是按表 2-3 要求计算的载货电梯、病床电梯及非商业用汽车电梯，再需用 150% 额定载荷做曳引静载检查，历时 10min，曳引绳无打滑现象。

2. 限速器

限速器应运转平稳，制动可靠，封记应完好无损。

3. 安全钳

（1）轿厢安全钳　在动态试验过程中，轿厢安全钳应动作可靠，使轿厢支承在导轨上。在试验之后未出现影响电梯正常使用的损坏。

（2）对重安全钳　如因电梯井道底坑还有人可能到达的空间时，对重亦应设置安全钳，如该安全钳由限速器操纵，可用与轿厢安全钳相同的方法进行试验。对无限速器操纵的对重安全钳，应进行动态试验。

（3）安全钳的试验方法　轿厢安全钳的试验应在轿厢下行期间进行。

1）瞬时式安全钳，轿厢应载有均匀分布的额定载荷并在检修速度时进行。复验或定期检验时，各种安全钳试验均采用空轿厢，在平层或检修速度下进行。

2）渐进式安全钳，轿厢应载有均匀分布 125% 的额定载荷，在平层速度或检修速度下进行。以上试验轿厢应可靠制动，且在载荷试验后相对于原正常位置轿底倾斜度不超过 5%。

3）试验完毕后，应将轿厢向上提升或用专用工具使安全钳复位，同时将安全钳开关复位，并检查修复由于试验而损坏的导轨表面，并做好记录。

4）渐进式安全钳的制动距离 h 可按下式计算：

$$h = 0.1v_c + 0.03 \times 2a$$

式中，h 为安全钳动作后的制动距离（m）；v_c 为限速器动作速度（m/s）；a 为轿厢制动时的减速度，取值范围为 a=（0.2 ～ 1.0）g_n，g_n 为标准重力加速度，取 g_n=9.8m/s^2；0.1m 相当于响应时间内的运动距离；0.03m 相当于夹紧件与导轨接触期间的运行距离。

若制动距离过小，则减速度过大，人体难以承受；若制动距离过大，则电梯安全性能就会受到影响。

4. 缓冲器

（1）液压、弹簧缓冲器负载试验　在轿厢以额定载荷和额定速度下，对重以轿厢空载和额定速度下分别碰撞液压缓冲器，载有额定载重量的轿厢压在蓄能型缓冲器（或各缓冲器）上，悬挂绳松弛，缓冲器应平稳，零件应无损伤或明显变形。

（2）液压缓冲器复位试验　在轿厢空载的情况下进行，以检修速度下降将缓冲器全压缩，从轿厢开始离开缓冲器的瞬间，直到缓冲器回复到原状止，所需时间应少于 120s。

5. 校验轿厢内报警装置

安装位置应符合设计规定，报警功能可靠。

6. 运行试验

1）轿厢分别以空载、50% 额定载荷和额定载荷三种工况，并在通电持续率为 40% 的情况下达到全行程范围，按 120 次 /h，每天不少于 8h，各起制动运行 1000 次，电梯应运行平稳，制动可靠，连续运行无故障。

2）制动器温升不超过 60K，曳引机减速器温升不超过 60K，其温度不超过 85℃，电动机温升不超过 GB/T12974—2012 的规定。

3）曳引机减速器，除蜗杆轴伸出一端漏油面积平均每小时不超过 150cm 外，其余各处不得有渗漏油。

4）乘客电梯起、制动应平稳迅速，起、制动加、减速度最大值均不大于 1.5m/s^2，额定速度为 1m/s<v ≤ 2m/s 的电梯平均加、减速度应不小于 0.48m/s^2，额定速度为 2.0m/s<v ≤ 2.5m/s 的电梯平均加、减速度应不小于 0.65m/s^2。

5）乘客电梯与病床电梯的轿厢运行应平稳，水平方向和垂直方向振动加速度应分别不大于 25cm/s^2 和 15cm/s^2。

6）控制柜、电动机、曳引机工作应正常，电压、电流实测最大值应符合相应的规定；平衡载荷运行试验，上、下方向的电流值应基本相符，其差值不应超过 5%。

7. 超载试验

电梯在 110% 的额定载荷、断开超载控制电路，通电持续率 40% 情况下，运行 30min，应能可靠地起动、运行和停止，制动可靠，曳引机工作正常。

8. 额定速度试验

轿厢加入平衡载荷，向下运行至行程中段（除去加速和减速段）时的速度不得大于额定速度的 105%，且不小于额定速度的 92%。

9. 平层准确度试验

（1）调节舒适感

1）在进行平层准确度试验前，应先将电梯的舒适感调节好。

2）电梯舒适感与其起、制动加、减速度值的大小有关，同时还与电动机的负载特性，加、减速的时间及换速、制动特性等有关。其中，电动机的负载特性主要取决于电动机本身的性能，但可通过起动电阻器做一定范围的调节；加、减速的时间可通过并接起动电阻器阻值的大小和接入时间来加以调节。一般交流电梯采用延时继电器和阻容延时电路来解决，只须调节延时继电器的气囊放气时间或延时电路中的电阻和电容的数值，便可达到要求。

换速特性须调节换速时间，一般电梯可通过井道上、下减速感应板或选层器的上、下减速触点的位置来解决。若换速过早将导致电梯的运载能力下降，而换速过迟则减速度过大，舒适感变差。

制动器性能可通过调节制动器弹簧的压紧力而达到要求，制动特性过硬时制动力大，制动可靠，但舒适感差；反之，当制动特性软时，虽然舒适感较好，但电梯在额定负载或空载情况下易产生滑车现象，对安全可靠性产生影响。

（2）调整平层准确度　电梯在调整好舒适感后即可进行平层准确度的调整和试验。在轿厢内装入平衡重量，先调整上端站与下端站及中间层站的平层准确度。此时可通过移动轿顶感应器支架位置以及井道内相应层感应板的位置进行调节。这三点调整好以后，再调整其余各层楼的平层准确度，此时只允许调节井道各层感应板的位置来达到平层准确度要求。各类电梯轿厢的平层准确度应满足以下规定：

v ≤ 0.63m/s 的交流双速电梯在 ±15mm 的范围内；0.63m/s<v ≤ 1.00m/s 的交流双速电梯在 ±30mm 的范围内；v ≤ 2.5m/s 的各类交流调速电梯和直流电梯均在 ±15mm 的范围

内；$v \geqslant 2.5$m/s 的电梯，应满足生产厂家的设计要求。

10. 噪声试验

1）各机构和电气设备在工作时不得有异常撞击声或响声。乘客电梯与病床电梯的总噪声应符合国标规定值。载货电梯还要考核机房噪声值。对于 v=2.5m/s 的乘客电梯，运行中轿厢内噪声最大值不应大于 60dB(A)。

2）噪声测试方法。

① 轿厢中央运行噪声测试。

将传声器置于轿厢内中央，距轿厢地面高 1.5m。

② 开关门过程的噪声测试。

将传声器分别置于层门和轿门宽度的中央，距门 0.24m，距地面高 1.5m。

③ 机房及发电机房噪声测试。

将传声器置于机房中，距地面高 1.5m，距声源 1m 处，测 4 点。在声源上部 1m 处测点。共测 5 点，峰值除外。

3）测试结果的计算与评定。

① 测试中声级计采用 A 计权，快档。

② 测试轿厢运行噪声，以额定速度上行、下行，取最大值。

③ 测试开、关门过程噪声，以开、关门过程的峰值作为评定依据。

④ 测试机房噪声，以噪声测试的最大值作为评定依据。

11. 电梯的可靠性

可靠性应符合国标的技术规定。

1）整机可靠性检验为交付使用后的电梯，起、制动运行 60000 次中发生失效（故障）的次数，应符合国标规定。

2）电梯每次失效（故障）允许的修复时间不得超过 1h。

3）失效（故障）、失效（故障）次数，修复时间及其检验的规定应符合国标中的规定。

七、电梯的验收检验要求

在验收检验前，电梯及其环境应清理干净。机房、井道与底坑均不应有与电梯无关的其他设置，底坑不应渗水、积水。此外还应符合下述条件：

机房应贴有发生困人故障时的救援步骤、方法和轿厢移动装置使用的详细说明。松闸板手应漆成红色，盘车手轮应涂成黄色。可以拆卸的盘车手轮应放置在机房内容易接近的明显部位。在电动机或盘车手轮上应有与轿厢升降方向相对应的标志。

系统接地应根据供电系统采用符合要求的型式，在三相五线制和三相四线制供电系统中应分别采用 TN-S 和 TN-C-S 型式。采用 TN-C-S 型式时，从进入机房起，中性线（N）与保护线（PE）应始终分开。易于意外带电的部件与机房接地端应良好连接，它们之间的电阻值不大于 5Ω。在 TN 供电系统中，严禁电气设备外壳单独接地。电梯轿厢可利用随行电缆的钢芯或芯线做保护线，采用电缆芯线做保护线时不得少于两根。

导体之间和导体对地的绝缘电阻：动力电路和电气安全装置电路不小于 0.5MΩ；照明电路和其他电路不小于 0.25MΩ。

电气元件标志和导线端子编号或接插件编号应清晰，并与技术资料相符。电气元件工作正常。每台电梯配备的供电系统断相、错相保护装置在电梯运行中断相也应起保护作用（对变频变压控制的电梯只要断相保护功能有效）。

曳引机工作正常，各机械活动部位应按说明书要求加注润滑油，油量适当，除蜗杆伸出端外无渗漏。曳引轮应涂成（或部分涂成）黄色。同一机房内有多台电梯时，各台曳引机、主开关等应有编号区分。制动器动作灵活，工作可靠，制动时两侧闸瓦应紧密、均匀地贴合在制动轮工作面上，松闸后制动轮与闸瓦不发生摩擦。

各安全装置齐全，位置正确，功能有效，能可靠地保证电梯安全运行。

八、电梯验收检验申请及相关要求

电梯安装、大修、改造结束后，经施工单位自检，其质量和安全性能合格并出具自检报告书后，由使用单位向规定的监督检验机构提出验收检验申请。

使用单位向监督检验机构申请验收检验时，应提供以下资料：

1）《特种设备注册登记表》（每台2份）。

2）改变原施工方案进行施工及有关隐蔽工程情况记录。

3）制造单位应提供的资料。

① 装箱单；

② 产品出厂合格证；

③ 机房、井道布置图；

④ 使用维护说明书（含电梯润滑汇总图表及标准功能表）；

⑤ 动力电路和安全电路电气原理图及符号说明；

⑥ 电气接线图；

⑦ 部件安装图；

⑧ 安装说明书；

⑨ 安全部件：门锁装置、限速器、安全钳及缓冲器型式试验报告结论副本，其中限速器与渐进式安全钳还须有调试证书副本。

4）安装（修理）单位应提供的资料。

① 施工情况记录和自检报告；

② 安装过程中事故记录与处理报告；

③ 由电梯使用单位提出经制造单位同意的变更设计证明文件。

5）改造单位应提供的资料。

改造单位除提供3）、4）两项资料外，还应提供：

① 改造部分清单；

② 主要部件合格证、型式试验报告副本；

③ 必要时提供图样和计算资料。

6）对使用单位的要求。

使用单位必须制订以岗位责任制为核心的电梯使用安全管理制度，并予以严格执行，这些制度应至少包括：

① 安全操作规程；

② 维护保养制度；

③ 岗位责任制及交接班制度；
④ 操作证管理及培训制度；
⑤ 故障状态救援操作规程；
⑥ 电梯钥匙使用保管制度；
⑦ 常规检查及定期报检制度；
⑧ 技术档案管理。

随梯种不同，上述制度可做相应取舍。以上对使用单位的要求也适用于液压电梯和杂物电梯的用户。

5.5 电梯的常见故障与排除

电梯因由不同的制造厂家生产，所以在机械结构、电气线路等方面往往有差异。本节所介绍的常见故障排除，主要针对当前国内大量使用的可编程序控制器（PLC）及继电器控制的电梯而言，对于其他方式控制的电梯，必须结合具体情况，采用切合实际的正确方法，才能迅速、有效地排除电梯故障。

一、电梯维修安全与技术要点

1）多人配合维修电梯时，要做到思想集中，相互之间有呼有应，做好配合工作。

2）如果要用三角钥匙打开层门，一定要看清楚轿厢的位置，不要主观认定电梯位置。

3）打开层门进入轿顶时，不能立即关门，首先要把检修开关置于检修档，按下急停按钮，打开轿顶灯，在轿顶站稳后方能关上层门。

4）出轿顶时，首先要打开层门，再将轿顶检修开关、急停按钮、照明开关等一一复位，到达层站后再关上层门。如果人站立在层站能操作到以上开关，应站到层站后再复位以上开关。

5）轿厢运行时，不要把身体探到拦杆之外。不要在骑跨处作业。

6）在轿顶时，万一遇到电梯失控运行，千万保持镇定，应抓牢可扶之物，蹲稳在安全之处，不能企图开门跳出。

7）在底坑工作时，应该切断底坑检修箱的安全开关。爬出底坑时，一定要保证层门在打开状态下，方能接通底坑的安全回路，然后迅速爬出底坑。如果在层站能操作安全开关，应在人爬出底坑后再接通安全开关，然后再关门。

8）如果必须要短接门锁来检查电梯门锁故障时，千万要保证电梯处于检修状态。检查完毕后，务必先断开门锁短接线后才能让电梯复位到正常状态。

9）检修有应急装置的电梯，在使用应急开关时，务必保证层门处于关闭状态，防止他人跌入井道。进入底坑工作，如果一楼门要开着，必须在层门外挂警戒标志或有专人看护，切实做好防止他人跌入底坑的措施。

10）当需要切断电源检修电梯时，应挂上“有人操作，禁止合闸”的警示牌。在进行带电操作或使用电动工具时，要切实做好防止触电的安全措施。

二、电梯主要部件维修

当维修人员用紧急层门钥匙开启层门，准备进入井道轿厢顶上之前，应精神集中、头脑清醒。虽然层门已被开启，当维修人员进入井道后将会被强迫关门，层门后，系统关闭恢复正常运行状态，又可以应答召唤。因此，在进入井道之前，必须将轿厢内的检修开关切换为检修状态并将急停按钮按下。检修人员迅速进入轿厢时，注意不要在层门口对接处逗留。同时将轿顶检修盒的检修开关接通，绝对不允许轿顶维修人员命令轿内人员操纵电梯运行维修工作。

当不需要轿厢运行进行维修工作时，维修人员应断开下述所在位置的开关：

- 在机房时，将电源总开关断开。
- 在轿顶时，将安全钳联动开关和轿顶检修盒的急停按钮按下。
- 在轿厢内，应将操纵盒上急停按钮按下和电源开关断开。
- 在底坑时，应将限速器张紧装置的安全开关和底坑检修盒的急停按钮按下。

1. 减速机的维修

减速机运转时应平稳而无振动，其主要要求是蜗轮与蜗杆的啮合良好。由于蜗轮、蜗杆的磨损，致使齿侧间隙增大，将会使轿厢运行时产生振动。此时，可调整蜗轮轴两端轴承底座的垫片。如蜗轮轴为偏心轴结构，可将蜗轮偏心轴轴承盖的螺栓松开，旋转该轴来调节啮合的侧向间隙。关于齿侧间隙的范围，应根据各生产厂家的规定调整，因为它与齿形、润滑油、结构、加工工艺等有直接关系。电梯在起动、制动过程中，轿厢在换速、换向运行时有较大的冲击振动感，可能因螺杆止推轴承磨损造成轴向游隙增大所致。此时，可将蜗杆轴端法兰盘开启，调整蜗杆轴端螺母和法兰盘的纸垫或更换推力止推轴承。轴向游隙范围应根据各生产厂家的规定调整。齿侧间隙与轴向游隙必须由有经验的经过专业培训的工作人员调整。减速机箱体内的润滑油应随时添加至观察油位。每半年进行一次清洗油箱工作并更换新油。箱盖、窥视孔、轴承盖等与箱体接合处不应有渗油现象。蜗杆伸出端如为盘根密封，应随时观察滴油情况，应为 3 ～ 5min 1 滴。调整盘根的端盖螺母，不宜挤压过紧，以免发生蜗杆抱轴故障。如蜗杆伸出端为机械密封结构，则发现漏油就应及时更换。蜗轮轴上的滚动轴承每月应注入 3 ～ 5g 钙基润滑脂，以保证充满轴承室空间的 2/3。减速箱的温升应不高于 60℃，最高油温不得高于 80℃。当滚动轴承产生不均匀的噪声、敲击声或温度太高时，应及时检修或更换。经常检查减速机联轴器处螺栓，应无松动现象。

2. 机械制动器的维修

经常检查弹性联轴器的弹性磨损及老化情况。如发现上述情况，则应及时更换，以避免出现运转时的撞击声、轿厢振动和噪声。制动器动作应灵活可靠，电磁衔铁在导向铜套内应滑动自如。如有动作延迟的现象，应及时检修，去除铜套内的油污，可加入少许滑石粉作为润滑剂。凡是销轴处，应经常注入机油润滑。当发现有油垢堆积时，应拆下清洗干净。保持制动性能可靠，经常去除溅落在制动轮上的油污。制动器线圈的温升一般不应高于 60℃，最高温度不得高于 105℃。经常检查线圈接线端有无松动，并保证绝缘良好。制动器在工作时，闸瓦应紧密均匀地贴合于制动轮的工作表面；松闸时，闸瓦沿制动轮工作面的间隙应在 0.5 ～ 0.7mm 之间，且两闸瓦应保持一致。如该间隙过大，将会导致制动减速度增大，影响舒适感，因此经常调整该间隙。尤其运行一段时间后，闸瓦、制动轮的工作表面被磨擦得更为光滑。此时，可以在松闸后将该间隙调整至不磨擦的最小间隙，乘坐舒适感将会有显著地改善。当固定制动带的螺钉露出时，应及时更换，避免它与制动轮磨擦。当发现制动力减弱时，可调整弹簧的螺母来增加制动力。如发现闸瓦与制动轮同心度较差，则应及时调整制动器底座底部的垫片。

3. 曳引电动机的维修

电动机的强迫通风风机是由埋入电动机定子内的温度继电器所控制。当电动机内部温度升高到 55℃时，风机开始工作，温度下降到 45℃时即行停止。风机供电电力可用照明电源，在曳引电动机停止工作时，风机仍然继续工作。应随时检查曳引电动机温度升高时风机工作情况有无异常，如发现问题应及时与生产厂家联系更换或由制造厂家进行修理。如继续使用，则必将烧毁主电动机。应随时检查滑动轴承贮油槽内的油位，并按油位线所示添加润滑油。应不超过半年更换一次润滑油。更换时，把油槽内的油全部放净，且用汽油洗净油槽室后再注入规定黏度的润滑油。应经常注意轴承油环的工作情况，以保证轴承有足够的润滑油。如发现油环转动很快而又有轻微的响声时，可能是油量不足，如油环转动很缓慢，则为润滑不良。轴承的温度不应高于 80℃。检查时，如发现蜗杆轴与电动机轴不同心时，应及时调整。刚性连接的不同心度应不大于 0.02mm，弹性连接的应不大于 0.1mm。

4. 速度测量装置的维修

如果在乘坐轿厢时有垂直方向的抖动或调速系统起、制动时有振荡感觉的话，则除了检查拖动系统外，应首先检查测速发电机的安装是否与曳引电动机主轴同心。如为齿形尼龙带或 V 带传动，应检查传动带是否磨损或损坏，这些情况均直接影响测速发电机输出电压的稳定，因此如有问题必须更换。每季度检查一次测速发电机电刷，如磨损严重，应予以更换，并清除发电机内碳屑。同时，在轴承处加注钙基润滑脂。如测速装置为光电码盘，则应检查光电传感器是否完好，发射、接收镜面是否清洁，安装位置是否改变等。

5. 曳引轮的维修

当曳引轮绳槽磨损不一致时，或呈严重凹凸不平似麻花状而影响使用时，需将曳引绳摘下，用特制的绳槽样板刀具与减速机固定，以检修速度运转来车修绳槽。同时，调整曳引绳和绳头组合锥套，使各绳之间张力一致。因磨损严重而无法修理的曳引轮，应与制造厂家联系更换。

6. 控制柜的维修

应经常检查、消除接触器、继电器的灰尘及电磁铁吸合面处的油垢等。检查触点的接触是否可靠，吸合线圈外表绝缘是否良好，机械联锁装置动作是否可靠以及继电器、接触器吸合时有无显著的噪声等。动触点连接的导线头处有无断裂现象。接线柱处导线连接应紧固而无松动现象。更换熔丝时，应使其熔断电流与该回路相匹配。一般控制电路熔丝的额定电流应与回路电源额定电流相一致。电动机回路熔丝的额定电流应为该电动机额定电流的 2.5 ～ 3 倍。

三、电梯常见故障及其原因

1. 故障现象：电梯接通电源，但不工作

（1）可能原因：电梯安全回路发生故障，有关线路断开或松动。

排除方法：检查安全回路继电器是否吸合，如果不吸合，线圈两端电压又不正常，则检查安全回路中各安全装置是否处于正常状态和安全开关的完好情况，以及导线和接线端子的连接情况。

（2）可能原因：电梯安全回路继电器发生故障。

排除方法：检查安全回路继电器两端电压，电压正常而不吸合，则安全回路继电器线

圈烧坏断路。如果吸合，则安全回路继电器触点接触不良，控制系统接收不到安全装置正常的信号。

2. 故障现象：电梯能定向和自动关门，关门后不能起动

（1）可能原因：本层层门机械门锁没有调整好或损坏，不能使门电锁回路接通，从而使电梯起动。

排除方法：调整或更换门锁，使其能正常接通门电锁回路。

（2）可能原因：本层层门机械门锁工作正常，但门电锁接触不良或损坏，不能使门电锁回路接通，使电梯起动。

排除方法：保养和调整或更换门电锁，使其能正常接通门电锁回路。

（3）可能原因：门电锁回路有故障，有关线路断开或松动。

排除方法：检查门锁回路继电器是否吸合，如果不吸合，线圈两端电压又不正常，则检查门锁回路的其他接触是否良好，使其正常。

（4）可能原因：门锁回路继电器故障。

排除方法：检查门锁回路继电器两端电压，电压正常而不吸合，则门锁回路继电器线圈断路；如果吸合，则门锁回路继电器触点接触不良，控制系统接收不到层门、轿门关闭的信号。

3. 故障现象：电梯能开门，但不能自动关门

（1）可能原因：关门行程限位开关（或光电开关）动作不正确或损坏。

排除方法：调整或更换关门行程限位开关（或光电开关），使其能正常工作。

（2）可能原因：开门按钮动作不正确（有卡阻现象不能复位）或损坏。

排除方法：调整或更换开门按钮，使其能正常工作。

（3）可能原因：门安全触板或光幕光电开关动作不正确或损坏。

排除方法：调整或更换安全触板或光幕光电开关，使其能正常工作。

（4）可能原因：关门继电器失灵或损坏。

排除方法：检修或更换关门继电器，使其正常。

（5）可能原因：超重装置失灵或损坏。

排除方法：检修或更换超重装置，使其正常。

（6）可能原因：本层层站召唤按钮卡阻，不能复位或损坏。

排除方法：检修或更换本层层站召唤按钮，使其正常。

（7）可能原因：有关关门线路断开或接线松动。

排除方法：检查有关线路，使其正常。

4. 故障现象：电梯能开门，但按下关门按钮不能关门

（1）可能原因：关门按钮触点接触不良或损坏。

排除方法：检修或更换关门按钮，使其工作正常。

（2）可能原因：关门行程限位开关（或光电开关）动作不正确或损坏。

排除方法：调整或更换关门行程限位开关（或光电开关），使其能正常工作。

（3）可能原因：开门按钮动作不正确（有卡阻现象不能复位）或损坏。

排除方法：调整或更换开门按钮，使其能正常工作。

（4）可能原因：门安全触板或光幕光电开关动作不正确或损坏。

排除方法：调整或更换安全触板或光幕光电开关，使其能正常工作。

（5）可能原因：关门继电器失灵或损坏。
排除方法：检修或更换关门继电器，使其正常。
（6）可能原因：超重装置失灵或损坏。
排除方法：检修或更换超重装置，使其正常。
（7）可能原因：本层层站召唤按钮卡阻，不能复位或损坏。
排除方法：检修或更换本层层站召唤按钮，使其正常。
（8）可能原因：有关关门线路断开或接线松动。
排除方法：检查有关线路，使其正常。

5. 故障现象：电梯能关门，但电梯到站不开门

（1）可能原因：开门继电器失灵或损坏。
排除方法：检修或更换开门继电器，使其正常。
（2）可能原因：开门行程限位开关（或光电开关）动作不正确或损坏。
排除方法：调整或更换开门行程限位开关（或光电开关），使之正常。
（3）可能原因：电梯停车时不在平层区域。
排除方法：查找停车不在平层区域的原因，排除故障后，使电梯停车时在平层区域。
（4）可能原因：平层感应器（或光电开关）失灵或损坏。
排除方法：检修或更换平层感应器（或光电开关），使之正常。
（5）可能原因：有关开门线路断开或接线松动。
排除方法：检查有关线路，使其正常。

6. 故障现象：电梯能关门，但按下开门按钮不开门

（1）可能原因：开门继电器失灵或损坏。
排除方法：检修或更换开门继电器，使其正常。
（2）可能原因：开门行程限位开关（或光电开关）动作不正确或损坏。
排除方法：调整或更换开门行程开关（或光电开关）。
（3）可能原因：开门按钮触点接触不良或损坏。
排除方法：检修或更换开门按钮，使其正常。
（4）可能原因：关门按钮动作不正确（有卡阻现象不能复位）或损坏。
排除方法：调整或更换开门按钮。
（5）可能原因：有关开门线路断开或接线松动。
排除方法：检查有关线路，使其正常。

7. 故障现象：电梯不能开门和关门

（1）可能原因：门机控制电路故障，无法使门机运转。
排除方法：检查门机控制电路的电源、熔断器和接线线路，使其正常。
（2）可能原因：门机故障。
排除方法：检查和判断门机是否不良或损坏，修复或更换门机。
（3）可能原因：门机传动带打滑或脱落。
排除方法：调整传动带的张紧度或更换新传动带。
（4）可能原因：有关开门线路断开或接线松动。
排除方法：检查有关线路，使其正常。

（5）可能原因：层门、轿门挂轮松动或严重磨损，导致门扇下移拖地，不能正常开关门。

排除方法：调整或更换层门、轿门挂轮，保证一定的门扇下端与地坎间隙，使层门、轿门能正常工作。

任务实施

5.6 实训：电梯井道设备的安装及调整

任务实施目的

1. 掌握对重和曳引绳的安装标准及方法。
2. 掌握缓冲器的安装方法及要求。
3. 掌握补偿装置的安装方法及要求。
4. 熟悉曳引机的常见故障及排除方法。

任务实施设备

该教学装置模拟了真实电梯对重、曳引绳、缓冲器和补偿装置安装的操作。曳引机采用三相异步电动机，如图 5-18 所示。

图 5-18 电梯曳引机实训装置

任务实施步骤

1. 对重和曳引绳的安装

（1）对重设备的安装 对重装置由对重架和对重块组成。在安装对重装置时，首先应在底坑架设一个由方木构成的木台架，木台架的高度为底坑地面到缓冲器越程位置时的距离。在电梯的第二层左右吊挂一个手动葫芦。用手动葫芦将对重架由下端站口吊入井道底坑内的木台架上，装上导靴，最后将对重块装入对重架内。对重块要平放、塞实，并在最上面的对重块的顶面中心安装防跳安全件，防止运行时由于对重块窜动而发生噪声。如

图 5-19 所示。轿厢、对重越程值见表 5-3。

表 5-3 轿厢、对重越程值

电梯额定速度 / (m/s)	缓冲器形式	越程 S_1、S_2/mm
0.5 ~ 1.0	弹簧	200 ~ 350
1.5 ~ 3.0	油压	150 ~ 400

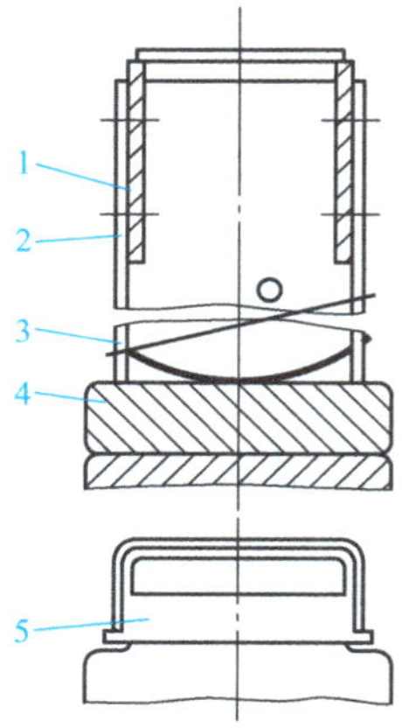

图 5-19 装上防跳安全件

1—上横梁 2—U 形槽钢立柱 3—防跳安全件 4—充填式重块 5—防跳安全件

（2）曳引钢丝绳的安装

1）绳头组合制作。

曳引绳和曳引绳锥套是连接轿厢和对重装置的机件，曳引钢丝绳绳头组合有多种形式。

用巴氏合金浇注的绳头组合，其制作工艺如下：曳引钢丝绳的长度应根据轿厢和对重位置、曳引方式、曳引比及加工绳头的余量，及在井道内实际测量所得的长度来截取。量好电梯用曳引钢丝绳的长度，钢丝绳应展开后再测量长度，为了避免绳头松散，在裁截处用 $\varPhi$0.5 ~ $\varPhi$1mm 退火铁丝分三处扎紧，然后在第一处扎紧端用钢凿、砂轮切割机、钢丝绳剪刀等工具将绳截断。将已截断的曳引钢丝绳绳头插入锥套内，解开第一处铁丝，松开绳股，并在第二处捆扎位置附近将纤维绳芯截断，并用柴油清洗松散部分，去除油脂、砂尘，以利灌注巴氏合金。如图 5-20 所示。

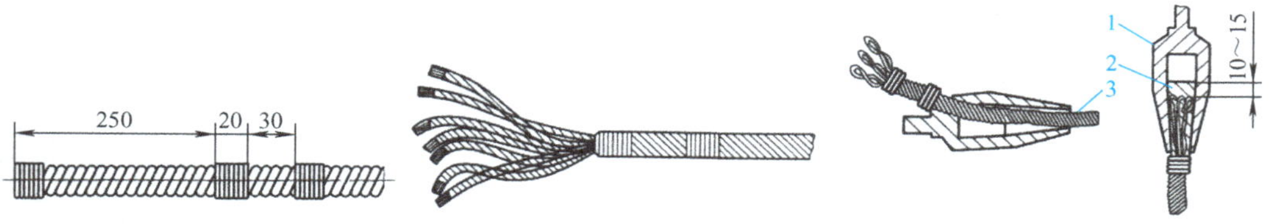

a) 钢丝绳扎紧示意图 b) 松开曳引绳股 c) 曳引绳头制作

图 5-20 曳引钢丝绳安装示意图

1—拉杆 2—巴氏合金 3—曳引钢丝绳

自锁楔形绳套固定法：自锁楔形绳套如图 5-21 所示，由绳套和楔块组成。将曳引钢丝绳绕过楔块套入绳套再将楔块拉紧，靠楔块与绳套内孔斜面的配合自锁，并在曳引钢丝绳的拉力作用下越拉越紧。楔块的下方设有开口锁孔，插入开口锁可以防止楔块松脱。

目前较多使用此种方式，主要原因是现场施工方便，便于调整，对曳引钢丝绳基本无损伤，已经有较多的电梯配件生产厂家专业生产此装置，价格相对较低。

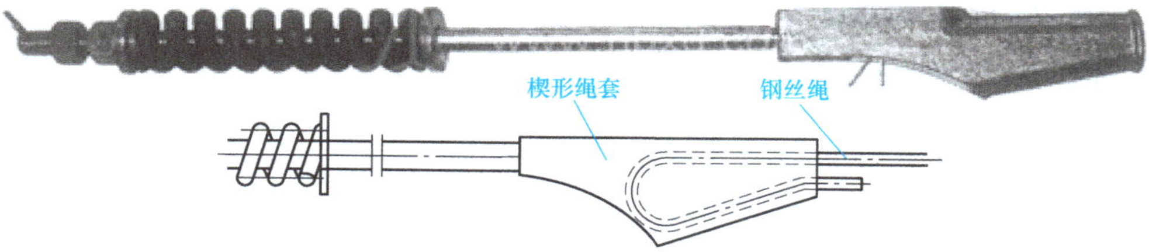

图 5-21 自锁楔形绳套装置

绳夹固定法：绳夹固定法如图 5-22 所示，用绳夹固定绳头是非常方便的方法，但必须注意绳夹规格与钢丝绳直径的匹配及夹紧的程度。固定时，必须使用三个以上的绳夹，而且 U 形螺栓应卡在钢丝绳的短头。绳夹固定法在施工时非常方便，属于起重装置中通用的部件，有大量的配件工厂生产，采购容易，成本低，但使用此方式时如果 U 形螺栓夹得过紧，会损伤钢丝绳；过松，则连接不可靠，一般只用于杂物电梯。

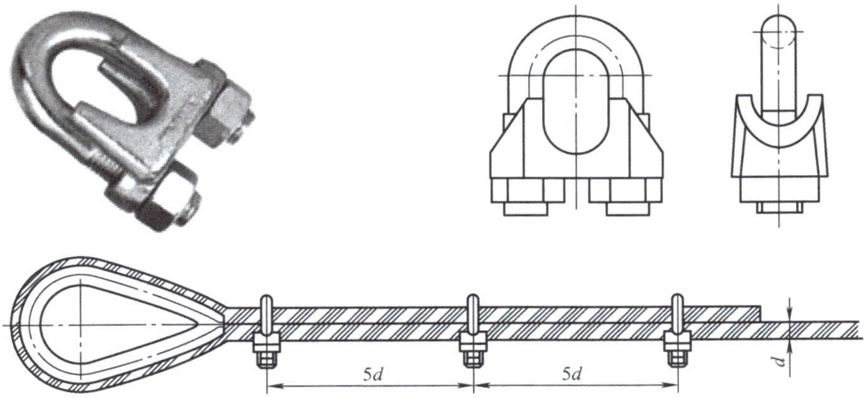

图 5-22　绳夹固定装置

本次实训采用自锁楔形绳套固定法。

2）悬挂曳引绳。

将曳引绳自由悬吊 4 ～ 5h 消除其内应力，从而避免电梯运行时因钢丝绳产生扭曲造成的局部过早磨损，保证曳引绳的正常使用寿命。

从机房往下挂绳。当曳引方式为 1 ∶ 1 时，把绳的一端从曳引轮一侧放至轿厢并固定在轿架的绳头板上，另一端经导向轮下放至对重装置并固定在对重架绳头板上；当曳引方式为 2 ∶ 1 时，曳引绳从曳引轮两侧分别下放至轿厢和对重装置，穿过轿顶轮和对重轮再返回机房，并固定在绳头板上。

曳引绳挂好以后，用手动葫芦吊起轿厢，拆除轿底托架，放下轿厢之前，必须装好限速器、安全钳，挂好限速器钢丝绳，安全钳钳头拉杆与限速器连接好。这样做的目的是万一这时发生轿厢因打滑下坠的情况，限速器会发生作用使安全钳扎住导轨，防止轿厢坠落。然后将轿厢慢慢放下，使对重上升，拆除对重下面的木台架。调整曳引绳锥套上面的弹簧螺母，使各根曳引钢丝绳受力均匀（误差小于 5%）。与此同时，还必须检查轿厢地坎与层门地坎之间的距离、门刀与层门门轮之间的距离、门刀与层门地坎之间的距离、导靴与导轨的吻合情况、安全钳与导轨面的距离、轿厢及对重的水平度等是否变化。若发现变化，需要调整至符合要求，最后固定好绳头板，保证各绳头连接可靠，拧紧锁紧螺母。

2. 缓冲器的安装

在安装缓冲器时，先检查缓冲器底座是否与主体配套。若配套就可以将缓冲器底座安装在导轨底座上。对于没有导轨底座的电梯，就要浇筑混凝土基础。缓冲器必须牢固、可靠地固定在缓冲器底座上。弹簧缓冲器和油压缓冲器虽然在结构和性能上有所不同，但其安装要求基本相同。在此以油压缓冲器为例说明安装过程。

① 根据缓冲器安装的要求（包括数量、位置尺寸等）浇筑混凝土基础。用水平仪调整

柱底板并将其固定在混凝土内，如图 5-23 所示。

② 取下柱底板的上螺母并安装缓冲器。

③ 用水平仪和铅垂线调节缓冲器，必要时可使用垫片。

④ 用一字旋具取下柱塞盖，将油位指示器打开，以便空气外逸。然后加油至油位指示器上油位刻度线，用盖将开口关闭。

⑤ 安装瞬动开关，如图 5-24 所示。触点支架必须手动通过螺钉连接在油缸上，操作托架准确地调节至触点槽的中点，然后将触点支架拧紧，检查操作触点间隙是否仍然在 1mm 左右。

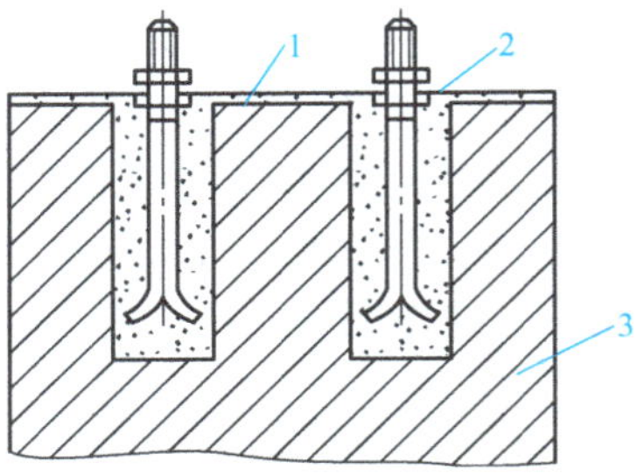

图 5-23 缓冲器柱底安装

1—灌注混凝土的开口 2—柱底板
3—柱基础

缓冲器经安装调整后，应满足下列要求：

1）轿厢、对重底部碰撞板中心与其缓冲器顶面板中心偏差不大于 20mm。

2）当一个轿厢采用两个缓冲器时，两个缓冲器顶部高度偏差不大于 2mm。

3）采用液压缓冲器时，其柱塞垂直度不大于 0.5mm；采用弹簧缓冲器时，弹簧顶面的水平度不大于 0.4%。

4）液压缓冲器内用油标号、油量加注正确。

5）液压缓冲器压缩时必须慢慢地、均匀地向下移动。

6）液压缓冲器的电气安全开关每次动作后必须手动复位，电梯方能运行。

3. 补偿装置的安装

如果电梯提升高度超过 30m 或运行速度为 1.5m/s 及以上时，还应装设补偿装置。本次实训的井道较低，可不用安装补偿装置。该部分仅供参考。

（1）钢丝绳做补偿装置（见图 5-25） 其安装方法是先截取规定长度的钢丝绳，作好绳头装置，并用绳头螺钉与轿底和对重底下的绳头板相互连接。在底坑中应设有补偿绳张紧装置。

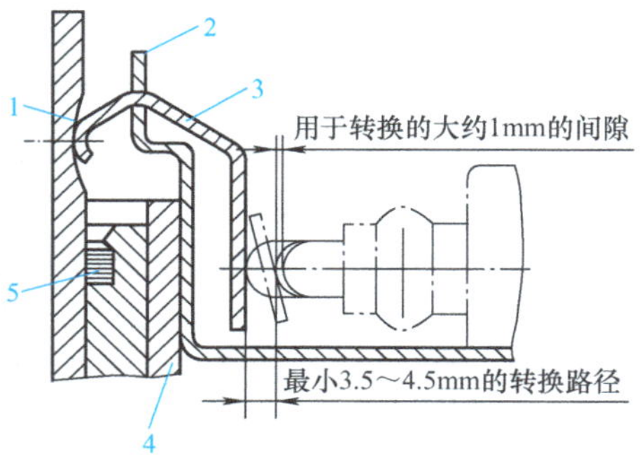

图 5-24 缓冲器触点的安装

1—触点槽 2—触点支架 3—操作托架
4—压力缸 5—柱塞

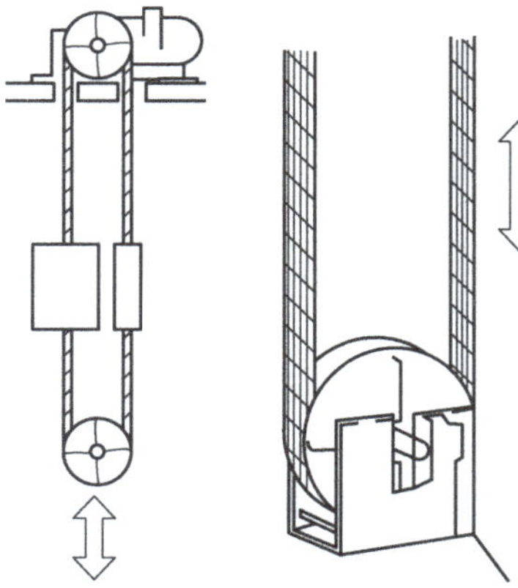

图 5-25 钢丝绳补偿装置

（2）链条做补偿装置 用于额定速度小于 1.75m/s 的电梯，如图 5-26 所示。其中图 5-26a 所示为将补偿链两端分别固定在轿厢和对重底部。另一种则如图 5-26b 所示，将补偿链一端固定在轿厢底部，另一端固定在提升高度一半的井道壁上。补偿链的长度应是在电梯冲顶或蹲底时不致拉断或与底坑相碰，补偿链的最低点离开底坑地面应大于100mm。采用补偿链做补偿装置时，可采用双环加螺钉固定的方法。安装时补偿链（缆），要特别注意应在其没有扭转时进行悬挂。为了减少补偿链的工作噪声，可在链环上适当涂些润滑脂。

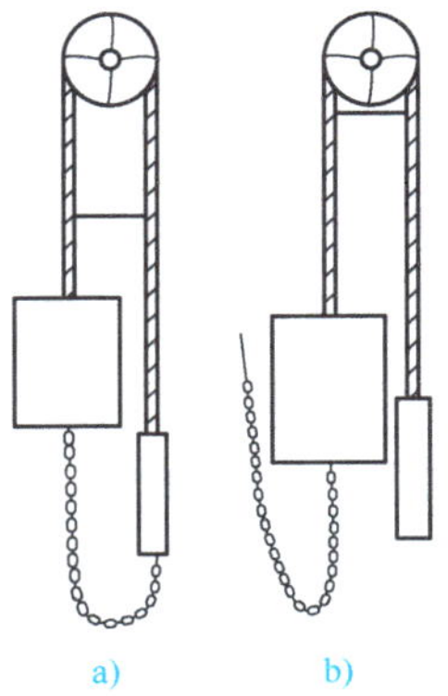

图 5-26　补偿链在轿底的悬挂链条类补偿装置

（3）补偿缆的安装　补偿缆内有低碳钢制成的环链，中间填塞物为金属颗粒以及聚乙烯与氯化物的混合物，补偿缆的截面如图 5-27 所示，链套采用具有防火、防氧化的聚乙烯护层，具有补偿缆质量密度高、运行噪声小的优点，适用于中、高速电梯。

采用补偿缆做补偿装置时，其悬挂方式如图 5-28 所示，采用U形螺栓及S形悬钩固定补偿缆端部。

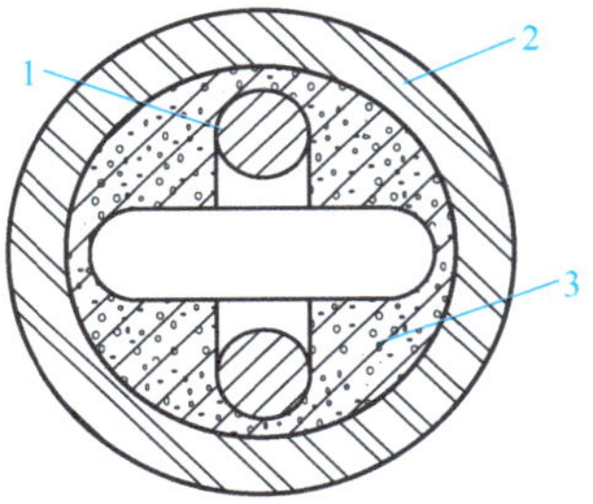

图 5-27　补偿缆的截面

1—链条　2—链套　3—金属颗粒和聚乙烯与氯化物的混合物

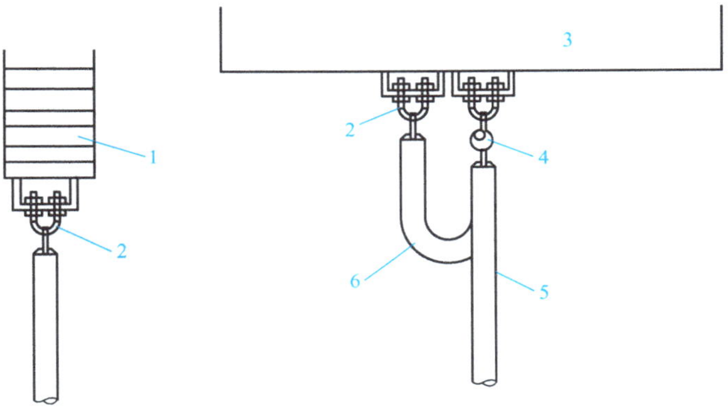

图 5-28　补偿缆的悬挂

1—对重　2—U形螺栓　3—轿厢底　4—S形悬钩　5—补偿绳　6—安全回环

4. 曳引机的常见故障（见表 5-4）

表 5-4　电梯曳引机的故障及其排除方法

序号	常见故障	故障原因	解决方法
1	制动器不动作	● 制动器电压太低 ● 线圈损坏、开路 ● 制动力矩设置太大 ● 铁心、铜套卡阻	◦ 检查电气连接及电压 ◦ 检查磁力器线圈的通断 ◦ 减小制动力矩 ◦ 更换铜套铁心
2	制动器噪声大	● 制动器开闸声音大 ● 制动器合闸声音大	◦ 通过调整减振垫减少噪声
3	曳引机自学习不通过	● 曳引机的输入参数不对 ● 编码器故障 ● 编码器线故障 ● 主板或变频器故障	◦ 检测参数 ◦ 检测编码器安装是否正确及是否损坏 ◦ 检测编码器线是否损坏及是否连接可靠正确 ◦ 更换主板或变频器
4	曳引机运行噪声大	● 机械噪声可能是曳引机缺油或轴承损坏 ● 电磁噪声主要是调整参数不对	◦ 及时对曳引机加油 ◦ 调整参数
5	制动瓦磨损	● 抱闸没有完全打开带闸运行 ● 过于频繁检修运行	◦ 检查抱闸并调整使之能完全开闸 ◦ 尽量减少检修运行

（续）

序号	常见故障	故障原因	解决方法
6	编码器和编码器线故障	● 在运输和安装过程中受到损坏 ● 在插接线时动作过猛	◎ 在运输和安装过程中保护好 ◎ 在插接线时动作符合要求 ◎ 插针与插孔要对准

5.7 实训：电梯的常见故障与排除（仿真电梯为例）

任务实施目的

1. 了解常见的电梯故障。

2. 针对设备中的 10 个故障学习检测及排除方法。

任务实施设备

该教学装置模拟了真实电梯的常见故障操作，可通过设置故障点开关的通断状态设置不同故障，方便学生分析电梯电气故障并排除。仿真实训电梯及控制柜如图 5-29 所示。

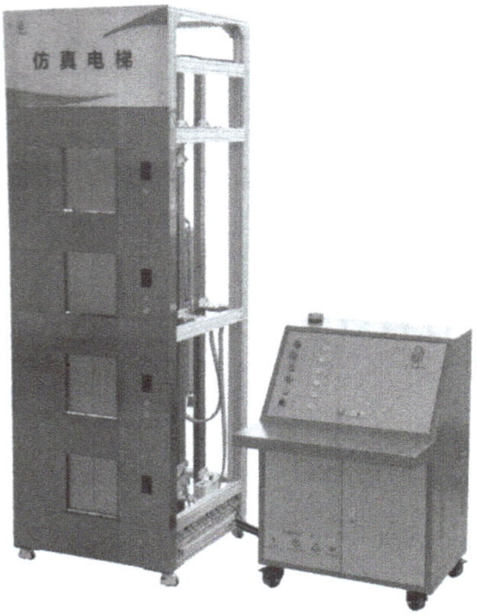

图 5-29 仿真电梯及控制柜

仿真电梯故障排除案例

任务实施步骤

1. 相关故障内容（见表 5-5）

表 5-5 仿真电梯故障设置列表

序号	接线	故障位置	故障现象说明
故障 G1	SPG	上平层光电感应器	上平层光电感应故障 电梯不能正常下行但可上行 下行直接蹲底 上行平层后无法开门 复位蹲底 检修上行楼层计数失效 到站钟失效
故障 G2	XPG	下平层光电感应器	下平层光电感应故障 电梯不能正常上行但可下行 上行直接冲顶 下行平层后无法开门 复位蹲底 检修下行楼层计数失效 到站钟失效
故障 G3	DYJ	电压继电器	电压继电器故障 井道安全回路故障 电梯不能正常运行 不能登记呼梯指令

（续）

序号	接线	故障位置	故障现象说明
故障 G4	MSJ	门锁继电器	门锁继电器故障 门锁回路故障 电梯不能正常运行 呼梯指令可登记但不响应
故障 G5	SXK	上限位开关	上限位开关故障 电梯不能上行但可下行
故障 G6	XXK	下限位开关	下限位开关故障 电梯不能下行但可上行
故障 G7	X45	开门到位	无开门到位信号 电梯一直不开门但可上下行
故障 G8	X47	关门到位	门锁继电器故障 门锁回路故障 电梯不能正常运行 呼梯指令可登记但不响应
故障 G9	KMJ	开门继电器	开门继电器线圈不得电 不能开门
故障 G10	GMJ	关门继电器	关门继电器线圈不得电 不能关门

2. 说明

1）各故障点设置于开关外部。

2）各故障点均引至故障端子排。

3）各故障开关串联接入。

4）故障排除示例说明。

以故障 1 为例：当拨动故障钮子开关 G1 时，电梯不能正常上行，这时只需短接 X1—\X1 端，电梯便可正常运行。恢复钮子开关 G1 后，拆除短接线。

知识拓展 电梯维修改造、安装资质的分级和要求

电梯维修改造资质的分级和要求

施工类别	施工等级	序号	基本要求
维修	A 级	1	注册资金 250 万元（人民币，下同）以上
		2	签订 1 年以上全职聘用合同的电气或机械专业技术人员不少于 8 人。其中，高级工程师不少于 2 人，工程师不少于 4 人
		3	签订 1 年以上全职聘用合同的持相应作业项目资格证书的特种设备作业人员等技术工人不少于 40 人，且各工种人员比例合理
		4	技术负责人必须具有国家承认的电气或机械专业高级工程师以上职称，从事特种设备技术和施工管理工作 5 年以上，并不得在其他单位兼职
		5	专职质量检验人员不得少于 4 人
		6	近 5 年累计维修申请范围内的特种设备数量至少为：电梯 150 台套；起重机械 60 台套

（续）

施工类别	施工等级	序号	基本要求
维修	B级	1	注册资金120万元以上
		2	签订1年以上全职聘用合同的电气或机械专业技术人员不少于5人。其中，高级工程师不少于1人，工程师不少于2人
		3	签订1年以上全职聘用合同的持相应作业项目资格证书的特种设备作业人员等技术工人不少于30人（客运索道或大型游乐设施10人），且各工种人员比例合理
		4	技术负责人必须具有国家承认的电气或机械专业高级工程师以上职称，从事特种设备技术和施工管理工作5年以上，并不得在其他单位兼职
		5	专职质量检验人员不得少于3人
		6	近5年累计维修申请范围内的特种设备数量至少为：电梯80台套；起重机械40台套；客运索道5条；大型游乐设施20台套
	C级	1	注册资金50万元以上
		2	签订1年以上全职聘用合同的电气或机械专业技术人员不少于3人。其中，工程师不少于2人
		3	签订1年以上全职聘用合同的持相应作业项目资格证书的特种设备作业人员等技术工人不少于15人（大型游乐设施8人），且各工种人员比例合理
		4	技术负责人必须具有国家承认的电气或机械专业工程师以上职称，从事特种设备技术和施工管理工作5年以上，并不得在其他单位兼职
		5	专职质量检验人员不得少于2人
		6	近5年累计维修申请范围内的特种设备数量至少为：电梯30台套；起重机械20台套

电梯安装资质的分级和要求

施工类别	施工等级	序号	基本要求
安装	A级	1	注册资金300万元（人民币，下同）以上
		2	签订1年以上全职聘用合同的电气或机械专业技术人员不少于8人。其中，高级工程师不少于2人，工程师不少于4人
		3	签订1年以上全职聘用合同的持相应作业项目资格证书的特种设备作业人员等技术工人不少于30人（客运索道或大型游乐设施20人），且各工种人员比例合理
		4	技术负责人必须具有国家承认的电气或机械专业高级工程师以上职称，从事特种设备技术和施工管理工作5年以上，并不得在其他单位兼职
		5	专职质量检验人员不得少于4人
		6	近5年累计安装申请范围内的特种设备数量至少为：电梯150台套；起重机械60台套；客运索道或大型游乐设施20台套
	B级	1	注册资金150万元以上
		2	签订1年以上全职聘用合同的电气或机械专业技术人员不少于6人；其中，高级工程师不少于1人，工程师不少于3人
		3	签订1年以上全职聘用合同的持相应作业项目资格证书的特种设备作业人员等技术工人不少于20人（客运索道或大型游乐设施10人），且各工种人员比例合理
		4	技术负责人必须具有国家承认的电气或机械专业高级工程师以上职称，从事特种设备技术和施工管理工作5年以上，并不得在其他单位兼职
		5	专职质量检验人员不得少于3人

（续）

施工类别	施工等级	序号	基本要求
安装	B 级	6	近 5 年累计安装申请范围内的特种设备数量至少为：电梯 80 台套；起重机械 40 台套；客运索道或大型游乐设施 12 台套
	C 级	1	注册资金 50 万元以上
		2	签订 1 年以上全职聘用合同的电气或机械专业技术人员不少于 3 人；其中，工程师不少于 2 人
		3	签订 1 年以上全职聘用合同的持相应作业项目资格证书的特种设备作业人员等技术工人不少于 10 人（大型游乐设施 6 人），且各工种人员比例合理
		4	技术负责人必须具有国家承认的电气或机械专业工程师以上职称，从事特种设备技术和施工管理工作 5 年以上，并不得在其他单位兼职
		5	专职质量检验人员不得少于 2 人
		6	近 5 年累计安装申请范围内的特种设备数量至少为：电梯 30 台套；起重机械 20 台套；大型游乐设施 8 台套

项目 6

电梯物联网技术

项目导入 按需维保——扁鹊三兄弟

春秋战国时期，有位神医被尊为“医祖”，他就是扁鹊。

一次，魏文王求教扁鹊：“你们家兄弟三人，都精于医术，谁是医术最好的呢？”扁鹊答：“大哥最好，二哥差些，我是三人中最差的一个。”魏王不解地说：“请你介绍的详细些。”

扁鹊解释说：“大哥治病，是在病情发作之前，那时候病人自己还不觉得有病，但大哥就下药铲除了病根，使他的医术难以被人认可，所以没有名气，只是在我们家中被推崇备至。我二哥治病，是在病初起之时，症状尚不十分明显，病人也没有觉得痛苦，二哥就能药到病除，使乡里人都认为二哥只是治小病很灵。我治病，都是在病情十分严重之时，病人痛苦万分，病人家属心急如焚。此时，他们看到我在经脉上穿刺，用针放血，或在患处敷以毒药以毒攻毒，或动大手术直指病灶，使重病人病情得到缓解或很快治愈，所以我名闻天下。”魏王大悟。

简单的故事流传千年，到底扁鹊三兄弟的故事给了我们什么样的启发呢？

扁鹊大哥擅长“事前控制”。其具有敏锐的洞察力和判断力，能够帮助人们防患于未然。

扁鹊二哥擅长“事中控制”。其具有出手迅速、果断、干练的特点，能够帮助人们免受重大疾病或灾难的折磨。

扁鹊先生则擅长“事后控制”。当发生重大危机时，扁鹊先生往往能够把人从奄奄一息或者休克的状态中抢救过来，从而延续生命。因为人们天生对痛苦的经历记忆深刻，而且对冲在第一线的救命人员心存好感，所以，扁鹊先生的“医祖”之称自然当之无愧。

在电梯保养竞争激烈的今天，以价格恶性竞争的结果，导致出现了大批“伪扁鹊”——电梯“以修代养”甚至“只修不养”。结果电梯故障频出，电梯事故屡见不鲜。

电梯界也应推崇扁鹊大哥治病，在病情发作之前，病人自己还不觉得有病，大哥就下药铲除了病根。

电梯物联网就像扁鹊大哥，通过物联网技术采集电梯相关运行数据，进一步统计分析，根据电梯内在规律有机地发出预防性保养指令即为物联网式电梯按需维保，进而避免电梯无谓地过度保养和不保养，做到防患于未然，提高电梯维修人员的工作效率。

思政案例 “一听一触”专攻老旧电梯病

都市高楼林立，电梯安全无小事。在电梯数量全国排名第五的重庆，“电梯医生”张东平以近 20 年的工作积累，不仅练就了以“一听一触”就能准确判断电梯故障的技能，为用户制定实施老旧电梯改造的最优方案，且致力于安全技术科研，为特种设备质监事业发展作出了突出贡献。

电梯安全吗？“一听一触”是张东平诊断隐患的绝招。

听，是判断电梯故障的常规方法之一。一般水平的技术工人，大多能用耳朵判断电梯的曳引机和轴承是否缺油，缺到什么程度。但张东平能听到的不止于此，蜗轮蜗杆是否缺油，是否缺齿，他都能通过听作出初步判断。

触，即用手触摸或用背靠运行中的电梯轿厢。电梯的起动和制动都会带来水平和垂直两个方向的振动。一般人的感觉是轿厢在不同程度地摇晃，但张东平觉察到的情况要丰富、细腻得多。他能将摇晃的幅度划分成若干个档次，以此判断哪些在国家规定的范围内，哪些会导致乘客不适，再据此提出改造建议。

张东平有时在检测过程中在对同一问题的认识上与同行有分歧，甚至有争执。其实，这本身是一个学习的过程。“考虑问题有很多角度，我自然地会站在老百姓的角度去换位思考，把考虑他们的需求放在第一位。”

“荣誉既是压力，也是鞭策，还是保持平常心吧。”张东平对未来规划有清晰的思考，“要多研究政府关注的焦点、百姓关心的热点，为电梯监察工作提供好技术支撑。更希望把自己多年从事的技术技能与经验通过“传、帮、带”的方式，挖掘和培养更多的电梯检验实用型人才。

学习目标 初识电梯物联网

- 掌握电梯物联网的功能及作用。
- 了解电梯物联网的组成。

知识准备

6.1 物联网技术概念

物联网被视为互联网的应用扩展，应用创新是物联网发展的核心，以用户体验为核心的创新是物联网发展的灵魂。

物联网的定义是通过射频识别（RFID）、红外感应器、全球定位系统、激光扫描器等信息传感设备，按约定的协议，把任何物品与互联网相连接，进行信息交换和通信，以实现对物品的智能化识别、定位、跟踪、监控和管理的一种网络。

物联网是一个物理设备网络，通常代表了物理网络设备从我们周围的世界感知和收集数据的能力，几乎任何物理对象都可以转换为物联网设备，从周围的世界感知和收集数据，然后通过互联网共享该数据，最后通过云端对数据进行处理，从而可以应用于不同的场景和业务。

以下是几个较为广泛的物联网标准：

- IoT-A 标准：IoT-A 是 2013 年欧盟的一个灯塔项目开发的模型和架构，其使用范围较广，常被用作具体架构的基础。

项目1 项目2 项目3 项目4 项目5 项目6 项目7 附录

- IEEE P2413 标准：由 IEEE 公布的框架，其领域包括制造业、智慧建筑、智慧城市、智能运输系统、智能电网和医疗保健。
- IIRA 标准：IIRA 是工业互联网联盟专为工业 IoT 应用程序而开发的，该联盟由 AT & T、思科、通用电气、IBM 和英特尔于 2014 年 3 月共同创立。

IoT 的分层架构如图 6-1 所示。

设备层：由控制器、执行器、采集器等硬件设备组成，主要用于监测数据，通过传感器等设备来执行不同采集任务，将收集到的数据传输到下一层去。

边缘层：将从设备层发送过来的数据在该层进行一系列的分析、过滤、聚合等操作。像数据过滤和聚合这样的数据预处理任务是在边缘层上执行的，然后经过预处理的数据在通过某种通信方式发送到云服务层。

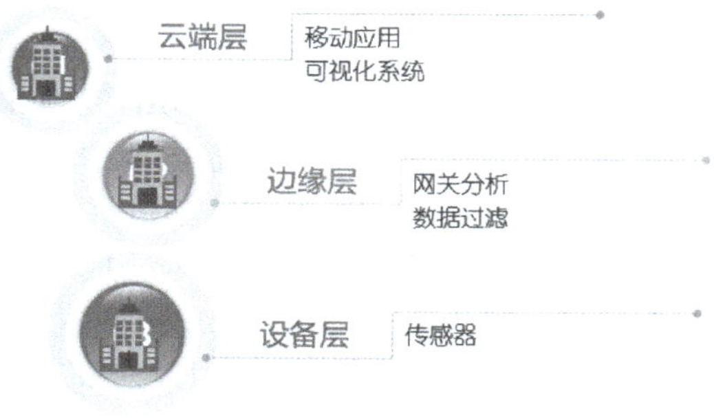

图 6-1　IoT 的分层架构图

云端层：数据经过处理后，将其发送到相关的应用系统中去，供进一步的分析、存储、应用。根据不同的业务需求给用户提供一个可视化的数据结果，为相关的决策提供数据支持。

一、电梯物联网技术概述

电梯物联网即利用先进的物联网技术，将电梯与电梯相连并接入互联网，从而使电梯、质监部门、房产企业、整梯企业、维保企业、配件企业、物业企业和业主之间可以进行有效的信息和数据的交换，从而实现对电梯的智能化监管，以提升电梯使用的安全性，保障乘客生命安全。

二、电梯物联网技术的特点

电梯物联网完全是架设在云服务上的应用，具有以下特点：

1）超大规模。

2）虚拟化。

3）高可靠性。

4）通用性。

5）高扩展性。

6）按需服务。

7）价廉。

电梯物联网简介

迅达IOT特点

电梯整个生命周期的各个节点都在电梯物联网平台中进行，电梯的采购、出厂、建档、安装、验收、维保、故障报警以及年检等信息都在电梯物联网平台中得以实现；政府质监部门、房产企业、整梯企业、维保企业、销售企业、配件企业、物业公司、小区、业主等根据自身的用户权限访问不同的信息；各种应用都在电梯物联网平台中展开，电梯物联网真正做到有权限的信息和知识共享。

电梯物联网还具有电梯搜索引擎，在此用户可以快速检索到：企业类信息（企业的简介、新闻、产品、联系方式、服务内容、招聘职位、产品成功案例等）、产品类信息（产品名称、特点、简介、图片、型号、参数配置、说明书下载等）、服务类信息（服务项目、服务内容、服务满意度）及知识类信息（电梯维修专家系统，用户只需输入故障类型和描述，系统自动给出参考的解决方案）。

三、电梯物联网的系统结构

物联网的系统结构大致可以分为数据收集、数据传输、数据处理和服务管理，根据这三个不同的过程，其架构分为感知层、网络层和应用层。感知层主要用于由各种信息采集板卡组成的设备实现电梯系统中的数据信息采集，其中包括各种类型的传感器，设备标签、代码标签，激光扫描等。网络层负责接收感知层信息，进行初步数据转换处理，将其转发到网络进行传输，并连接到 Internet 和由各种网络组成的传统网络（包括宽带网络、无线网络等）进行数据传输。应用层主要负责处理由感知层收集的用户所需的信息，它可以为用户提供特定的应用需求的物联网数据。

四、电梯物联网的主要功能

电梯物联网的主要功能是为电梯安全和远程监控服务，是提供电梯运行数据采集和电梯故障实时传输的载体，还可用于重要部件的安全监督和服务功能。

1）实时运行状态监控：监控电梯运行状态，实时监控电梯故障（包括被困人员、开关门信息等）。同时，监控操作状态还包括电梯登记信息、电梯维护保养信息、电梯运行速度、电梯占地面积等，由此可充分了解电梯运行信息。

电梯物联网系统

2）实时故障报警：短信、微信、网络电话等的远程设置。确保电梯故障报告信息，并可以通过 GIS/GPS 电子地图进行实时警报定位。

3）故障应急处理：电梯异常时，电梯应急系统自动连接指挥中心。24h 接收客户投诉、警报和紧急救援。

4）日常维护监督：实现电梯维护过程中的信息管理工作，评估电梯价值。

5）数据调出：发生事故时，电梯的状态信息被记录，为后续事故调查提供证据支持。

6）统计分析：系统平台上具有数据接口、查询功能和数据统计分析，可随时了解电梯运行中的故障类型及发生概率，评估电梯的健康状况，有效预防电梯故障。

五、电梯物联网技术的适用对象

1. 电梯采购方

房产企业或政府单位可以在电梯物联网上创建并发布整梯求购信息，包括需求电梯的数量、配置和参数要求等内容；各整梯企业可根据求购方的要求订制产品方案，整理报价，在线上传并提交，实现在线竞标。

2. 电梯使用单位

电梯使用单位（如物业企业）可以就电梯的安装、维保、大修、装潢等项目创建询价单，供各电梯服务性企业浏览查阅；各电梯服务性企业（电梯安装维保企业、电梯装潢企业等）可根据物业公司的要求订制服务方案，整理报价，在线上传并提交，实现在线竞标。还可以帮助使用单位记录电梯安装、改造、大修等工程业务；不仅记录电梯改造和大修的概况和内容，同时记录施工后电梯的详细参数和配件更换情况；电梯工程信息也是质监部门电梯验收检验的重要参考和依据。

电梯使用单位可借助电梯物联网的强大功能轻松搭建小区电梯远程监控指挥中心，监控旗下电梯的运行情况和状态。当电梯发生故障时，电梯物联网第一时间通知物业报警信息；物业公司还可对电梯维保公司的工作实现网上监督，查看维保企业的资质，查看电梯维保状况等。

3. 电梯维保企业

电梯维保企业可以根据自身实际情况在物联网平台在线查询电梯配件信息、在线询价、在线选购电梯配件；电梯物联网平台可与电梯配件企业的各种内部管理软件（如 ERP 系统）无缝集成，方便整梯 / 维保企业实时查询所订电梯配件的内部审批、生产、完工及发货情况。

电梯物联网一改传统维保模式，利用信息化手段对电梯维保到场和离场时间进行考勤；每一次维保业务涉及的人员、地点、到场时间、结束时间和维保内容都清楚记录在案；同时，系统会根据配件使用周期和次数自动提醒维保员工在配件使用到期前更换；电梯物联网为维保企业管理自身电梯维保状况，为质监部门对电梯维保情况进行有效监管提供了方便的途径。

4. 政府监督管理部门

政府监督管理部门的主要职能是实现行业监管；电梯物联网平台通过信息化手段有力地帮助了政府机关实现其监管职能：监控过期未保电梯、提醒企业年检、提醒检验员检验、电梯现场电子检验、检验结果网上审批和发布、重要和重大故障自动报警、维保人员到场时间管理、电梯维修时间管控、企业 / 员工 / 手机 / 电梯注册登记、企业资质管控和各种统计报表等。政府监督管理部门可对每个电梯维保企业的人均维保电梯量进行有效监管，帮助政府监督管理部门规范行业秩序，避免行业内恶性竞争。

电梯物联网还可以帮助政府监督管理部门实现无纸化电子检验，检验员手持 Pad 终端前往现场检验，Pad 自动下载检验单据，检验员现场打勾 / 评分并提交单据，单据经质审核后，自动发布在电梯物联网平台上形成电梯检验报告，供各级用户查看，实现电梯现场检验的全程自动化操作。

在故障监管方面，平台会对其内的所有电梯进行远程动态监控，政府监督管理部门可实时监控电梯的运行状态；如遇电梯发生故障，平台会第一时间获取电梯故障信息并实时反馈到平台上，同时自动将重大故障信息通知政府监督管理部门相关人员处理，如大面积停电，电梯关人长时间无人响应，超过 2h 仍未解决的电梯故障等；避免发生重大严重问题。

物联网可以帮助政府监督管理部门进行多维度报表，为实现有效监管提供事实依据，如生成“检验报表”，包括：过期未检电梯列表、整改电梯列表、不合格电梯列表、电梯年检覆盖率、电梯检验通过率；生成“维保报表”，包括：维保报表、过期未保电梯列表、过期未换配件列表、维保满意度报表、电梯故障率统计表；还可生成“其他统计报表”，包括：电梯占有率统计表、电梯开工统计表、电梯工程统计表。

5. 电梯整梯企业

（1）确保电梯安全　电梯物联网的最终目的无非是提升电梯的安全系数。接入电梯物联网的电梯，其安全性得到了有效保障：电梯一旦发生故障，会全程跟踪故障的发生、应对处理、维修和反馈；电梯即使未发生故障，也会对主要电梯配件进行实时监控，提前提醒更换关键配件以确保电梯安全稳定运行，有效降低电梯发生故障概率，加速电梯故障的排查速度，从而提升电梯安全等级，最终保障乘客安全乘梯。

（2）售后管理　电梯物联网负责电梯整个生命周期的管控，为每台电梯建立档案，实行一梯一档，包含电梯的配置参数、配件型号、安装改造记录、维保记录、急修记录、更换配件记录、年检记录等；电梯厂家随时可对该电梯档案进行维护和查询，方便电梯的安装、改造、修理和维保等电梯售后业务的开展。

（3）质量统计　整梯企业可以很方便地获取某一系列 / 型号电梯某一时间段的故障分布情况，以及故障和解决方案清单，可帮助整梯企业客观评估产品目前存在的种种问题，对提升产品质量大有裨益。整梯企业还可以获知电梯工程队的工程质量，对于其评估电梯工程队的安装 / 改造的质量也很有帮助。配件的更换情况可进一步帮助整梯企业重新评估其配件供应商。

6. 小区业主

小区业主可以利用各种电子设备（PC、Pad、手机等）免费接入电梯物联网；业主可监督物业和电梯维保公司的日常工作，查询电梯的维保和年检状况；浏览小区物业的通知和公告等。

6.2　电梯物联网技术组成模块

一、电梯安全监控运行模块

电梯的安全监控运行模块主要使用各种传感器收集电梯各部分的运行参数。例如，曳引机运行电压和电流，变频器或一体机的电压，温度，机房的环境参数等。

二、通信模块

主要使用有线或无线通信技术将电梯数据传输到中央服务器。

三、存储单元

电梯维护数据记录和故障备份。

四、远程监控模块

实时显示电梯的运行状态，实时接收电梯故障和被困人员信息，及时调整电梯数据进行故障处理。

五、预诊断模块

通过检测电梯运行部件使用次数和电梯运行中振动、加速度、噪声运行曲线进一步分析电梯承运质量，分析电梯零件运行状态，预先确定电梯可能存在的问题，并通知维护人员进行例行检查。

六、远程救援

遇到乘梯人员困梯情况，可通过视频、语音来安抚被困人员，同时利用网络电话、微信通知维保人员。

七、报告生成单元

对整梯各主要部件的使用、故障情况进行数据整理，并形成相应报告，以便使用单位、维保单位进一步了解制造商电梯部件的质量。

八、现场验收和处理模块

收到故障信息及维护保养信息，发到智能手机等终端设备，让维保人员按提示信息对设备进行维保或抢修。

6.3　电梯物联网技术要求

一、物联网系统架构要求

电梯运行安全监管系统的组网架构如图 6-2 所示。

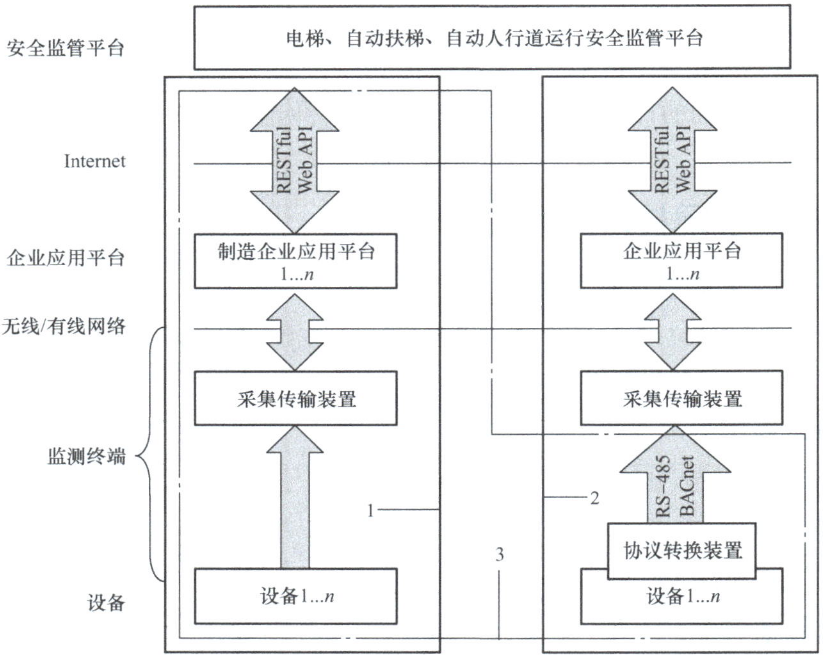

图 6-2　电梯运行安全监管系统的组网架构

图 6-2 中，

1——通过制造企业应用平台输出数据的方式。

2——通过制造企业提供的 RS-485 公共输出端口输出数据的方式。

3——由制造企业提供的边界。

具体要求如下：

1）设备应能通过监测终端向企业应用平台提供《电梯、自动扶梯和自动人行道物联网的技术规范》（GB/T 24476—2017）规定的信息。

2）企业应用平台应能向电梯运行安全监管平台提供《电梯、自动扶梯和自动人行道物联网的技术规范》（GB/T 24476—2017）规定的信息。

3）设备制造企业应通过设备制造商应用平台向电梯运行安全监管平台提供《电梯、自动扶梯和自动人行道物联网的技术规范》（GB/T 24476—2017）规定的信息，或者设置符合设备和监测终端规定的类型为 RS-485 的公共输出端口。

二、设备和监测终端要求

1）监测终端应与设备之间采取隔离措施，监测终端不能影响设备的正常运行。

2）RS-485 公共输出端口应符合 BACnet 数据通信协议，不接受任何外部对设备的控制指令。

3）如果为非设备制造商提供的监测终端，其电源应取自设备供电电源开关的前端。

4）当采用外加的传感器时，应与设备本身的电气线路无任何连接。外加的传感器不应影响设备原有的功能及运行安全。外加的传感器应符合该设备应用场合对传感器的要求（如消防电梯、防爆电梯等）。

5）设备实时运行状态信息、统计信息和故障、事件、报警记录的时间和日期应以企业应用平台为基准。监测终端的内部时钟应定期与企业应用平台的时钟进行同步，企业应用平台输出至电梯运行安全监管平台的时间以北京时间为准。

6）监测终端应配备备用电源，在其正常供电电源断电的情况下应保证能正常工作至少 1h。

7）设备的故障、事件、报警信息应实时向企业应用平台发送，发出信息时间不大于 1s。

8）设备的实时运行状态信息（见表 6-3）和统计信息（见表 6-4）仅接受企业应用平台的查询，实时运行状态信息的发送间隔不大于 1s。

9）监测终端应能至少保存最近 100 条记录，所存储的记录应包括附录所列设备的故障、事件、报警信息及其发生的时间和设备的实时运行状态信息。

10）监测终端与企业应用平台之间的数据传输和存储宜有安全策略，对数据进行加密，对数据的远程读取应有权限管理等。

11）监测终端采用电信通信装置时，应符合国家对电信通信装置的相关规定，如通信单元等须取得进网许可证、CCC 认证等。

三、企业应用平台基本功能要求

1）企业应用平台应能正确接收设备的故障、事件、报警信息、统计信息和实时运行状态信息，向电梯运行安全监管平台提供《电梯、自动扶梯和自动人行道物联网的技术规范》（GB/T 24476—2017）规定的信息。

2）企业应用平台应能查询《电梯、自动扶梯和自动人行道物联网的技术规范》（GB/T 24476—2017）标准规定的设备信息。

3）企业应用平台应能对设备基础信息（见表 6-2）进行维护。

4）企业应用平台与电梯运行安全监管平台之间的数据交换应采用 RESTful Web API。

5）企业应用平台应能及时监测设备的在线状态。

6）企业应用平台可随时接受电梯运行安全监管平台的访问，提供《电梯、自动扶梯和自动人行道物联网的技术规范》（GB/T 24476—2017）规定的信息。

7）企业应用平台与电梯运行安全监管平台之间的数据传输和存储应有安全策略，如对数据进行加密、对数据的远程读取应有权限管理等。

四、电梯设备识别代码及设备基础信息识别码与格式

企业应用平台应通过设备识别码对每台设备进行识别。此唯一识别码由企业自定义且应与设备注册代码关联，具体见表 6-1。

表 6-1　设备识别代码

属性标识符	属性数据类型	特征	数据范围 / 单位	备注
设备识别码 Identification Number	String	R	设备识别码，最多 20 个字符	为企业定义的设备的唯一识别码

注：R 表示属性必需，且服务可读。

企业应用平台应在后台配置设备基础信息，并与设备识别码进行关联。设备基础信息及其定义见表 6-2。

表 6-2　设备基础信息与格式

属性标识符		定义	数据范围 / 单位 / 示例
设备出厂编号		设备产品合格证上标示的设备编号	——
设备注册代码		设备注册登记时由管理部门给出的设备使用登记编号	字符串，最多 20 个字符
设备品种		设备按照其基本属性对应的分类所列代码进行编码 注：编码参见质检总局关于修订《特种设备目录》的公告（2014 年第 114 号）	3110：曳引驱动乘客电梯 3310：自动扶梯 3420：消防员电梯 ……
设备型号		由设备制造商定义的产品型号	——
设备安装地址		设备实际安装地址	某市某路某号某幢某单元
设备内部编号		由设备使用单位赋予设备的编号	如 1 号梯、2 号楼……
设备制造商		设备制造商的名称	——
进口设备代理商		进口设备在中国境内的代理机构（如有）	——
设备出厂日期		设备产品合格证上标示的日期	YYYY.MM.DD
设备改造单位		设备改造单位的名称	——
设备改造日期		设备的监督检验报告上的检验日期	YYYY.MM.DD
设备安装单位		设备安装单位的名称	——
设备安装日期		设备的监督检验报告上的检验日期	YYYY.MM.DD
维护保养单位名称		设备日常维护保养单位的名称	——
应急救援电话		设备使用单位或维保单位应急救援的值班电话	——
使用单位名称		设备使用单位的名称	——
电梯	层站数	电梯物理层站数	层 / 站
	额定速度	电梯设计所规定的轿厢运行速度	m/s
	额定载重量	电梯设计所规定的轿厢载重量	kg
	显示楼层	电梯的物理楼层在轿厢内的显示楼层	——
自动扶梯	名义速度	由制造商设计确定的，自动扶梯的梯级在空载情况下的运行速度	m/s
	提升高度	自动扶梯进出口两楼层板之间的垂直距离	m

（续）

属性标识符		定义	数据范围 / 单位 / 示例
自动扶梯	倾斜角	梯级运行方向与水平面构成的最大角度	°
	名义宽度	对于自动扶梯设定的一个理论上的宽度值。一般指自动扶梯梯级安装后横向测量的踏面长度	m
自动人行道	名义速度	由制造商设计确定的，自动人行道的踏板或胶带在空载情况下的运行速度	m/s
	使用区段长度	指沿自动人行道梯路方向，从桁架首端至末端之间的折线距离	m
	倾斜角	踏板或胶带运行方向与水平面构成的最大角度	°
	名义宽度	对于自动人行道设定的一个理论上的宽度值，一般指自动人行道踏板安装后横向测量的踏面长度	m

五、电梯设备实时运行状态信息与格式

1）设备实时运行状态信息应包含：设备识别码和设备实时运行状态信息。

2）设备实时运行状态信息的具体内容和符合 ISO 16484-5：2012 规定的 BACnet 协议的数据类型、特征、数据范围等见表 6-3。

表 6-3　设备实时运行状态信息与格式

属性标识符		属性数据类型	特征	数据范围 / 单位	备注
数据生成时间 Time_Stamps		BACnetDateTime	W	YYYY.MM.DD HH.MM.SS	监测终端的当前时间
电梯	当前服务模式 Service_Mode	BACnetLiftService—Mode	R	0：停止服务 1：正常运行 2：检修 3：消防返回 4：消防员运行 5：应急电源运行 6：地震模式	检修的优先级最高，电梯在检修状态中应不输出所有故障、事件和报警
	轿厢运行状态 Car_Status	Multi state	R	0：停止 1：运行	轿厢实际状态，停止即待机或断电
	轿厢运行方向 Car_Direction	Multi state	R	0：无方向 1：上行 2：下行	轿厢实际运行状态，非轿厢内指示方向
	开锁区域 Door_Zone	Boolean	R	True：轿厢在开锁区域 False：轿厢在非开锁区域	轿厢是否在开锁区域，仅电梯停止时有效
	电梯当前楼层 Car_Position	Unsigned	R	—	电梯物理楼层位置
	关门到位 Door_Status	Boolean	R	True：关门到位 False：无关门到位信号	关门：关门到位 开门：无关门到位信号
	轿厢内是否有人 Passenger_Status	Boolean	R	True：有人 False：无人	判断轿厢内是否有人的方式由厂家自定义
自动扶梯和自动人行道	当前服务模式 Service_Mode	BACnetEscalatorServiceMode	R	0：停止运行 1：正常运行 2：检修	进入检修状态后，所有故障不报

（续）

属性标识符		属性数据类型	特征	数据范围 / 单位	备注
自动扶梯和自动人行道	运行状态 Operation_Status	Multi state	R	0：停止 1：运行	实际状态，停止指待机或停止运行
	运行方向 Operation_Direction	Multi state	R	0：无方向 1：上行 2：下行	实际状态

注：R 表示属性必需，且服务可读；W 表示属性必需，且服务可读、可写。

六、电梯设备统计信息与格式

1）设备统计信息应包含：设备识别码和设备统计信息。

2）设备统计信息的具体内容和符合 ISO 16484-5：2012 规定的 BACnet 协议的数据类型、特征、数据范围等见表 6-4。

表 6-4　设备统计信息与格式

属性标识符	属性数据类型	特征	数据范围 / 单位	备注
设备累计运行时间 Total_Running_Time	Unsigned32	R	h	设备处于运动状态的时间，为设备累计值
设备累计运行次数 Present_Counter_ Value	Unsigned32	R		设备由停止状态变为运动状态的次数，为设备累计值

注：R 表示属性必需，且服务可读。

七、故障、事件和报警数据与格式

1）设备故障、事件和报警信息应包含：设备实时运行状态信息和故障、事件、报警信息。

2）应根据附录所列的相应代码和发生的日期、时间识别监测终端记录的设备实时运行状态信息和故障、事件、报警信息。设备的一个故障或事件可能导致多个代码被记录，见表 6-5。

3）设备在进入检修状态后，监测终端应不输出故障、事件和报警。

表 6-5　设备故障、事件和报警信息与格式

属性标识符	属性数据类型	特征	数据范围 / 单位	备注
信息代码 Message_Code	BACnetARRAY[N] of BACnetMessageCode	R	[00 ～ 99]*	可同时发送多个信息代码

注：R 表示属性必需，且服务可读。

6.4　电梯物联网维保系统简介

一、电梯物联网维保系统总体概述

电梯物联网维保系统一般由两部分组成，即 web 模式和手机 APP 模式，两者共用数据，实现数据共享，信息交互。维保系统功能模块图如图 6-3 所示，系统用户功能划分图如图 6-4 所示。

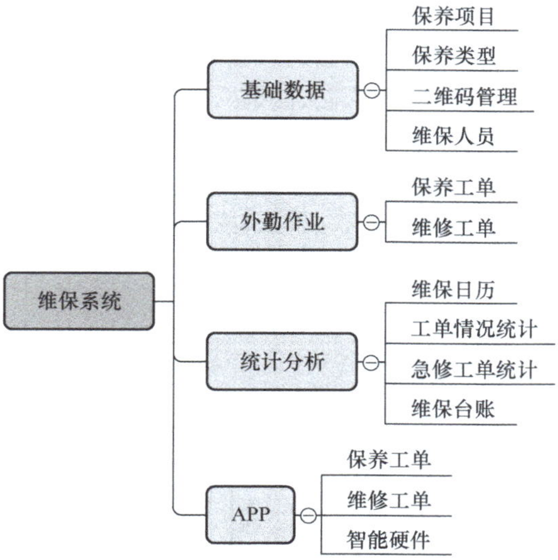

图 6-3　维保系统功能模块图

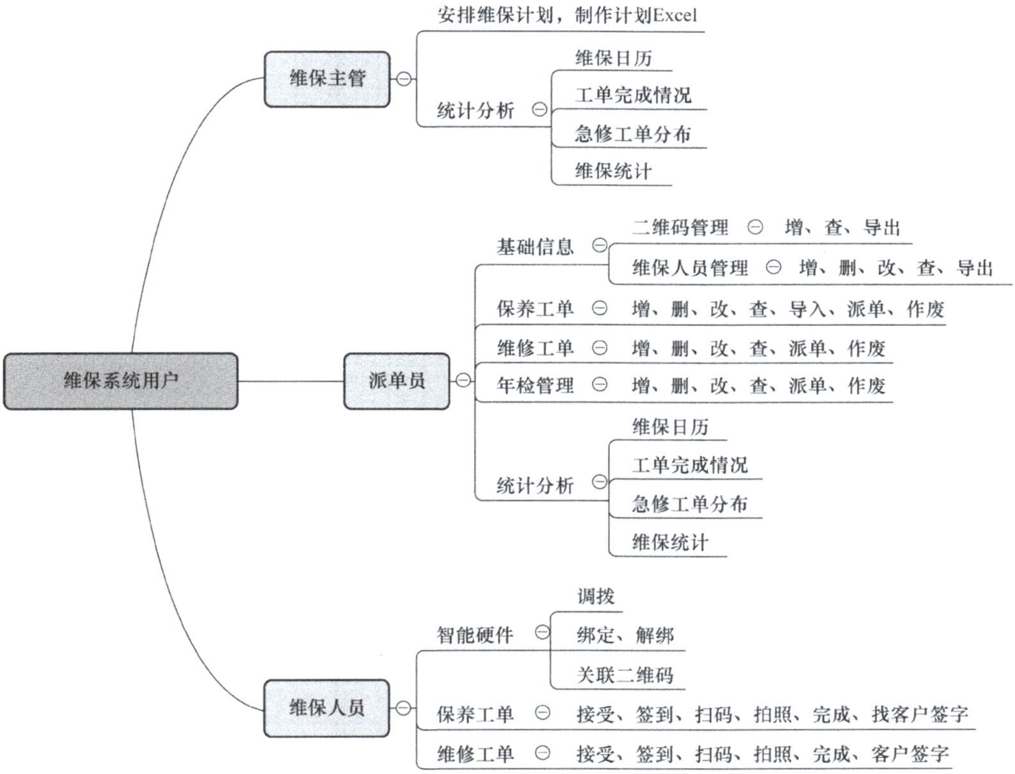

图 6-4　系统用户功能划分图

二、维保流程介绍

1. 维修工单流程

维修工单流程如图 6-5 所示。

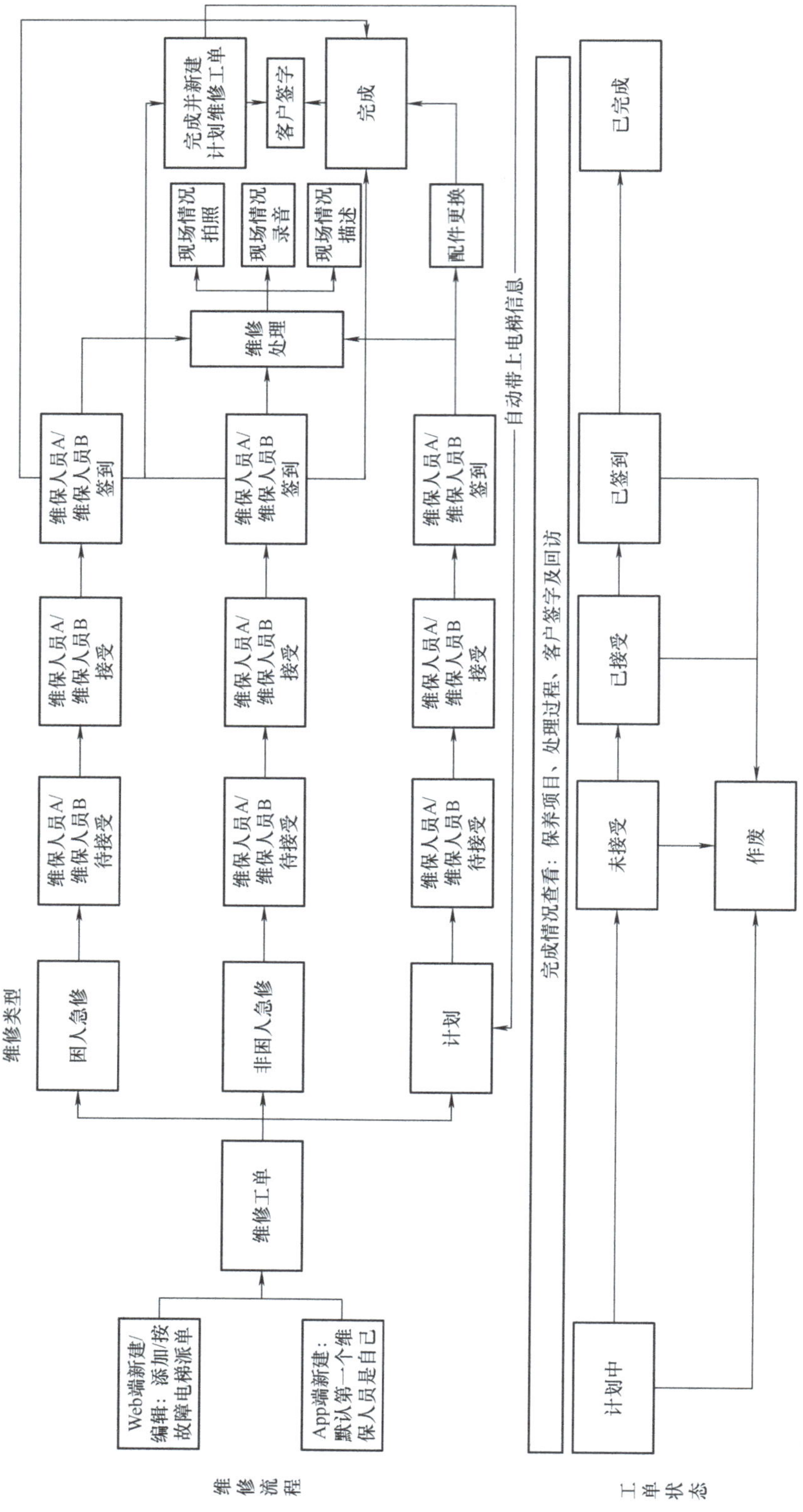
维修流程
Web端新建/编辑：添加/按故障电梯派单
App端新建：默认第一个维保人员是自己
维修工单
维修类型
困人急修
非困人急修
计划
维保人员A/维保人员B待接受
维保人员A/维保人员B接受
维保人员A/维保人员B签到
维修处理
现场情况拍照
现场情况录音
现场情况描述
配件更换
完成并新建计划维修工单
客户签字
完成
自动带上电梯信息
完成情况查看：保养项目、处理过程、客户签字及回访
工单状态
计划中
未接受
作废
已接受
已签到
已完成

图 6-5 维修工单流程图

（1）维修工单类型：

困人急修单：电梯有人被困住，需要紧急维修的单据。

非困人急修单：电梯无人被困住，需要紧急维修的单据。

计划维修单：因缺少零件等原因无法当日完成，择期维修的单据。

（2）工单状态

工单状态包括计划中、未接受、已接受、已签到、已完成、作废。手机APP上已完成的工单分为两种：已完成/未签字和已签字。

①计划中：表示工单还未发送给维保人员，可能只是计划任务。

②未接受：表示工单已经发送给维保人员，但是维保人员还未在APP上点击接受按钮。

③已接受：表示维保人员已经在APP上点击接受按钮。

④已签到：表示维保人员已经到电梯所在位置，点击了签到按钮，签到时会记录APP的经纬度，以计算签到时人员与电梯的距离。

⑤已完成/未签字：表示维保人员在APP上点击完成工单，但是客户还没有签字。

⑥已完成/已签字：表示客户在APP上已经进行评价和签字操作。

⑦作废：表示该工单无效，进行了作废操作。

2. 保养工单流程

工单状态包括：计划中、未接受、已接受、已签到、已完成、作废。手机APP上已完成工单分为两种：已完成/未签字和已签字。

①计划中：表示工单还未发送给维保人员，可能只是计划任务。

②未接受：表示工单已经发送给维保人员，但是维保人员还未在APP上点击接受按钮。

③已接受：表示维保人员已经在APP上点击接受按钮。

④已签到：表示维保人员已经到电梯所在位置，点击了签到按钮，签到时会记录APP的经纬度，以计算签到时人员与电梯的距离。

⑤已完成/未签字：表示维保人员在APP上点击完成工单，但是客户还没有签字。

⑥已完成/已签字：表示客户在APP上已经进行评价和签字操作。

⑦作废：表示该工单无效，进行了作废操作。

具体流程如图6-6所示。

三、WEB维保管理功能模块

该模块一般分为五个功能模块，分别是保养工单模块、维修工单模块、基础信息模块、维保统计模块及维保设置模块，如图6-7所示。

知识拓展　电梯智能预警平台系统

一、电梯智能预警平台的组成

电梯智能预警平台从危害程度出发，重点检测曳引力不足、制动力不足，设置了五大模块，分别是制动力曳引力制动模块、电梯故障报警模块、电梯维护检测模块、电梯实时监测模块、电梯电子档案模块。

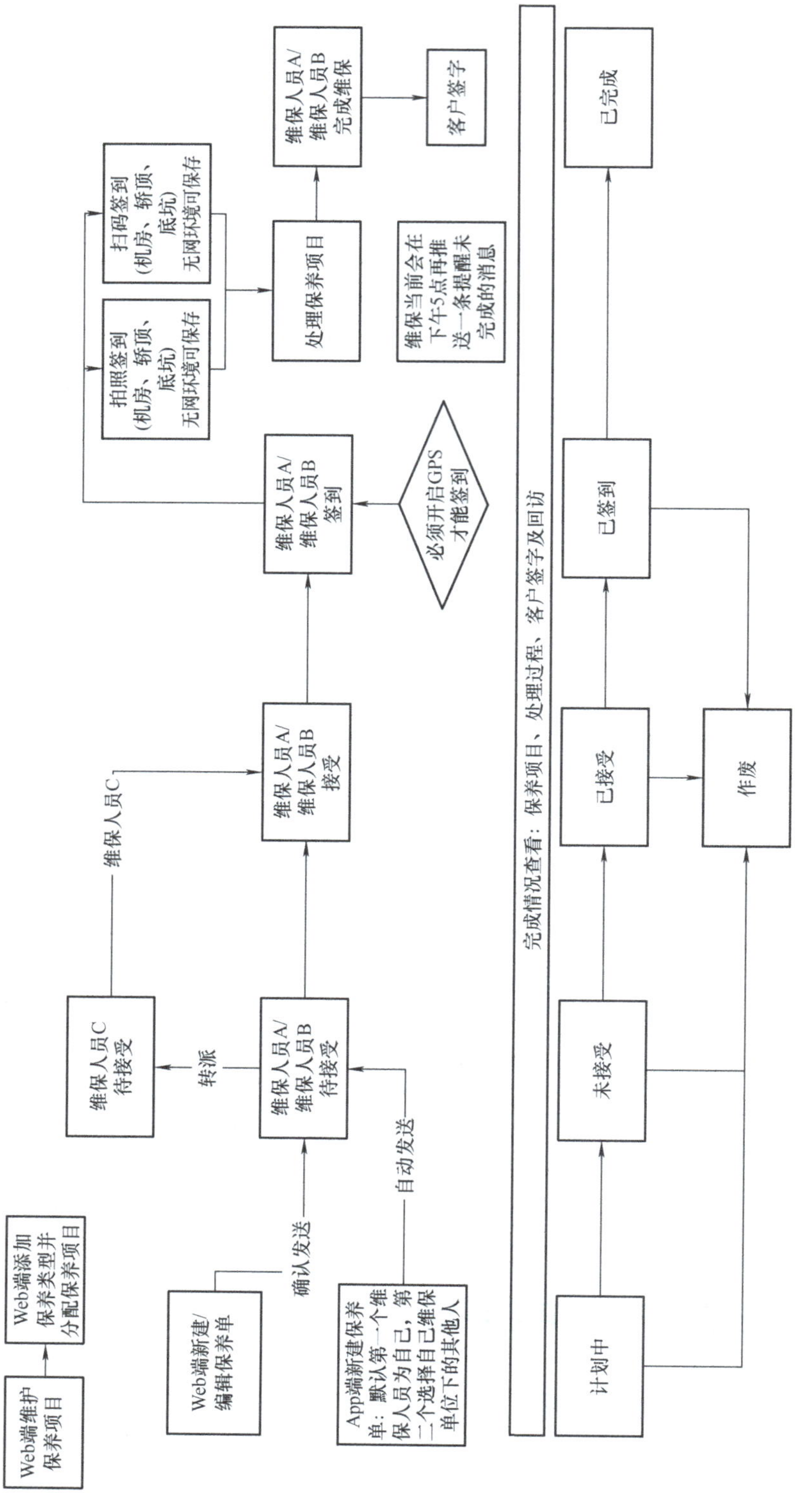
保养流程
工单状态
Web端维护保养项目
Web端添加保养类型并分配保养项目
Web端新建/编辑保养单
确认发送
App端新建保养单：默认第一个维保人员为自己，第二个选择自己维保单位下的其他人
自动发送
维保人员A/维保人员B待接受
转派
维保人员C待接受
维保人员C
维保人员A/维保人员B接受
维保人员A/维保人员B签到
必须开启GPS才能签到
拍照签到（机房、轿顶、底坑）无网环境可保存
扫码签到（机房、轿顶、底坑）无网环境可保存
处理保养项目
维保当前会在下午5点再推送一条提醒未完成的消息
维保人员A/维保人员B完成维保
客户签字
完成情况查看：保养项目、处理过程、客户签字及回访
计划中
未接受
已接受
已签到
已完成
作废
图 6-6 保养工单流程图

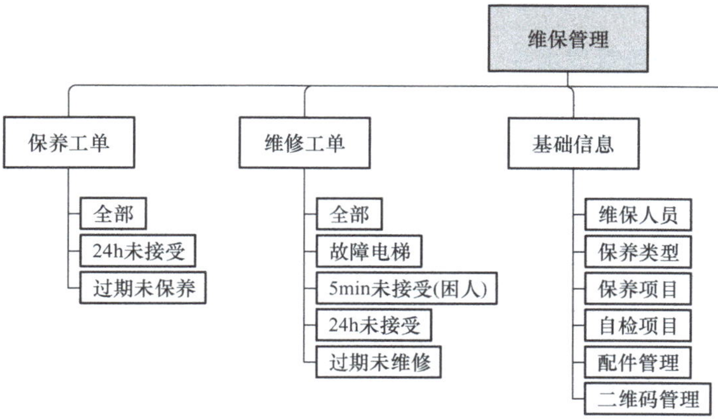

图 6-7　WEB 维保管理功能模块图

1. 电梯制动力曳引力制动模块

制动力、曳引力不足容易导致电梯发生剪切事故，该模块通过实时监测温度、电流、电压功率、噪声、抱闸行程等参数进一步分析电梯制动力及曳引力，最大程度地减少因制动力及曳引力不足产生的事故。

2. 电梯故障报警模块

电梯困人是故障的表征现象，在维保人员未到达现场勘查时，可通过该模块预先获知故障的类型，有针对性地救援。

3. 电梯维护检测模块

目前维保行业存在严重的人机不匹配情况，该模块确保维保人员及时正确地对电梯进行维护保养，包括上传维保图片、维保备注等，并将设备维护数据进行挖掘，为按需维保提供技术支持。

4. 电梯实时监测模块

实时监测模块可以查看在用电梯的基本运行情况，以掌握电梯的基本运行信息。

5. 电梯电子档案模块

该模块用于建立电梯的基本信息库，将电梯的基本信息进行梳理整合，与注册登记号、检验信息进行对接，并及时更新变化信息，从而建立科学准确的电梯基本信息库，以掌握电梯的基本静态信息。

二、电梯智能预警平台的构架

电梯智能预警平台采用 VPN B/S 结构将在用电梯数据采集后，通过物联网模块传递到数据中心，数据中心经过数据整合分析，将结果通过手机网络等传递到管理中心、使用单位及维护管理公司。公众反应的信息经过核实后，也将进入数据中心，为后续电梯改造、维修提供依据。

三、电梯智能预警平台的意义

1. 提高电梯救援响应，提升群众满意度

通过建设电梯智能预警平台，可实时监测电梯运行、使用、维保及电梯健康状态。发现故障时，系统第一时间通知监管部门、维保单位、使用单位快速处理故障，进而提高电

梯安全运行水平及应急救援响应，提升对电梯的监管服务水平，提高用户的满意度。

2. 电梯数据综合分析管理，提升服务管理水平

充分利用平台实时监测模块收集电梯运行、故障状态等信息并进行记录，形成一梯一档，利用大数据分析对各项信息数据进行整合，分析问题，解决问题，预判问题，实现对电梯从故障处理到预判故障的演化，解决数据价值的实用性转化，从有数据优化到数据有结果，结果可预期，进一步提升监管部门、使用单位、维保单位的服务管理水平。

3. 实现数据互通，提高联动效率

建立厂家、监管、检验、物业、维保、业主六方数据交互平台，规范各方工作流程，明晰各方主体责任，优化电梯维保质量，降低电梯安全风险，提高电梯事故联动效率，强化公众知情监督权。

项目 7 电梯的安全操作与常规保养

项目导入 电梯事故罪魁祸首

随着城市发展的快速推进，高楼林立成为每座城市的标配，同时也造就了“电梯时代”。数据显示，截至 2019 年年底，全国电梯保有量达到 709.75 万台，我国电梯保有量、年产量、年增长量均为世界第一。但与此同时，各种离奇古怪的电梯恶性事件也相伴而生，尤其是近年来电梯事故数量基本呈现上升趋势。目前国内电梯年增长约 60 万台，每万台电梯设备年死亡率从 2002 年的 1.33 降低到 2014 年的 0.13。从 2014 年 4 月 3 日到 2016 年 5 月 12 日，电梯事故总发生 157 起，其中直梯事故 115 起，扶梯事故 42 起。电梯事故频发的原因是多方面的：一是物业服务单位管理不到位；二是电梯维护保养不到位；三是乘客的不安全行为；四是使用者的使用方法不正确。此外，老旧电梯更新难，甚至“超龄服役”也成为安全隐患。据中国电梯行业协会统计数据显示，导致电梯安全隐患的因素中，制造质量占 16%，安装占 24%，而保养和使用问题高达 60%。勤检修、勤保养是一台电梯能长时间使用的基本条件，而少维修、疏保养、不能正确使用则是发生事故的罪魁祸首。

电梯在日常使用过程中，很多用户为搬运物品长时间遮挡电梯门，保持电梯的开门状态，长期如此不规范地使用会对电梯的门机系统产生较大影响，造成开关门失灵甚至卡住人员、物品等安全隐患。另一方面，现在迅猛增长的大小电梯维护保养公司间的恶性竞争，让电梯的日常维护标准形同虚设。缺乏监管，种种乱象成了威胁电梯安全的定时炸弹。目前国内电梯年增长约 60 万台，按此发展速度每年需要 3 万人左右加入到维护保养队伍中，同时安装人员也需要增加 1 万人左右，安装和维护保养人员年增加总数应在 4 万人左右。而实际上 2014 年新增的安装和维护保养人员不超过 1 万人，2014 年年底，安装和维护保养人员缺口达到 5 万人。2014 年，国家质量监督检验检疫总局对部分省市的 2523 台使用 15 年及以上老旧电梯进行了抽查，有 7% 的电梯存在较大的安全隐患。10 多年来的发展，也让最初安装的电梯服役时间超过了 10 年。业内人士表示，国家目前还没有制定电梯强制报废年限标准，就像汽车一样，只要通过质监部门的每年年检，就可以一直使用，而且但凡大修、改造过的电梯，年检后的使用年份又会恢复到第一年。目前电梯只有安全部件有使用年限的规定，需要按时更换。

思政案例 “上下”求索守护电梯安全

48 岁的张智勇与电梯已经打了 26 年的交道。在南宁市德泰电梯制造有限公司，他是当之无愧的技术核心。他“望听触问”，为电梯安全保驾护航；他“上下求索”，推动电梯电气新技术应用，为企业累计创造上亿元的产值。“只为安全到达。”这是张智勇在 26 年时间里对这份工作作出的庄严承诺。

首先，用匠心维护“安心”。作为特种设备，电梯的“健康”与否直接关乎着人们的生命安全。“电梯的日常维护保养一般有三部分：机房、井道和底坑，机房是电梯运行的控制中枢和动力中枢，相当于人体的大脑和心脏，这里的每一个部件都直接关系着电梯运行系统的正常运行。”张智勇说，“要准确判断和排除故障，需要电梯维保工对电梯上千个零部件了如指掌。”

“望听触问”是张智勇在 26 年工作生涯里练就的诊断隐患绝招。

“看操作盘方向（通常上面有使用标记）是了解产品厂家、维护单位、检定期限，看楼层显示是为了记住发生异响或异动的位置，属于‘望’；‘听’，就是仔细倾听电梯运行时有没有异常的声音；‘触’，就是用手指抵在轿厢壁，用手指感受电梯运行时的振动；‘问’，就是报修排故时，特别是隐性故障，先问故障亲身感受者或查看以前维护记录以及控制系统里的故障记录，以便更加快捷准确地判断、修复。”张智勇告诉记者。

张智勇说，对于电梯故障灵敏的“知觉”，来自行业的师承、同行的交流，也源于他多年的日积月累，以及检验调试过程中记下所检测电梯的各项数据，包括电梯起动、制动、加速、运行过程的水平振动、垂直振动等，再进行比对、分析，发现其中规律，并渐渐形成自身生理的感觉乃至本能。

其次，求新求变驱动前行。1998 年，入职仅 8 年的张智勇走上公司技术部长岗位，成为企业的核心技术人员。从基层一线员工变为技术骨干，张智勇把工作重心更多地放在了钻研技术和引领团队、推动企业创新发展上。20 余载的时光，社会发展，技术前行，时代在变，张智勇也在“变”。他参与了法国 AUTINOR 公司 16 位微机电梯控制系统技术引进，2000 年初成功生产出公司第一台全计算机电梯控制系统，项目填补了广西高层高速电梯改造的技术空白。

他主持完成的节能减排项目——高效率节能型曳引式电梯，解决了电气与机械的系统谐振消除等重大关键技术，比当时主流电梯节电 26% 以上，该项目产品仅 2009 年便为公司新增产值 835 万元，创造利润 179 万元。

他参考有机房电梯的结构做法和国外同类产品技术，大胆提出可盘车救援式无机房电梯的构思，2012 年年底成功试制样梯，简单、安全、可靠地解决了无机房电梯突然停驶后出现的困人救援难的问题，且关键应用技术及零部件全部国产化。正是得益于求新求变的精神，26 年来，他累计为企业创造产值已达上亿元。

最后，让“一点亮”变“亮一片”。“技术，只有传承下去才有价值。”这是张智勇始终坚持的理念。2017 年 12 月，以张智勇命名的“南宁市张智勇技能大师工作室”正式成立。以工作室为平台，张智勇带领团队开展学习交流、科技攻关、创新创效，引领青年员工立足岗位、提升素养，促使更多优秀员工脱颖而出，施展才华，让“一点亮”转变成“亮一片”，为公司培养和储备多层次、多类型的先进人才梯队。他还通过校企合作的方式担任了多所学校电梯专业教学的实训授课老师，培训学员累计超过 2500 人次。

2018 年 7 月，张智勇带队指导电梯安装维修工种南宁代表队 6 名队员参加第六届全区职工职业技能大赛，一举包揽了电梯维修工决赛前 4 名。张智勇也被誉为金牌指导、电梯工匠。

习近平总书记指出："实事求是，是马克思主义的根本观点，是中国共产党人认识世界、改造世界的根本要求，是我们党的基本思想方法、工作方法、领导方法。"张智勇就是践行了精益求精和实事求是，才使样梯数据真实、可靠、严谨、科学和具备实用价值！

学习目标 掌握电梯维护保养操作要求

- 掌握电梯的安全操作要求及技术，能正确使用和管理电梯。
- 能正确认识电梯维护保养的重要性，掌握电梯维护保养的特点及要求。
- 掌握电梯维保技术的基本知识，能独立完成对电梯的维护保养任务。
- 了解电梯周、季、年维护保养的内容及方法。
- 能读懂电梯保养相关技术手册。

知识准备

7.1 电梯的安全操作

一、电梯的基本操作

一台电梯能否正常使用，并经常处于良好状态，除要求电梯制造厂提供品质优良的产品、良好的安装质量和正确的维护保养以外，有些种类和不同场所的电梯还同电梯司机的操作水平有关。一个操作技术优良的电梯司机，不但能使电梯处于良好的运行状态，还可极大地减少事故的发生。那么，哪些种类、哪些场所的电梯需要电梯司机呢？通常有以下四类。

1. 手柄操纵控制电梯

这类电梯由司机操纵轿厢内的手柄开关，操纵电梯的起动、上下运行和停层。在停靠层站楼面上、下一定距离范围之内有平层区域，停站时，司机只需在到达该区域时将手柄开关扳回到零位，电梯就会以慢速自动到达楼面停止。现在只有极少数在用货梯采用这种控制方式。

2. 轿厢内按钮控制电梯

这类电梯按钮箱安装在轿厢内，由司机进行操纵，电梯只接受轿厢内按钮的指令，层站旁的召唤按钮只能以燃亮轿厢内召唤指示灯的方式发出召唤信号，不能截停和操纵电梯。采用这种控制方式的常为载货电梯。

3. 信号控制电梯

这是一种自动控制程度较高的有司机电梯。通常除具有自动平层和自动开门功能外，还具有轿厢命令登记、层站召唤登记、自动停层、顺向截停和自动换向等功能。采用这种控制方式的常为有司机客梯、货梯。

4. 部分集选控制电梯

集选控制电梯是一种高度自动控制的电梯，它与其他控制方式的主要区别是能实现无司机操纵。它除了具有信号控制方面的功能外，还具有自动应召服务、自动换向应答、反向层站召唤等功能。现在，这种控制方式已广泛应用于客梯，但在实际应用中，一些特定的场所必须采用有司机操纵，如在某些人员较复杂的场合（住宅楼、医院、学校、某些人员较复杂的办公楼等）。在其他场合，各用户单位可以根据电梯所处场合及电梯用途自行决定，或到当地有关管理部门咨询。

集选控制电梯一般都设有有 / 无司机操纵转换，有司机操纵时，转换到有司机操纵档。无司机操作的自动电梯并非一劳永逸，单位应根据电梯台数多少配有一定数量的专职维修保养人员，或请负责电梯维护保养的单位定期进行维护保养和对电梯大修。用户单位至少有专人进行管理及联系维修、维护工作，处理应急事故。同时，集选控制电梯对乘客也提出了较高的要求。

5. 无操作人员的自动电梯对乘客的要求

1）乘客在准备进入电梯乘坐前，应轻按一下层站召唤按钮。绝对禁止强行在外面扒门，或采用粗暴的行为及反复按动按钮，避免损坏电梯及意外事故的发生。

2）电梯到站时，应注意电梯层楼指示灯运行方向，避免在乘电梯时造成不必要的往返。

3）进入电梯后，根据所去层楼方向按下按钮，切勿任意按动其他无关按钮。

4）当乘客很少，需减少电梯运行等候时间时，若要提前关门可按一下关门按钮。

5）当电梯停止运行或尚未运行需再开门时，可按一下开门按钮，但切忌在起动或运行中按动开门按钮。

6）电梯运行中不允许背靠在电梯门上，不允许在电梯内跳动和嬉闹，电梯在停站时不要人为地挡住电梯门。

7）若需用电梯运送货物，应与电梯管理人员取得联系，将电梯开关拨至有司机操作档，由司机或管理人员操纵运行。

8）当电梯发生故障时，应通过电话或其他报警装置与有关人员联系，严禁自行打开安全窗离开轿厢。

9）电梯内不准吸烟，应讲究卫生，不允许用尖锐物损坏电梯表面，应文明乘梯。

二、对电梯司机的基本要求

1）电梯操作人员必须进行安全技术培训，经地（市）级特种设备安全监察机构考核合格，取得特种设备作业人员操作证后方可独立上岗。

2）有一定的文化程度，身体健康，无高血压、心脏病、精神病、恐高症等，有高度的工作责任心，能严格遵守安全操作规程。

3）了解所操作电梯的一般技术技能，即运行速度、额定载重量、轿厢面积、层 / 轿门尺寸等。

4）熟悉所操作电梯的服务对象、层站数、层楼高度和电梯在本楼内的位置、通道、紧急出口、维修人员值班室等。还应知道电梯常年维护保养单位联系人的电话号码。

5）了解所操作电梯基本结构和安全装置的一般原理，并能进行日常保养。

6）发生紧急情况时，应能采取应急措施把乘客安全送出轿厢至安全区。

三、电梯安全操作的基本要求

1）电梯操作人员必须经专业培训，取得操作证后方能独立操作，不准无证操作。

2）上岗前不得饮酒，工作时不得吸烟、看书报等。

3）开启层门进入轿厢时，必须先检查轿厢所在位置，确认在本层后，方可进入轿厢。

4）电梯正式使用前，应先将电梯上下试运行数次，检查安全开关、应急报警装置等，无异常现象方可投入使用。

5）电梯运行时，电梯操作人员应集中精力，不得做与工作无关的事。不得擅自离开工作岗位，如需离开，必须将电梯停在基站，并锁好层门。

6）严格按电梯额定载重量载人、载物，严禁超载；货梯严禁做客梯使用。载货电梯轿厢内货物应放置稳妥、均匀，运送金属或笨重物品时应轻放轻移，防止砸坏轿厢底。

7）不允许装运易燃、易爆的危险品，如遇特殊情况需经有关部门批准，并采取安全保护措施。轿厢内严禁吸烟。

8）在等候装载货物或乘客时，司机与其他人员不得站在轿门和层门之间，应站在轿厢内或层门外等候。

9）安全窗、安全门是电梯在运行途中发生故障或停电时用来疏散乘客的重要设施。电梯正常运行时，不准开启安全窗运送超长物件。

10）不得短接层门或桥门电气联锁做正常运行。严禁在层门或轿门敞开的状况下用检修速度作正常行驶。轿厢未停稳，不准打开轿门。

11）电梯运行必须用手来操纵手柄或按钮，不准用身体的其他部位代替手。司机应劝阻乘客在轿厢内打闹和倚靠电梯门。

12）电梯在运行中严禁直接改变运行方向。如需改变方向，必须在电梯停止后进行。

13）对于交栅门电梯，操作人员应时刻注意安全，严禁乘客把手、脚或物体伸出交栅门外。

14）在救援和撤离人员时，必须按下急停按钮。

15）司机发现电梯出现故障，应及时通知检修人员进行检修，并协助检修人员工作。

16）电梯使用完毕后，应将轿厢停在基站，并按各电梯梯种要求锁好电梯。做好运行日志和交接班手续。

四、电梯交接班的基本要求

1. 交班操作人员应做到的事项

1）认真填写本班运行日志，向接班人员介绍当班电梯运行情况、存在的问题和下一班应注意的事项。

2）接班人员未在规定时间内到岗时，交班操作人员应坚守工作岗位。

3）交班操作人员如发现接班操作人员有饮酒或其他不正常现象时，不得进行交接，并将情况及时向领导汇报。

2. 接班操作人员应做到的事项

1）认真听取上班工作情况，查阅上班运行日志。

2）检查操纵屏上各开关位置是否正确，各安全保护装置（如轿厢内急停按钮、轿门安全触板等）是否有效。

3）将电梯上下运行数次，检查有无异常现象，严禁带病运行。

3. 电梯停驶后的安全操作

1）每班工作完毕后，应将电梯开至基站，做好轿厢内的清洁卫生。

2）按各电梯梯种的锁梯要求断开轿厢电源，关闭层、轿门并锁梯。

五、电梯发生故障时的安全操作

电梯在运行中可能出现各种故障，正确处理这些故障是避免事故发生的必备条件。下面列举一些电梯故障情况下的安全操作方法，供电梯司机参考。

1. 当电梯运行中突然停车时

当电梯运行中突然停车，轿厢处于平层区域时，操作人员应将安全开关断开，用人力打开轿门和层门，让乘客撤离。如轿厢处在两层楼之间时，操作人员应用报警装置或电话通知维修人员排除故障。当停电或故障不能及时排除时，应配合维修人员采取安全保护措施，组织乘客有序、安全地撤离。维修人员在机房盘车时，应由两人以上严格按紧急盘车操作程序进行操作。维修人员将轿厢盘至平层位置后，用层站钥匙打开层门、轿门，让乘客撤离。

2. 当电梯安全钳动作时

如遇电梯安全钳动作，操作人员应用报警装置或电话通知维修人员，看是否可用慢速将电梯向上开至就近层站，待乘客撤离后进行检修。当无法向上开，且用手轮也无法移动轿厢时，操作人员应首先将安全开关断开，如在平层区域，可用人力打开轿门和层门，让乘客撤离轿厢。如不在平层区，则打开安全窗，由维修人员打开相应的层门，采取安全保护措施后组织乘客有秩序地撤离。

3. 当电梯发生其他故障时

当电梯发生下列故障时，操作人员应立即按下急停按钮或急停开关，让乘客撤离，同时通知维修人员修复。

1）当电梯门已关闭，电梯不能起动时。

2）发现电梯速度有明显加快或减慢时。

3）当发现电梯在层门、轿门没有关闭而仍能起动运行时。

4）当电梯的运行方向与指令相反时。

5）当电梯在运行中有异常噪声、振动、冲击时。

6）当发现电梯任何金属部位有麻电现象时。

7）当电梯在选定层站不能停站时，或停站位置不正确时。

8）当电梯超越上下端站而继续运行，直至限位开关或极限开关动作后才停止运行时。

9）当发现电气部件因过热而散发焦臭味时。

六、电梯发生紧急故障时应采取的措施

电梯困人救援

电梯发生紧急故障时，常有异常的声响和振动，或轿厢内失去照明，极易造成乘客心理恐慌和混乱。司机的首要任务是稳定乘客情绪，尽快与外部取得联系，争取外部救援，下面分几种紧急故障分别说明。

1）因电梯安全装置动作或停电而中途停机时，一方面告诉乘客不要惊慌，严禁扒门外逃；一方面通过电梯轿厢内的紧急报警装置通知外界前来救助。

2）电梯突然失控发生超速运行，断电仍无法控制时，可能造成钢丝绳断裂而使轿厢坠

落，或可能因漏电而造成轿厢自动行驶的，电梯司机首先应按下急停按钮，断开电源，就近停层。如电梯继续运行，则应重新接通电源，操作按钮使电梯逆向运行，如果轿厢仍自行行驶无法控制，应再次切断电源；电梯司机应保持冷静，等待安全装置自动发生作用使轿厢停止，切勿跳出轿厢；同时告诉乘客将脚跟提起，使全身重量由脚尖支撑，并用手扶住轿壁，以防止轿厢冲顶或蹲底而发生伤亡事故。

3）当电梯发生严重的冲顶和蹲底后，如果电梯因某些原因失去控制或发生超速而无法控制，虽按下急停按钮仍无法停止时，司机应保持镇静并稳定乘客情绪，切勿打开轿厢门企图跳出轿厢。如时间允许，司机可以提醒大家手扶轿壁、提起脚跟、膝盖弯曲以减小轿厢冲项或蹲底的冲击力对人体的影响。当电梯的各安全装置自动发生作用使电梯停止后，司机可以采取措施或通知相关人员协助撤离乘客。

4）当电梯所在大楼发生火灾时，根据火灾轻重程度的不同，对于可做消防员专用的电梯，用消防功能将乘客运送到安全层站。对于不是消防专用的电梯，司机应尽快将乘客送到安全层站，关闭各层门，切断电源，以防火势蔓延到其他楼层。

5）当发生地震后，微震或轻震对电梯的破坏不大，可是轿厢或对重的导靴有可能脱出导轨，或有部分导线被切断，此时开动电梯就可引起意想不到的事故。因此，地震时应立即就近停站，尽快让乘客撤离。

6）当电梯发生事故后，司机应立即停止运行电梯，切断电源，会同有关人员一起抢救受伤人员，保护现场，并及时报告当地有关部门，等候处理。

当发生上述情况后，须经专业人员严格检查，整修后报有关部门验收合格方可使用。

乘坐电梯礼仪

七、电梯安全文明搭乘守则

1. 电梯乘梯操作规范

1）呼叫电梯时，乘客仅需按所去方向的呼叫按钮，请勿同时将上行和下行方向按钮都按亮，以免造成无用的轿厢停靠，降低大楼电梯的总输送效率。同时，这样也是为了避免安全装置错误动作造成乘客被困在轿厢内，影响电梯正常运行（见图 7-1）。

2）高峰期乘坐时，电梯因频繁停靠，可能会耽误您的时间，请不要用力踹门，严禁用力敲打按键。

3）轿厢到站，轿门打开后先看（见图 7-2）：轿厢是否停靠本层，轿厢地坎是否水平。按照先下后上的原则，乘客应迅速离开或进入轿厢，避免一脚门里一脚门外状态停留。如果地坎高度差较大，应暂停乘坐电梯，并告知相关管理部门。

图 7-1　外呼电梯

图 7-2　电梯到站乘梯安全

4）电梯门开启时，一定不要将手放在门板上，防止门板移动时挤伤手指，电梯门关闭时，切勿将手搭在门的边缘，以免影响关门动作甚至挤伤手指。可长按开门按钮，保持电梯门的开启状态（见图 7-3）。带小孩时，应当用手拉紧或抱住小孩乘坐电梯。

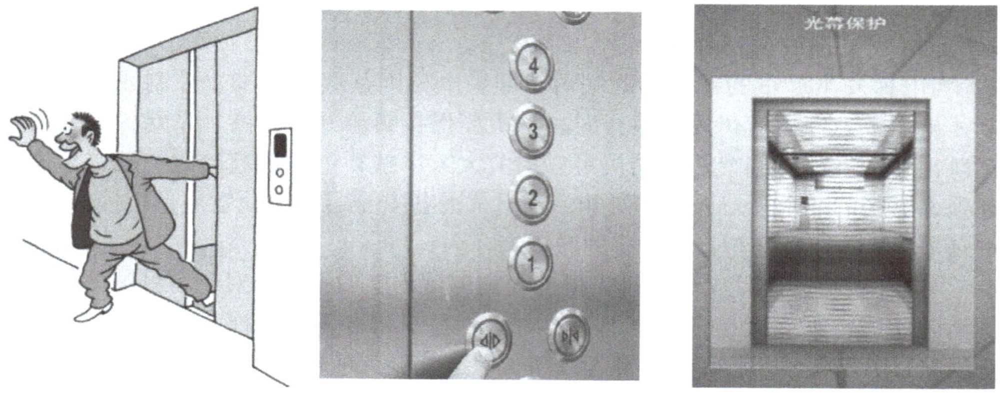

图 7-3　电梯夹人事故安全须知

5）乘坐电梯时，应与电梯门保持一定距离（见图 7-4），为了安全起见，因为在电梯运行时，电梯门与井道相连，相对速度较快，电梯门一旦发生故障，将会危及门附近的乘客的人身安全。

6）进入轿厢后，确定选层按钮（见图 7-5）。轻按想要达到的楼层；如果误按其他楼层，在电梯门关闭前轻按两下（有的电梯是“长按”）即可取消；不要使用雨伞等尖锐物品敲击按钮。

图 7-4　乘坐电梯安全须知

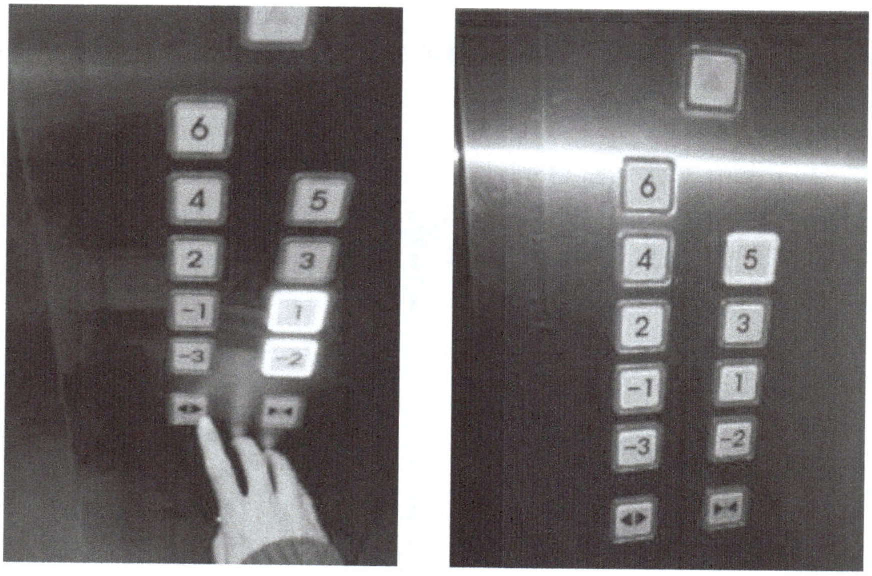

图 7-5　乘梯时按需确定选层按钮

7）不要在电梯里蹦跳、扒门缝和乱按按钮。电梯轿厢上设置了很多安全保护开关。如果在轿厢内蹦跳，轿厢就会严重倾斜，有可能导致保护开关动作，使电梯进入保护状态。这种情况一旦发生，电梯会紧急停车，造成乘梯人员被困。不文明乘梯可能引发电梯事故，如图 7-6 所示。

请勿在电梯内乱蹦乱跳或追逐打闹，以免发生故障被困

禁止扒门和打开轿顶安全窗，以免坠落电梯井道，发生重大伤亡事故

图 7-6　不文明乘梯

8）进出电梯门时，很多人习惯用身体挡门，虽然没有危险，但如果时间过长，电梯控制部分会认为电梯已经出现了故障，有可能会报警，甚至停下来。所以比较得体的做法，就是进入电梯后，按着开门按钮。

特别需要提醒的是，站在电梯门处挡住电梯门是很危险的。因为电梯里面是安全的，外面也是安全的。但是站在这两个空间交界的地方，假如说这个时候出现了大家俗称的开门走车的情况，这个人就会受到剪切。所以这是一个非常危险的位置，不应该在这个交界的地方停留（见图 7-7）。

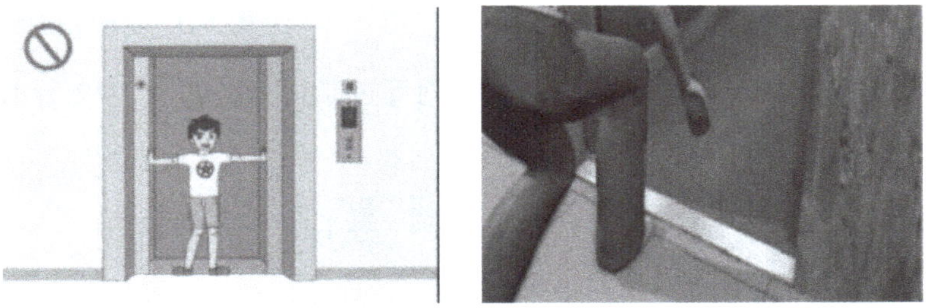

图 7-7　错误乘梯案例

9）有些单位用货梯作为客梯用，这是不允许的，两种电梯如图 7-8 和图 7-9 所示。与客梯相比，货梯的装潢或舒适感要差一些，其振动和噪声的指标没有提出特殊的要求。另外有一种货梯是绝对不能作为客梯用的，就是超面积的。因为有时候工厂里做的这种产品比较轻，它希望轿厢做得大一点，那么经过有关部门批准，这个轿厢面积比标准的要大。说这种货梯作为客梯用时就会出现超载。

10）乘客要爱护电梯设施，保持轿厢内的清洁卫生。不得在电梯内吸烟、吐痰、乱丢垃圾、乱涂乱画，禁止不文明乘梯行为，如图 7-10 所示。

11）不得使用电梯搬运水泥或超长超大物品，如图 7-11 所示。

图 7-8　客梯

图 7-9　货梯

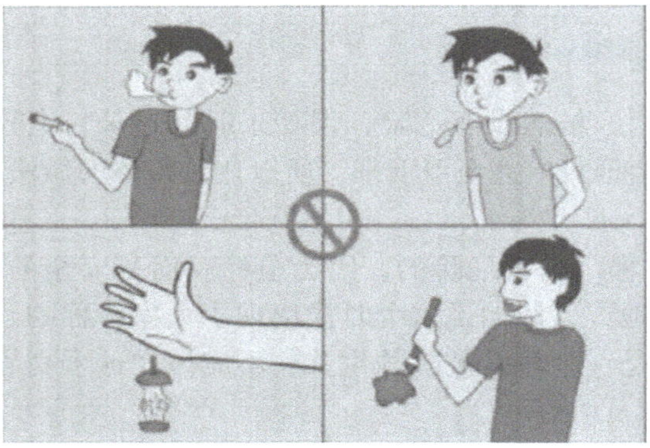

图 7-10　不文明乘梯行为

图 7-11　电梯禁运物品

12）假如被困电梯中，不应做出扒门、踹门等过激行为，如图 7-12 所示。应立即拨打救援电话，等待救援。

图 7-12　被困电梯错误做法

13）不得使用电梯运送电动车、摩托车等交通工具，如图 7-13 所示。

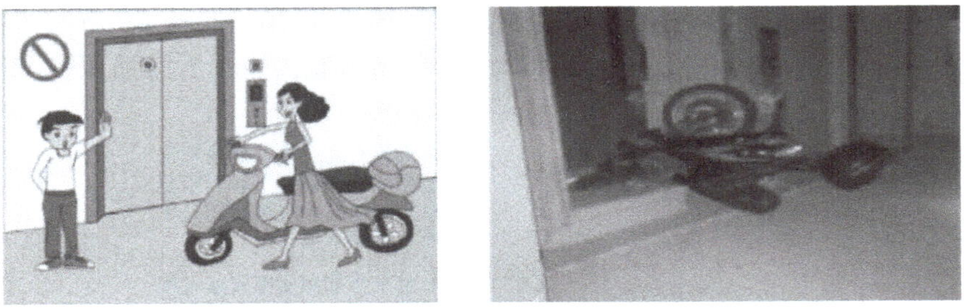

图 7-13　乘梯禁运电动车、摩托车

2. 电梯故障时安全常识

1）电梯突然停电或出现故障急停时，应立即按紧急呼叫按钮与外界联系。无人应答时，可考虑通过手机联系维修人员。可用力拍打轿壁、轿门，引起其他人的注意。等待救援人员到来过程中，不可强行扒门自救（见图 7-14）。救援人员到达后，听从救援人员指挥。电梯轿厢非密闭结构，并且有风扇送风，无窒息的危险。

图 7-14　遇到电梯故障时的错误做法

2）发生坠落事故时，首先是固定自己的身体。这样，发生撞击时，不会因为重心不稳而造成摔伤。其次是要运用电梯轿壁作为脊椎的防护，紧贴墙壁，可以起到一定的保护作用。最重要的，可以借用膝盖弯曲来承受重击压力。这是因为韧带是人体唯一富含弹性的组织，比骨骼更能承受压力。因此，背部紧贴电梯轿壁，膝盖弯曲，脚尖点地、脚跟提起的保护动作才是正确的，如图 7-15 所示。

3）电梯蹲底，就是电梯的轿厢在控制系统全部失效的情况下会错过首层平层位置而向下行驶，直至撞底坑的缓冲器上才停止。这样的情况虽然很少发生，可一旦发生，后果会十分严重，巨大的惯性很可能导致乘客全身骨折，甚至危及生命。其实如果电梯在下降过程中突然急速下坠，电梯的安全保护装置会使电梯停下来。值得注意的是，电梯从开始坠落到停下的距离与电梯的载重量有关，因此乘坐电梯决不能超载。

4）被困到电梯里的自救措施。遇到突发情况应按警铃或紧急呼叫按钮，及时与电梯值班人员联系。在刚刚被困时，如果电梯内没有报警电话，可拍门叫喊或用鞋子敲门。如果长时间被困，最安全的做法是保持镇定，保存体力，等待救援，如图 7-16 所示。

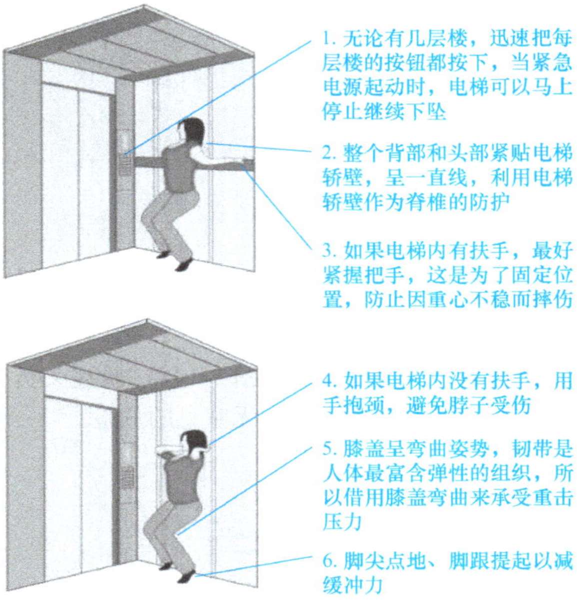

图 7-15　遇到电梯故障时的正确姿势

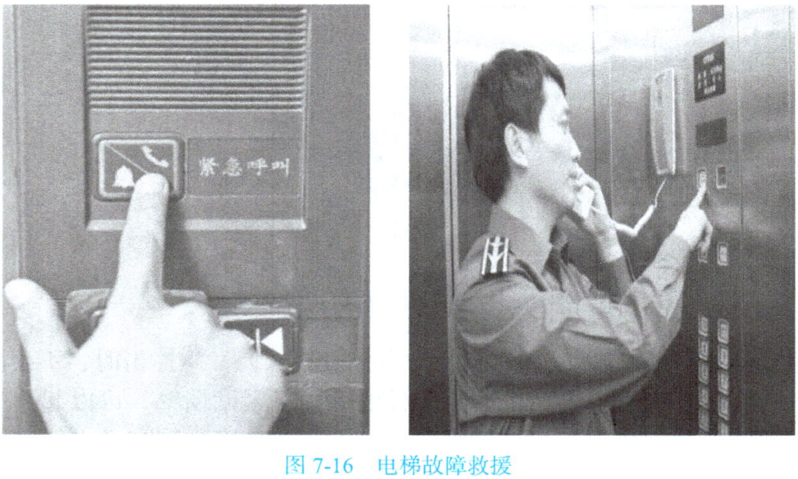

图 7-16　电梯故障救援

5）电梯管理人员解救被困人员的方法。当发生电梯困人事故时，电梯管理人员通过电话或喊话与被困乘客取得联系，务必使其保持镇静，耐心等待维修人员的救援。当轿厢远离电梯层站时，进入机房关闭电梯电源开关，在电梯轴上安装盘车手轮，一人用力把住盘车手轮，另一人手持制动释放杆轻轻撬开制动。注意观察平层标志，使轿厢逐步移动至最接近层门为止。当确认制动无误时，用层门钥匙开启层门、轿门，协助乘客离开轿厢，并重新关好层门。救援示意图如图 7-17 所示。

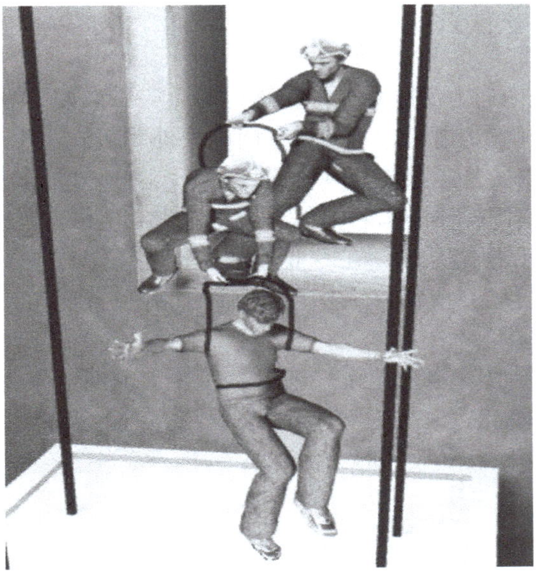

图 7-17　救援电梯被困人员

3. 乘坐电梯安全提示

1）请依据所要到达的楼层按选层按钮，以提高电梯运行效率。

2）请勿超载乘坐电梯。电梯自身带有称重装置，如果超过额定载重量，将不能正常使用并发出警报，需将超出部分移出，直至重量在额定载重范围之内方能起动。电梯超载报警装置如图 7-18 所示。电梯超载时会停止运行，在面板上显示信息超载，并伴有报警声。电梯超载时应按照后进退出的原则顺序退出轿厢，直到报警解除。

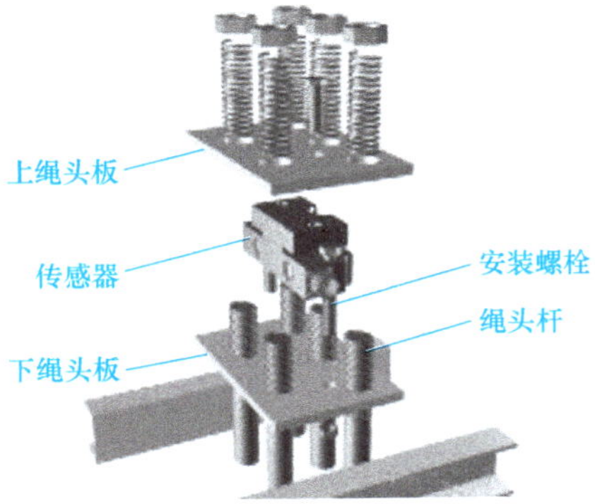

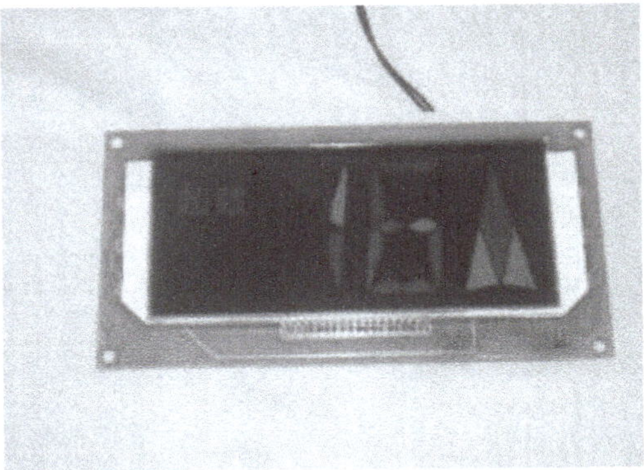

图 7-18　电梯超载报警装置

3）乘坐电梯时不要将身体靠在轿门上。

4）不要在电梯轿厢内吸烟、打闹、拥挤、冲撞，以免发生意外。

5）严禁运装易燃、易爆的危险物品。若遇特殊情况，需经有关管理部门的同意并采取必要的安全保护措施后方可运装。

6）不要随便按急停按钮。急停按钮是为了应对意外情况而设置的，电梯正常运行时，不要按急停按钮，以免带来不必要的麻烦。

7）如发现电梯开门运行、电梯轿厢地坎与楼层不平齐情况，说明电梯出现故障，应停止乘坐，待有关部门处理。

8）如乘坐电梯过程中遇电梯故障，停止运行时，应采取如下措施。

第一步：保持镇定，稳定情绪，不要自行向电梯外翻爬。

第二步：找到电梯内的紧急报警装置，通过报警装置向外界求救。

第三步：查看电梯内部提供的求救电话，拨打该求救电话向外求救。

第四步：向外发出求救信息后，在专业人员的指导下采取相关措施，不可擅自采取撬门、扒门等错误的自救行动，应该在电梯内静待专业人员开门救援。电梯平层后，在专业人员的指导下快速离开电梯。

9）发生火灾时不要乘坐电梯（见图 7-19）。发生火灾时，乘客禁止使用电梯逃生，应选择楼梯安全出口迅速撤离。电梯井道上下贯通，火灾时会有大量烟雾及有害气体进入。消防电梯及消防功能电梯在发生火灾时为消防员专用。

图 7-19　火灾乘梯须知

10）雷雨天，如果没有紧急事情最好不要乘坐直梯。因为电梯机房通常是在楼顶的最高处，容易遭到雷击。

11）电梯维护保养时，禁止乘梯（见图 7-20），以免发生伤亡事故。

图 7-20　特殊情况乘梯安全

12）不得使用无使用标志的电梯，确保所搭乘电梯安全可用，如图 7-21 所示。

图 7-21 电梯使用登记标志

13）及时通报故障，文明乘梯（见图 7-22）。搭乘电梯时，发现电梯有异常刮蹭、振动和异味，要及时通知电梯管理或维修人员，确保电梯安全。

图 7-22 及时上报电梯故障

14）乘坐自动扶梯，在落脚时一定要看清脚下的梯级，不要踩在黄色安全警示线以外及两个梯级相连的部位，应“牢牢握住扶手带”！搭乘扶梯的对比如图 7-23 所示。

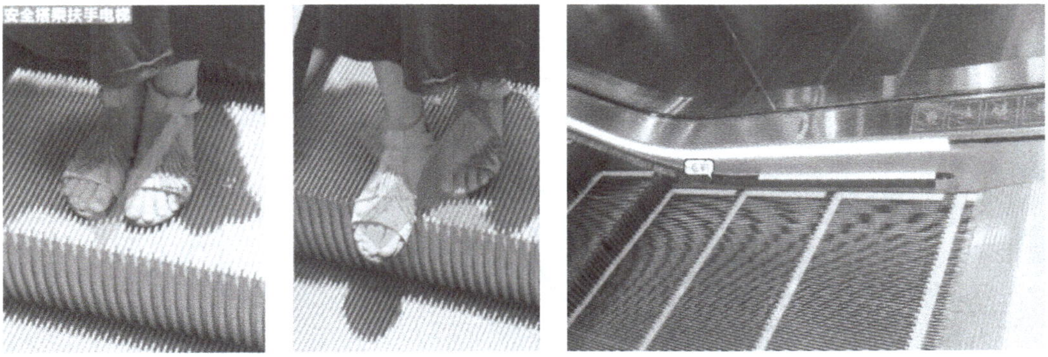

a) 正确搭乘　　b) 错误搭乘　　c) 黄色安全警示线

图 7-23 正确搭乘自动扶梯

15）乘坐自动扶梯时，不要蹲坐在梯级踏板上。穿长裙的应适当提起，以免卷入扶梯，造成危险；购买的物品不可放置在梯级上，以免在出口处绊倒，扶梯出口处不得逗留。如图 7-24 所示。

a) 正确乘梯　　b) 错误乘梯

图 7-24　搭乘自动扶梯正确与错误示范（一）

16）儿童、老人乘坐自动扶梯时，监护人要起到监护作用，宠物要抱起（或直接乘坐垂直电梯），孩子切不可将电梯当作玩具。如图 7-25 所示。

a) 正确乘梯　　b) 错误乘梯

图 7-25　搭乘自动扶梯正确与错误示范（二）

17）自动扶梯禁止运载童车、手推车、自行车等笨重物品。搭乘自动扶梯错误示范如图 7-26 所示。

18）不要在乘坐自动扶梯时看书、读报或接听手机等（见图 7-27），应“牢牢握紧扶手带”。

19）不要将头、四肢伸出扶手装置以外，以免造成人身伤害，如图 7-28 所示。

20）发生身体某些部位或随身物品被挤压进扶梯缝隙时，被夹者应大声呼救，召唤扶梯出入口的乘客和操

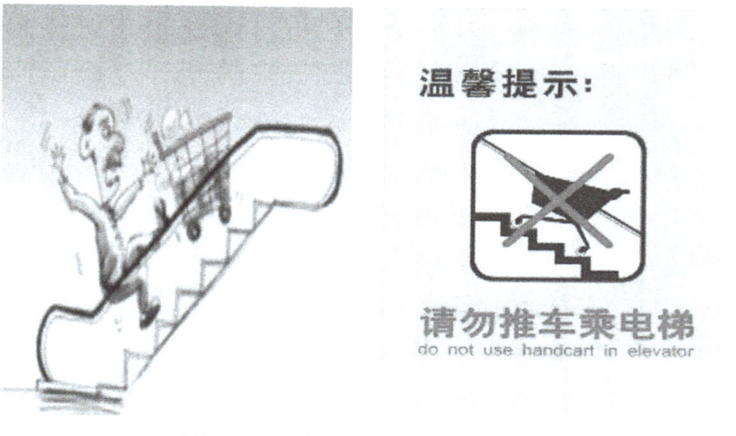

图 7-26　搭乘自动扶梯错误示范（一）

作人员按动红色急停按钮，使扶梯停止运行。扶梯急停按钮位置如图 7-29 所示。

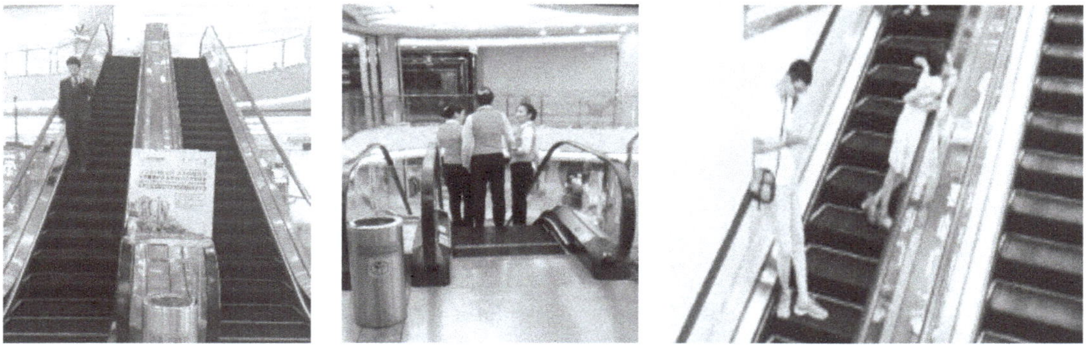

图 7-27　搭乘自动扶梯错误示范（二）

图 7-28　搭乘自动扶梯错误示范（三）

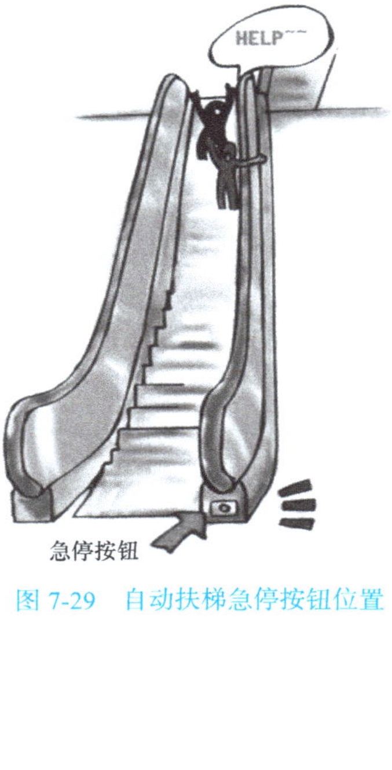

图 7-29　自动扶梯急停按钮位置

21）遇到电梯检修时，应主动停止乘坐，更不可围观或强行闯入（见图 7-30）。

图 7-30　自动扶梯出现故障时禁止搭乘

7.2　电梯的使用管理

一、电梯行政管理规定

根据国家有关规定，电梯属于特种设备。特种设备的设计、制造、安装、使用、检验、维修保养和改造，由质量技术监督部门负责质量监督和安全监察。产品必须符合有关国家标准与相应的监察规章的要求。

1. 生产许可证和安全认可证

对实施生产许可证管理的特种设备，由国家质量技术监督局统一实行生产许可证制度；对未实施生产许可证管理的特种设备，实行安全认可证制度。电梯产品为实行生产许可证制度的产品，未取得相应产品生产许可证的单位不得制造相应的产品。

2. 型式试验

1）特种设备的新产品或部件必须在经过型式试验后方可提供用户使用。

2）电梯的安全部件限速器、安全钳、缓冲器、门锁等必须经型式试验合格后方可提供给用户使用。

3）在我国境内销售境外制造的电梯产品或者部件，其同类型首台产品或部件必须由国家质量技术监督局指定的监督检验机构进行型式试验，合格后方可正式销售。

3. 安装、维修保养与改造

电梯的安装、维修保养与改造，应由具备相应资质并取得省级监察机构资格认可证书的单位进行。安装、大修、改造后的电梯必须经有法定检验资格的单位验收检验合格后方可投入使用。

4. 电梯的定期检验

在用电梯必须经认可的特种设备检验技术机构实施检验合格并取得安全检验合格标志，且在有效期内方可使用。在用电梯的检验周期为一年。超过一年未检的电梯不得投入使用。

二、设备管理制度

本着谁管理谁负责的原则，电梯使用单位必须对电梯的使用安全负责。应按照有关规定及时申请相应的验收检验和定期检验。只有在相应检验合格后，将安全检验合格标志固定在电梯轿厢上方显著位置，方可投入正式使用。

电梯使用单位还须加强电梯的使用管理，建立相应的管理制度和配备有效的维保力量，保证电梯安全运行。

1. 配备专职人员

1）电梯使用单位为确保使用管理工作落实到位，要明确管理机构，明确管理人员，制订相应的管理职责，责任落实到人。

2）明确电梯是否需配备专职操作人员，如需配备的，必须按要求配备。

3）必须落实维护保养工作，有条件时，维护保养人员可以是本单位的；维护保养人员必须经过地（市）级有关部门培训考核合格，做到持证上岗，否则应委托具有相应资格的单位承担维护保养工作。

2. 建立技术档案

为使电梯在投入使用后的维护保养、检修有完善的技术资料可供参考，应建立详尽的电梯技术档案。电梯技术档案应包括以下内容：

1）装箱单。

2）产品出厂合格证。

3）井道及机房土建图。

4）电气控制原理图、布线图、元件代号目录。

5）电梯使用、维护说明书。

6）安装或大修自检报告书。

7）安装或大修合同。

8）变更设计证明文件（如有）。

9）特种设备检验技术机构出具的验收检验和定期检验报告书。

10）电梯运行记录，维护保养记录，故障检修记录。

11）事故记录。

12）电梯使用操作规程与管理制度。

3. 电梯操作制度

对各类电梯，使用单位必须建立相应的操作制度；制订操作规程和应急措施；定期进行检查督促，保证制度严格执行。

4. 完善电梯定期维保制度

各类电梯因使用环境的差异，对维护保养工作的周期和内容有不同的要求。使用单位应根据本单位的实际情况制订相应的日常检查与定期维护保养制度。

7.3 电梯的定期检查与保养

一、机房内的检查与保养

1. 曳引电动机

1）经常清除电动机内部和换向器、电刷等部分的灰尘，不使积灰或水和油进入电动机内部。

2）每季度检查一次电动机绕组与外壳的绝缘电阻，应大于0.5MΩ。如阻值降低，应采取措施加以修复。

3）电动机轴与减速器输入轴用联轴器连接，当采用刚性连接时其同心度应不超过0.02mm，当采用弹性连接时，则其同心度应不超过0.1mm，制动轮的径向跳动应小于$D/300$（D为制动轮的直径）。

4）电动机电刷的压力应保持在0.15～0.25kg/cm^2。

5）电动机如为滑动轴承由甩油环润滑，要经常检查油面高度和油是否清洁，要保证油环转动灵活，并把油带上来进行润滑。同时，应不使油从管路、阀门和油量观测器处泄漏。对于采用滚动轴承的电动机，出厂时都已加好较充足的润滑剂（一般为轴承脂），可使用6个月左右，到时应补充润滑剂，但润滑剂的品种牌号应符合制造厂家的规定。

2. 电磁制动器

1）应检查制动轮与减速器输入轴和键的结合在两侧有无松动，如有松动，应予检修修复。

2）制动器两侧闸瓦在松闸时应同时离开制动轮，其间隙应均匀，最好保持在0.25～0.50mm内，不得超过0.7mm。闸瓦上的瓦衬应无油垢，瓦衬磨损超过其厚度1/4或已露出铆钉头时应更换新的瓦衬。

3）调整电磁铁心的气隙（气隙越小，拉力越大），电磁铁的可动铁心与铜套间可加入石墨粉润滑。

4）清洁制动器轴销与销孔内的积灰和油垢，给以适当的润滑，使它动作灵活。如轴销与销孔磨损失圆，应更换新销和销套修复使用。

5）调整制动器主弹簧的预紧力，使压力适当，在保证安全的前提下，满足平层准确性和乘座舒适性的要求。

6）制动器的线圈温升应不超过60K。

3. 曳引减速器

1）检查减速器箱体内的油量，使油量保持在油标尺规定量的范围。通常下置式蜗杆传动油面应能浸没蜗杆齿高，但以不超过蜗杆中心线为限，以免油面过高发生渗漏情况。对上置式蜗杆传动，最低油面浸到蜗轮齿高，最高油面以能浸没蜗轮直径1/6为限。

2）减速器箱体的分割面、窥视盖等应紧密连接，不允许渗漏油，蜗杆轴伸出端渗漏油应不超过以下数值：合格品每小时渗出油不超过150cm^2，一等品50cm^2/h，优等品不应渗出油（0cm^2/h）。

3）箱内油质应符合出厂规定要求，我国一般都采用齿轮油（SYB1103-62S），冬季用HL-20，夏季用HL-30，一般应半年随季节变化而换油，油应滤清，不允许含有颗粒类杂质，且不可以是半固体的脂状油。

4）减速器在运行时不得有杂声、冲击和异常的振动。箱内油温不得高于85℃，轴承温升不高于60℃，否则应停机检查原因。消除杂声、振动、高温后才能继续运行。

5）检查蜗轮蜗杆的轴向游隙，由于电梯频繁地换向运行，蜗杆传动中产生的推力由推力轴承承受，该轴承磨损后，蜗杆的轴向游隙就会增加而超出标准。应结合季度或年度定期检修，调整蜗轮减速箱中心距调整垫片或轴承盖调整垫片，或更换轴承使游隙保持在规定范围内。进行该项调整时，常需吊起轿厢与对重，使曳引轮上悬挂的载荷全部解除后才能进行，要特别注意安全。

6）应检查曳引减速器箱体、轴承座、电动机底盘等定位螺栓有无松动情况。当减速器使用日久，蜗轮蜗杆轮齿磨损过大，在工作中出现很大的换向冲击时，应进行大修，如调整中心距或更换新的蜗轮蜗杆。

4. 曳引轮与导向轮（包括反绳轮、复绕轮）

1）检查曳引轮轮缘与转动套筒或其轮套与轴的接合处，应无松动或相对位移，可在接合处局部涂油后运转，就会显示出有无松动或相对位移。

2）对曳引轮导向轮轴的轴承补充润滑剂，如系密封式轴承壳内装置的滚动轴承，每次加油可使用半年。

3）检查曳引轮绳槽，应清洁，不许对绳槽加油，绳槽中有油污及钢丝绳表面多余的润滑油时，应用抹布抹除。

4）应检查绳槽磨损是否一致，当绳槽间的磨损深度差距超过曳引轮直径 1/10 时，可就地重车绳槽或更换新的曳引轮。对于带切口的半圆槽，当绳槽磨损至切口深度少于 2mm 时，应重车绳槽，但车修后切口下面的轮缘厚度应不小于曳引钢丝绳直径。

5）检查或就地车削曳引轮时，可将轿厢停在上端站平层位置，将底坑内的对重架用木架垫实，利用机房顶部吊钩悬挂环链手拉葫芦（起重量 3t），用钢丝绳吊索将轿厢吊起，卸去曳引轮上的全部曳引钢丝绳，再用吊索将轿厢固定悬挂在曳引机承重梁上，然后腾出手拉葫芦去拆卸曳引轮，更换上新的曳引轮。也可用就地装置一套车刀架子，使曳引机转动，在轿厢机房重新车削曳引轮槽来修复槽形。然后再将曳引钢丝绳挂上曳引轮，用手拉葫芦使轿厢复位和折除对重架上方的垫木架，再拆除手拉葫芦后才可进行试车运转。

6）对曳引轮和导向轮的轮缘进行锤击试验，测定是否存在裂纹，如发现有裂纹应立即设法更换。

7）检查曳引轮和导向轮所有的轴承螺栓，都应紧固好。

5. 限速器与安全钳

1）检查清洁限速轮与轴所积聚的污物，每周加油使之保持良好的润滑，使能对速度变化反应灵敏，转动灵活。并保持限速器弹簧上的铅封完好。

2）限速器夹绳钳口的污垢应及时消除，使夹绳动作可靠。

3）限速器张紧装置应经常加油，保证移动或转动灵活。

4）检查安全钳拉杆和传动机构，应清洁润滑、运动灵活无卡阻现象，提拉力及提拉高度均应符合要求。

5）用塞尺检查安全钳楔块与导轨工作面间隙，使间隙一直保持在 2 ～ 3mm 内。

6）两侧安全钳的动作应同步，安全钳开关动作应迅速可靠。

6. 控制柜（屏）

1）在常规巡视和定期检查中通过仔细的直观检查后采取对策。

① 用软刷和电吹风机清除控制屏内外及其全部电器上所积聚的灰尘，经常保持清洁状态。

② 查明所有接线是否存在松弛、断路或短路，清除导线与接线端子之间存在的松动现象和与动触点连接的导线接头的断裂现象。

2）检查控制柜内所有的接触器、继电器。

① 排除接触器、继电器动作不灵活可靠的情况。

② 检查各触点是否有烧蚀情况，对烧蚀严重、接触面凹凸不平、产生较大噪声的触点可用细点锉刀精心修整（切忌用砂皮打磨）。修整触点外形时应做一块样板进行校正，使修整后的触点具有新触点同样的外形曲线，以保证使用的功能与寿命符合要求。

3）检查更换控制柜（屏）内的熔断器时，应仔细校核各熔体的额定电流，与回路电源额定电流应相符合。对电动机回路，熔丝的额定电流应为电动机额定电流的 2.5 ～ 3 倍。

4）检查控制柜（屏）内各导体之间及导体与地之间的绝缘电阻，必须大于 100Ω/V 且不得小于下列规定：

① 动力电路及电气安全装置电路为 0.5MΩ。

② 其他电路为 0.25MΩ。

电路电压在 25V 以下的除外。

③ 控制柜（屏）耐压检验除 25V 以下外，导电部分对地之间施以电路最高电压的 2 倍再加 1000V，历时 1min 后不能有击穿或闪烙现象。

7. 三相桥式整流器

1）注意所用熔体规格是否恰当，以保证整流器不发生超负荷或短路的情况。

2）整流器工作一定时间后，其输出功率将有所降低，这时只能提高变压器的二次电压来补偿。

3）整流器存放三个月以上，其自身的功率损耗可能增大，在投入使用前应先进行“成形试验”。可按以下步骤进行。

① 先加 50% 额定电压，历时 15min。

② 再加 75% 额定电压，历时 15min。

③ 最后加至 100% 额定电压。

8. 曳引钢丝绳及绳头组合

1）电梯曳引钢丝绳最少根数为两根，通常用 3 根以上，为此应定期检查各根曳引钢丝绳，所受拉力应保持一致，相互差值应在 5% 以内。

2）曳引钢丝绳表面应保持清洁，其芯部渗出的润滑油过多而在表面积聚并粘着粉尘等杂物时，应及时用沾有煤油或汽油的抹布抹干净（切忌用煤油冲洗，用刷子刷时只能沾些煤油，切勿使煤油渗入芯部而破坏其芯部原来浸渍时所含的钢丝绳绳芯油）。当钢丝绳使用日久而使绳芯含油耗尽时，钢丝绳表面会因干燥而出现锈斑，这时应及时用薄质机械油涂在其表面使油渗入麻芯以补充芯部含油量，然后抹干表面投入使用。

3）当钢丝绳严重磨损，其直径小于原直径 90% 或钢丝绳内各根单丝磨损超过原直径 40%，有一股断裂时，该钢丝绳应立即报废换新。曳引绳锈蚀严重，点蚀麻坑形成沟纹，外层钢丝绳松动，无论断丝数或绳径变细多少都必须更换。

4）钢丝绳绳头一般都采用绳头锥套、做花环结、浇铸巴氏合金的工艺方法，绳头的组合强度应不低于钢丝绳破断拉力的 80%。

5）钢丝绳受载后将发生弹性伸长，为此应经常检查电梯轿厢在上端站平层时，对重底部碰板到缓冲器顶部的缓冲越程是否符合规定（弹簧式缓冲器为 200 ～ 350mm；液压式缓冲器为 150 ～ 400mm）。如该越程不符合要求，可通过调节绳头锥套螺栓加以调整，若已超过调整范围，则必须割短钢丝绳重做绳头。进行该项工作时，必须使对重支承于底坑下对重缓冲器上所架起的垫木上，轿厢由悬挂在机房顶部吊钩上的手拉葫芦吊起，然后卸下曳引钢丝绳才能进行，要注意工作过程中的安全要求，务必做到要万无一失。

9. 选层器

1）检查选层器上所有传动机构的情况，做到清洁、润滑，转动灵活无卡阻。

2）检查传动钢带、传动链条的情况，如发现有断带、断链，或钢带链条与带轮、链轮啮合不良或松弛未拉紧等情况，应及时修复与消除。

3）检查选层器上动、静触点的接触可靠性及压紧力，将其调整到符合要求的状态。磨损较大不能修复的触点应及时换新。触点表面应保持清洁，烧蚀处应用细板锉精心修复。

4）检查所有部位螺栓的紧固情况，如有松动，应及时拧紧。

10. 极限开关

1）极限开关应动作灵活可靠，用手拉动其作用钢丝绳，应能正确地使开关断开，复位手柄应能使开关正确地复位接通。

2）结合井道检查，试验轿厢上的撞弓与极限开关打脱架动作可靠情况，必须保证在轿厢超越正常运行上下端站平层位置 50 ～ 200mm 时，撞弓使打脱架动作，切断极限开关。

3）每年按验收规范要求做一次越程检查，要求能达到上述 2）的要求。

11. 机房环境

1）机房应禁止无关人员进入，在检查维修人员离开时应锁门。

2）机房内平时应保持良好的通风，并注意机房的温度调节，使机房内的空气温度保持在 5 ～ 40℃。最湿月月平均最高相对湿度为 90% 时，该月月平均最高温度不高于 25℃，且注意机房的空气介质中无爆炸危险，无足以腐蚀金属和破坏绝缘的气体及导电尘埃，并要求供电电压波动不大于 ±7%。

3）机房内控制柜、屏与机械设备的距离应不小于 500mm，它们与墙壁的距离应不小于 600mm。

二、层站设备的检查与保养

1. 井道的护围

如果井道围墙是用铁丝网作屏蔽，应对所有层楼的屏蔽情况进行检查，特别要注意铁丝网的接头部分，应牢固地定位和紧固。

2. 召唤按钮

可通过依次召唤轿厢到每一个层站进行检查。试验时，可由检查者的助手在轿厢内配合驾驶电梯，并由该助手检查轿厢召唤指示器和位置指示器是否符合要求。

3. 层楼指示器

层楼指示器可结合召唤按钮检查时一并进行，要求指示与轿厢实际运行位置相吻合，如有差异，应查明原因，使之吻合。

4. 层门

1）检查各层层门的门轨道是否牢固和有足够的刚度，应定期清除门导轨上和门滑导中积聚的灰尘或油垢，并加注少量润滑油，使层门在开、关时轻快灵活无卡阻、无跳动、无噪声。

2）检查悬挂门的滑轮是否有磨损而导致门扇下垂，这可由测量门下沿与地坎的间隙来决定，如门扇下垂后与地坎间隙小于 1mm 时应更换门滑轮。

3）任何一层的层门未关好或门电锁触点未接通，电梯应无法起动运行。

4）当电梯轿厢不在某一层时，这一层的层门应无法在层站上用手拉开（紧急开锁除外）。

5）层门紧急开锁。

当层门上装有这种装置时，不管轿厢停在哪一层，检查人员为了检修和其他紧急情况的需要，都应能在层门外用专用钥匙打开层门。这个钥匙应由专人保管，以防止随便去开层门而导致人员下坠跌入井道底坑而发生伤害。

三、轿厢的检查与保养

1. 轿门层门门电锁

1）轿门平层时，轿门上的开门刀应能正确地插入层门上的钩子锁的两个滚轮之间，并随着轿门开启脱开钩子锁锁头与锁的啮合，断开电锁触点，使轿厢停止运行，轿门与层门同时被打开。

2）电锁电气触点与锁头的接合接触长度应大于 7mm。轿厢只能在锁紧元件啮合至少为 7mm 时才能起动。

2. 轿厢操纵盘

经常检查操纵盘上的各接触器触点、按钮、开关的接触和磨损情况，必要时进行修理、调整和更换。

3. 轿厢安全钳

当轿厢安全钳是由轿底卷绳筒带动时，应升起轿厢地板，对卷绳筒、安全绳及有关机构进行检查清洁和润滑。

4. 轿顶安全窗和轿厢侧面安全门

1）轿顶安全窗应只能向轿外打开，门上装有安全触点，当门打开时该电气触点断开，电梯不能再开动。因此，每次检修时应对安全窗上所装的设备和电气触点进行清洗和保养工作。

2）轿厢侧面安全门只能向轿内打开，门上也装有安全触点，当门打开时，该电气触点断开，电梯不能开动，应经常对电气触点进行保养和清洗。

5. 紧急报警装置

轿内可能装有铃、蜂鸣器或电话。

应试验这些报警装置，这些紧急呼救应能传到大楼的值班室或类似有人的地方，并应能及时有效地应答。

6. 照明装置

应检查照明装置是否可靠，照度应以确保地面与控制装置上至少有 50lx 的照度为符合要求。照明开关的动作也应满足要求。

7. 运行状态检查

使轿厢沿井道上、下运行，并观察其停止时的制动效果，制动距离不宜过长，以免轿厢平层停车时滑动过度而影响平层准确度。制动也不可太剧烈而引起轿厢的振动。同时应对加速度和减速度值进行测定，使起动加速度、制动减速度保持在国家规范允许的范围内。

四、轿顶的检查与保养

1. 进入轿顶

用轿厢按钮或紧急操作的方法将轿厢移动到轿顶与层楼为同一水平面的位置（底层除外），进入轿顶。这时轿厢内应派一名助手值班，然后用紧急开锁钥匙打开层门进入轿顶。

检查轿顶上面上横梁上的绳头板与绳头的结合是否牢固可靠（1 ∶ 1 电梯），或轿顶上横梁上反绳轮的支承和润滑情况，应清除一切杂物、灰尘和油垢。

2. 检查与修理自动开关门机

1）对整个自动开关门机做好清洁润滑工作。

2）检查开关门直流电动机电刷的磨损情况，更换严重磨损的电刷。

3）检查开关门机构的传动，应灵活可靠，并调整传动带的张力，如传动带有拉长情况，则可调节传动带轮的偏心轴和电动机底座螺栓，增加传动带传动中心距长度使之张紧。

4）检查开关门的摇机和铰轴，应转动灵活、润滑良好、动作可靠。

3. 限速器钢丝绳

1）直观检查限速器的轧绳装置和有关弹簧，应保持清洁、润滑不生锈。

2）在机房内由检查者的配合人员用手使限速器轧绳装置轧住限速器钢丝绳，该钢丝绳应能带动轿厢架上横梁一侧的限速绳拉手动作，去切断位于轿厢上横梁腹板上的安全钳开关，使曳引电动机和制动器失电停车。

3）在安全钳开关复位后，限速器轧绳装置应能释放限速器钢丝绳，使其在下次超速下行时才能动作。

4. 轿厢导靴与导轨的润滑与检查

1）检查导靴座与轿厢架定位是否牢固正确。

2）检查导靴与导轨的吻合情况。

① 当滑动导靴靴衬磨损超过 1mm 时，应及时更换。

② 对于弹簧式滑动导靴，应检查导靴对导轨的压紧力，当因靴衬磨损而呈现松弛状态时，应更换新的靴衬使之保持压紧，或调整弹簧使之压紧。但磨损过多的靴衬应及时更换。

3）滑动导靴应定期适量加润滑剂，如配有自动注油设备，则应检查自动注油机中的存油量是否足够，并调整其注油量，应适当不宜过多也不宜过少。

4）对滚轮式导靴、导轨表面不可加润滑剂。但应调整各个滚轮导靴的弹簧压力，使每组导靴的三个滚轮均匀地压在导轨工作面上。

5）滚轮的轴承应添加润滑剂，当滚轮脱圈、剥落及轴承损坏时，应及时更换。

6）应详细检查导轨连接板和导轨压导板螺栓的紧固情况，一般每隔一年应对全部压导板螺栓进行一次重复拧紧。

5. 反绳轮（轿顶轮）的检查与修理

可采用与导向轮相同的要求和方法进行。

6. 对重的检查与维修

1）对重导靴与导轨的检查维修，要求与轿厢导靴和导轨的要求相同。

2）检查对重定位铁是否将对重块压紧在对重架内。运行时应无碰撞声，当紧急制动、安全钳轧住导轨或对重撞底时，对重块应不会从对重架上掉下来。

3）检查对重架上钢丝绳绳头是否正常或反绳轮转动是否灵活和正常。其要求与轿厢绳头和反绳轮相同。

7. 检查慢车和停层开关的动作

1）当用分层开关时，是在轿厢架上装开关，在井道每层停站位置装碰撞装置。这些开关与碰撞装置的位置应确定和牢固，相互配合适当。其中慢车开关在停车前动作使曳引机转入慢车平层速度，然后停车开关碰到碰撞装置使曳引电动机与制动器失电而制动停车。

2）当采用干簧管感应器和平层板使电梯减速、平层和停车时，则应检查固定在轿厢架上的干簧管和固定在井道内的平层遮磁板相互的接合位置是否正确牢固，有无断线或接错线，以及干簧管内的触点能否按要求及时转换通断工况。

8. 检查上端站减速开关和极限开关

1）在轿顶用手推开上端站减速开关，应使电梯减速，减速开关与轿厢撞弓的位置应相互配合，保证撞弓能推动减速开关。

2）在轿顶用手断开上端站限位开关，应保证使电梯停车。轿厢撞弓与上端站限位开关应相互配合，保证每次接触时能使电梯停车。

9. 检查运行电梯

当电梯在井道中段有接线盒时，可在轿顶检查，不应有松开或断裂现象。并应检查导线，应不可与井道内任何东西相擦或相碰。

在轿顶上作检查时应特别注意安全，集中精力站稳站好，绝不可站在骑跨处工作。工作时，应切断轿顶上的安全开关，使轿厢无法运行，只能在轿顶检修人员认为需要升降轿厢时，才能由其发出指令，接通检修开关使轿厢运行。

五、轿底及底坑设备的检查与保养

1. 进入底坑

应先打开底坑内的低压照明，然后按动底坑停车开关，切断电梯回路，使轿厢不能运行。

2. 下端站减速开关与限位开关

按与上端站相同的方法进行。

3. 轿底导靴

由检查人员站在底坑内，按与轿顶导靴相同的要求进行检查与维修。

4. 运行电缆

电缆的最低部分和其与轿厢固定的部位应经常检查，轿厢压缩缓冲器后，电缆不得与底坑地面和轿厢底边框接触。

5. 轿厢安全钳

1）瞬时式安全钳的钳头或楔块在轿厢正式运行时应脱离导轨，相互间无任何接触。

2）用手使限速器动作（空载轿厢向下运行时）应能轧住限速绳，断开安全钳开关。当继续将限速绳向上拉时，可通过轿厢侧的限速绳使安全钳拉杆动作，最后使安全钳楔块或钳头能被两侧杠杆同时拉起，轧住导轨。

3）当使用渐进式安全钳时，除以上要求外，应注意在制停轿厢时安全钳在导轨上的滑行距离应符合规范规定。

6. 轿厢与对重的缓冲器

1）对于弹簧式缓冲器，应检查其定位螺栓是否紧固、位置是否正确，其顶面应保持水平，并与轿厢或对重底部的碰板对准，弹簧应无变形和生锈，表面应涂油漆保护。当轿厢在上端站平层位置时，对重底部碰板与其缓冲器顶面的垂直距离应保持在 200 ～ 350mm，否则，就应通过调节绳头螺栓直至重做绳头来保持这个距离。

2）对于液压式缓冲器，应使其外露的柱塞部分保持清洁，涂抹防锈油脂加以保护。还应保证油缸中液压油的油量不能低于油位线，一般应每季添加一次规定品种的液压油。并应定期检查液压缓冲器的复位功能，应反应灵敏和正常。如液压式缓冲器未复位，电梯轿厢应无法运行。当轿厢在上端站平层位置时，对重底部碰板与其缓冲器顶面的垂直距离应保持在 150 ～ 400mm，否则应通过调节绳头螺栓直至重做绳头来保持这个距离。

7. 限速器钢丝绳张紧装置

限速器钢丝绳张紧装置的滑轮架应能自由滑动在其轨道上，应注意对其运动部分做清洁润滑工作。当限速器钢丝绳断裂或松弛时，断绳保护开关应切断控制电路，使电梯停止运行或无法起动。

8. 机械选层器钢带张紧装置的断带保护装置

检查维修要求与限速器钢丝绳相同。

9. 补偿链或补偿钢丝绳的检查

1）补偿链应用消音绳包扎，以消除其运行时的噪声，应检查这方面的情况。

2）补偿绳常用张紧轮加配重张紧，应对张紧装置的运动部分加以清洁与润滑，使其能在轨道上滑行，遇有断绳情况时应能使断绳开关及时断开，使电梯停止运转。

六、电梯常规保养项目与要求

1）电梯进行维护保养必须遵守电梯维护保养安全操作规程。电梯的维护保养分为日常性的维护保养和专业性的维护保养。

① 日常性的维护保养工作由具有质量技术监督部门认可的、具有相应资格证的人员承担，专业性的维护保养应与有电梯维护保养资格的专业保养单位签订维护保养合同。

② 电梯每次进行维护保养都必须有相应的记录，电梯安全管理人员必须向电梯专业维护保养单位索要当次维护保养的记录，并进行存档保管，作为电梯档案的内容。

③ 日常性维护保养记录由本单位电梯作业人员填写，每月底将记录内容报送电梯安全管理人员保管、存档。

④ 电梯日常性的维护保养内容应按照电梯产品随机文件中维护保养说明书的要求进行，专业性维护保养按照签订合同的内容、周期进行。

⑤ 电梯重大项目的修理应由经资格认可的维修单位承担，并按规定向质量技术部门的特种设备安全监察机构备案后方可实施。

⑥ 电梯安全管理人员对在电梯日常检查和维护中发现的事故隐患应及时组织有关人员或外委有关单位进行处理，存在事故隐患的电梯严禁投入使用。

2）电梯日常管理人员应监督电梯作业人员做好各种记录，及时将各种记录移送档案部门保管，见表 7-1。

表 7-1　电梯年度保养项目内容及要求

序号	内容及要求	是 / 否
1	电梯全面清洁	
2	机房照明设备齐全，有足够照度	
3	电动机在运行时应平稳、无振动	
4	轿厢称重装置有效、准确	
5	上下极限开关、限位开关、强迫换速开关应工作正常有效	
6	井道、底坑照明齐全	
7	消防联动功能试验	
8	曳引机运行时不得有杂声、冲击和振动	
9	曳引轮轮槽无变形，磨损不超标，轮槽无油污	
10	导向轮轴承无异常	
11	上行超速保护装置的接触器触点应清洁、无烧蚀	
12	上行超速保护装置的机械装置应动作灵活可靠	
13	缓冲器复位性能试验	
14	对重距缓冲器距离合适	
15	制动器清理	
16	制动器动作应可靠，保持有足够的制动力	
17	制动器各销轴部位应润滑灵活	
18	制动衬磨损不应大于原厚度的 1/3	
19	制动器打开时，闸瓦与制动轮不应发生摩擦	
20	限速器销轴部位润滑转动灵活	
21	限速器轮槽清洁无油污	
22	限速器绳清洁无油污	
23	限速器夹绳钳口无磨损，应有足够夹持力	
24	控制柜内各元器件应整洁	
25	控制柜内各仪表指示（显示）正确，各接线应紧固	
26	控制柜接线整齐，线号齐全清晰	
27	动力电路绝缘性能测试	
28	其他电路绝缘性能测试	
29	接地电阻性能测试	
30	耗能缓冲器内油量适宜，柱塞无锈蚀	
31	选层器动、静触点应清洁、无烧蚀	
32	警铃、通信系统应可靠有效	
33	轿厢照明应齐全，风扇工作应正常	
34	轿厢内应急照明应能正常工作	
35	轿厢内按钮应齐全有效	

（续）

序号	内容及要求	是 / 否
36	轿厢内显示应正确	
37	外呼按钮应齐全有效	
38	外呼显示应齐全正确	
39	层站消防开关正常、有效	
40	平层精度应达到标准要求	
41	层门、轿门润滑良好	
42	层门、轿门门头、地坎及各固定部位无松动，间隙尺寸无变化	
43	轿门开关门终端位置开关工作正常	
44	开门机构清洁、润滑	
45	缓冲器固定无松动	
46	自动门在开启和关闭时应平稳无振动，换速准确	
47	自动门防夹保护装置功能正常	
48	层门自闭功能正常，用层门钥匙开锁释放后能自动复位	
49	门锁触点应清洁，接触良好	
50	层门锁紧元件啮合长度不小于 7mm	
51	轿顶应清洁，检修功能正常	
52	导靴油杯吸油毛毡齐全，油量适宜，保证油质	
53	靴衬、滚轮无变形、脱落	
54	曳引绳磨损、断丝未超标，无油污	
55	限速绳磨损、断丝未超标，无油污	
56	补偿绳磨损、断丝未超标，无油污	
57	曳引绳张力均匀	
58	曳引绳绳头组合螺母无松动	
59	补偿链（绳）与轿厢、对重连接处固定无松动	
60	检查随行电缆，应无损伤	
61	检查上下限位、极限开关	
62	导轨支架固定无松动	
63	安全钳传动机构应灵活	
64	安全钳钳座固定无松动	
65	安全钳楔块与导轨间隙均匀，动作一致	
66	检修速度下行安全钳功能试验	

使用单位电梯安全管理人员确认（签字）		日期	

注：经清洁、检查、润滑、调整、更换零部件等保养工作后功能正常的项目，在是 / 否一栏内划“√”；有不正常项目但不影响正常安全使用而要求另外安排处理的划“×”；无此项划“/”，有数据要求的填写实测数据。

任务实施

7.4 实训：电梯安装维修实训安全

任务实施目的

1. 掌握电梯安装的操作规程。
2. 熟悉施工现场安全管理模式。
3. 掌握安全色与安全标志。
4. 掌握电梯轿顶的检查周期及保养方法。
5. 了解常见安全知识问答。

任务实施设备

该课程主要通过全方位透明井道结构电梯教学平台进行任务实施，如图 7-31 和图 7-32 所示。

任务实施步骤

1. 电梯安装的操作规程

（1）总则

1）电梯安装工必须经过技术培训和安全操作培训，经过有关部门考核合格，持有岗位资格证，方可上岗操作。

2）电梯工必须熟悉和掌握电梯、起重、电工、钳工等理论知识和实际操作技术，熟悉高空作业防火和电焊、气焊的安全知识，熟悉电梯安装工艺的要求。

图 7-31　全方位透明井道高仿真电梯

图 7-32　仿真电梯 · 四层教学培训考核多功能电梯轿顶装置

3）非电梯工严禁操作电梯，不得单独进行电梯的维修保养、更新改造、安装操作。

4）对违反规程的人，根据其违反规程的性质及后果追究其经济上、行政上直至法律上的责任。

（2）基本规程

1）电梯工接到任务单，必须同有关人员到现场，根据施工要求和实际情况采取切实可行的安全措施后，方可进入工地施工。

2）施工场地必须保持清洁和畅通，材料必须堆放整齐、稳固，以防倒塌伤人。

3）操作时，必须正确使用个人劳动防护用品，严禁穿汗衫、短裤、宽大笨重的衣服和硬底鞋进行操作。集中备用的防护用品，必须做到专人保管、定期检查，使之保持完好状态。

4）安装电梯层门前，必须在层门上设置安全护栏，并挂有醒目的标志，在未放置障碍物之前必须有专人看管。

5）进出轿厢、轿顶必须思想集中，看清轿厢的具体位置，方可用正确的方法进出，轿厢未停妥不准外出，严禁电梯层门一打开就进去，以防踏空下坠。

6）在运转的绳轮两旁清洗钢丝绳，必须用长柄刷帚操作，清洗时必须在慢车速度下进行，并注意电梯的运行方向，清洗对重方向的钢丝绳时应开上升车，清洗轿厢方向的钢丝绳时应开下降车。

7）安装曳引机组、轿厢、对重、导轨，或调换钢丝绳时，必须由工地负责人统一指挥，使用安全可靠的设备工具，做好人员力量的配备，严禁冒险违章操作。

8）在施工中严禁站在电梯内外门的骑跨处进行操作或触动按钮或手柄开关，以防轿厢移动发生意外。

骑跨处是指电梯的移动部位与静止部位之间。如轿门地坎和层门地坎之间、分隔井道用的工字钢（槽钢）和轿顶之间等。

9）电梯在调试过程中必须由专业人员统一指挥，严禁载客。

10）施工过程中如需离开轿厢必须切断电源，关上内外门并挂上“禁止使用”的警告牌，以防他人开用电梯。

（3）安全用电规程

1）电梯工必须严格遵守电工安全操作规程。

2）进入机房检修时必须先切断电源，并挂有“有人工作，切勿合闸”的警告牌。

3）在清理发电机、换向器的控制开关时，不得用金属工具去清理，应用绝缘工具进行操作，手持式电动工具应符合安全规定。

4）施工中如需用临时线操作电梯时必须做到：

① 所使用的装置应有急停开关。

② 所设置的临时控制线应保持完好，不能有接头，并能承受足够的拉力和具有足够的长度。

③ 使用过程中应注意盘放整齐，不得用铁钉或铁丝轧住临时线，并避开锐利的物体边缘，以防损伤临时线。

④ 用临时线操纵轿厢上下运行，必须注意安全。

⑤ 不允许短接电梯安全保护电路及门锁电路。

（4）井道作业规程

1）施工时必须戴好安全帽，登高作业应系好安全带，工具要放在扣紧的工具袋内，大工具要用保险绳扎好，妥善放置。

2）搭设脚手架必须做到：

① 由具有相关资质的单位来承接搭设任务。

② 单位领导和施工人员应详细向搭建单位交待安全要求，搭建完工后，必须做好验收工作，不符合安全要求的脚手架严禁施工。

③ 脚手架如需增加跳板，必须用 18 号以上的铁丝扎牢跳板两头，严禁使用变质、强度不够的材料做跳板。

④ 在施工过程中，施工者应经常检查脚手架的使用情况，发现隐患之处，应立即停工采取有效措施，确保安全后再施工。

⑤ 拆卸脚手架时，必须由上而下，如需拆除部分脚手架，待拆除后，对现存脚手架必须进行加固，确保安全后方可再施工。

3）安装轨道及龙门架等劳动强度大的工作，必须配备好人力，由专人负责统一指挥，做好安全防护措施。

4）井道作业施工人员必须上下呼应，密切配合，井道内必须用 36V 的低压照明行灯，并有足够的亮度。

5）在底坑作业时，轿厢内应有专人看管，并切断轿厢内电源，拉开内外门。

6）在轿顶上进行维修、保养、调试时，必须做到：

① 轿厢内一定要有检修人员或具有熟悉操作的电梯司机配合，并听从轿顶上检修人员的指挥。检修人员要思想集中，密切注意周围环境的变化，下达正确的口令。当轿厢司机离开岗位时必须切断电源，关闭内外门，并挂好“有人工作，禁止使用”的警告牌。

② 应尽量使用轿顶检修操纵箱的控制按钮，轿厢内人员必须思想集中，注意配合。

③ 电梯即将到达最高层时要注意观察，随时准备采取紧急措施。在给轨道加油时，必须注意左右电梯的上下运行情况，严禁将身体和手脚伸到正在运行的电梯井道内。

7）在电梯工安装设备、金属结构过程中，必须严格遵守机修工和钳工的安全操作规程。

8）使用梯子等常用工具设备时，必须严格遵守常用工具设备的安全操作规程。

（5）吊装作业规程

1）使用吊装工具设备，必须仔细检查，确认完好方可使用。在吊装前必须充分估计重量，选用相应的吊装工具设备。

2）正确选择挂链条葫芦的位置，使其能承受吊装足够负载的强度。施工人员必须站在安全位置进行操作，使用链条葫芦时，如拉不动则不能硬拉，必须查明原因，采取措施，确保安全后方可进行操作。

3）井道和场地吊装区域下面及底坑内不得有人操作和行走。

4）起吊轿厢时，应用相应的保险钢丝绳将起吊后的轿厢进行保险，确认无危险后，方可回松链条葫芦，在起吊有补偿绳及衬轮的轿厢时，应注意不能超过补偿绳和衬轮的允许高度。

5）钢丝绳轧头只准将两根同规格的钢丝绳轧在一起，严禁轧三根或不同规格的钢丝绳，绳轧头规格必须与钢丝绳相符，轧头方向和间距应符合安全要求。

6）吊装机器，应使机器底座处于水平位置平稳起吊。抬、扛重物应注意用力方向及用力的一致性，防止滑杠脱手伤人。

7）顶撑对重应选用大口径铁管或大规格木材，变质材料严禁使用，操作时支撑要垫稳，不能歪斜，做好保险措施。

8）放置对重块，应用链条葫芦等设备吊装。在人力搬装时，应由二人共同配合，防止对重块坠落伤人。

9）拆除旧电梯时，严禁先拆限速器、安全钳，有条件的应搭脚手架，如无脚手架，必须落实可靠的安全措施后方可拆卸，并注意相互配合。

10）电梯工在吊装起重设备和材料时，必须严格遵守高空作业和起重工安全操作规程。

（6）防火措施规程

1）各种易燃物品必须贯彻用多少领多少的原则，当天用剩的易燃物品必须妥善保管在安全的地方，油回丝不能随便乱抛。

2）施工中凡需动明火，必须通知使用单位。重点单位应通知厂保卫科、安全部门及市消防机关。施工前做好防火措施，施工过程中必须由使用单位专人值班。每班明火作业后，应仔细检查现场，消除火苗隐患。

3）焊接、切割必须严格遵守电焊工安全操作规程，使用喷灯必须严格遵守喷灯的安全操作规程。

2. 施工现场安全管理模式

针对作业现场的安全管理提出了十条安全管理模式，其主要内容如下。

1）牢牢树立“安全第一”的思想，安全生产要放在各项工作的第一位，关注安全，就是关爱生命、关怀家人、关心公司。

2）切实纠正两个不安全情况：一是纠正人员的不安全行为，二是纠正设备的不安全状态。每天的班前会，班组长和安全员应关注每个班组成员的身心健康，保证每个人都以充沛的体力和振奋的精神投入工作。要检查劳保用品穿戴和设备准备情况，纠正、整改其不安全状态。

3）用好“安全三宝”。安全帽，按规定进入危险场所，必须戴好符合安全标准的安全帽。安全带，凡在 2m 以上悬空作业的人员，必须佩带合格的安全带。安全网，凡无外架作业点，必须在离地 4m 高处搭设固定的安全平网。

4）做好“四口防护”。“四口”即楼梯口、电梯口、预留洞口和出入口。“四口防护”的方法有设置围栏、盖板、防护棚等。

5）加强“五临边”措施。“五临边”即指未安装栏杆的阳台周边，无外架防护的屋面周边，框架工程楼层周边，上下通道、斜道的两侧边，卸料平台的外侧边。对其加强防护措施，防止人员坠落或物件坠落伤人。

6）注重“六大环境因素”。水的消耗；电的消耗；固体废弃物处理；夜间光污染；施工噪声排放；施工粉类排放。

7）控制“七个重要危险源”。分别是高空坠落；物体打击；倒塌；机械伤害；接触有害物；触电；火灾。

8）进行八个安全检查。查领导；查思想；查制度；查管理；查隐患；查控制；查教育；查纪律。

9）做到“九个不”。三个不违：不违章指挥，不违章作业，不违反劳动纪律；三不伤害：不伤害自己，不伤害他人，不被他人伤害；三不准：不准无证上岗，不准私自动火，不准运行带病电梯。

10）达到一个 0。达到重大人身、火灾、生产责任事故为零的安全管理目标。

3. 安全色

颜色是一种形象语言，有其特定的意义，不同的颜色给人以不同的感受，人们常用颜色表达感情。安全色就是传递安全信息含义的颜色。红色视为禁止、停止、危险及消防设备的意思，凡是禁止、停止、消防和有危险的器件或环境均应涂以红色的标记作为警示的信号。蓝色表示指令，要求人们必须遵守的规定。黄色表示提醒人们注意，凡是警告人们注意的器件设备及环境都应以黄色表示。绿色表示给人们提供允许、安全的信息。

我国电梯标准中对安全色使用的规定如下。

1）紧急停止开关蘑菇钮应为红色。

2）报警开关钮应为黄色。

3）盘车手轮涂以黄色，开闸扳手应涂以红色。

4）限速器整定部位的封漆应为红色。

5）机房吊装用吊钩应用红色数字标示出其最大载荷量。

6）限速器动作方向、曳引轮旋转方向箭头标志应为红色。

7）限速轮和曳引轮应涂以黄色，至少其边缘应涂以黄色，以警示切勿触及。

8）超载信号闪烁灯应为红色。

9）对于轿厢运行方向指示灯颜色，国标中未严格规定，但许多生产厂家采用绿色箭头灯显示运行方向，以示安全运行。

10）电梯电气线路所采用颜色依据电气供电系统有关规定：L1（A 相）——黄色、L2（B 相）——绿色、L3（C 相）——红色、P（工作中性线）——黑色、PE（保护中性线）——绿－黄双色。

4. 安全标志

电梯的安全标志可分为说明类标志、提示类标志、指令类标志、警告类标志和禁止类标志。

1）说明类标志主要指电梯设备铭牌，这些铭牌由设备生产厂家提供并固定在适当的位置，铭牌应清晰、字迹应清楚、固定应牢固。

2）提示类标志主要用数字、文字、图形符号来提醒人们注意，以防止发生事故。这类标志的基本形式是正方形边框，图形符号为白色，衬底为绿色，如图 7-33 所示。

a) 紧急出口　　b) 电话　　c) 入口

图 7-33　提示类标志

3）指令类标志是强制人们必须做到某种动作或采用防范措施的图形标志。其基本形式是圆形边框，图形符号为白色，衬底为蓝色，如图 7-34 所示。

a) 必须戴防护眼镜　　b) 必须戴安全帽　　c) 必须戴防护手套

d) 必须穿防护鞋　　e) 必须系安全带　　f) 必须戴防尘口罩

图 7-34　指令类标志

4）警告类标志是提醒人们对周围环境引起注意，以避免可能发生危险的图形标志。其基本形式是正三角形边框，三角形边框及图形为黑色，衬底为黄色。在警告标志旁边往往还附有警告语言，如图 7-35 所示。

a) 注意安全　b) 当心火灾　c) 当心触电　d) 当心电缆

e) 当心机械伤人　f) 当心伤手　g) 当心扎脚　h) 当心吊物

i) 当心坠落　j) 当心落物　k) 当心坑洞　l) 当心塌方

m) 当心滑跌　n) 当心绊倒　o) 当心车辆　p) 当心冒顶

图 7-35　警告类标志

5）禁止类标志是禁止人们不安全行为的图形标志。其基本形式为带斜杠的圆形框，圆环和斜杠为红色，图形符号为黑色，衬底为白色，如图 7-36 所示。

知识拓展　电梯应急救援预案

为了保障电梯乘客在乘梯出现紧急情况时能够得到及时解救，帮助人们应对电梯紧急情况，避免因恐慌、非理性操作而导致伤亡事故，最大限度地保障乘客的人身安全以及设备安全，特制定如下电梯应急救援预案和应急处理措施，供电梯使用单位参考，各单位根据本单位实际情况进行修改。

一、电梯的应急管理

1）电梯使用管理单位应当根据《特种设备安全监察条例》及其他相关规定，加强对电梯运行的安全管理。

2）电梯使用管理单位应当根据本单位的实际情况配备电梯管理人员，落实每台电梯的责任人，配置必备的专业救助工具及 24h 不间断的通信设备。

图 7-36　禁止类标志

3）电梯使用管理单位应当制定电梯事故应急措施和救援预案。

4）电梯使用管理单位应当与电梯维修保养单位签定维修保养合同，明确电梯维修保养单位的责任。

5）电梯发生异常情况时，电梯使用管理单位应当立即通知电梯维修保养单位，同时由本单位专业人员实施力所能及的处理。

6）电梯使用管理单位应当每年进行至少一次电梯应急预案的演练，并通过在电梯轿厢内张贴宣传品和标明注意事项等方式，宣传电梯安全使用和应对紧急情况的常识。

二、电梯使用管理单位接报电梯紧急情况的处理程序

1）值班人员发现所管理的电梯发生紧急情况或接到求助信号后，应当立即通知本单位专业人员（持证）到现场进行处理，同时通知电梯维保单位。

2）值班人员应用电梯配置的通信设备或其他可行的方式详细告知电梯轿厢内被困人员应注意的事项。

3）值班人员应当了解电梯轿厢所停的位置、被困人数、是否有病人或其他危险因素等情况，如有紧急情况，应当立即向有关部门和单位报告。

4）电梯使用管理单位的专业人员（持证）到达现场后可先行实施救援程序，如自行救助有困难，应当配合电梯维保单位或电梯救援中心实施救援。

三、电梯应急救援

（一）电梯困人应急救援预案

1）乘客在遇到电梯紧急情况时，应当采取以下求救和自我保护措施。

① 通过警铃、对讲系统、移动电话或电梯轿厢内的提示方式进行求救。

② 与电梯轿厢门保持一定距离，以防轿厢门突然打开。

③ 在救援人员到达现场前不得撬砸电梯轿厢门或攀爬安全窗，不得将身体任何部位伸出电梯轿厢外。

④ 保持镇静，可抱头屈膝，以减轻电梯急停时对人体造成的伤害。

2）到达现场的救援专业人员应当先判别电梯轿厢所处的位置再实施救援。

① 当电梯轿厢高于或低于平层位置 0.5m 以上时，执行如下救援程序：

a）至少需要 3 名专业人员（持证）迅速赶往机房。

b）关闭电梯总电源（应保留照明电源），然后根据平层图的标示判断电梯轿厢所处楼层。

c）由一人安装盘车手轮，确认安装完毕后，由两人握持盘车手轮，一人用松闸扳手缓慢松闸，根据轿厢所在位置用盘车手轮将轿厢移至就近楼层平层位置，松开松闸扳手。

d）用层门开锁钥匙打开电梯层门、轿门。

e）疏导乘客离开轿厢，防止乘客因恐慌引发的骚乱。

f）重新关好电梯层门、轿门。

g）在电梯没有排除故障前，应在各层门处设置禁用电梯的指示牌。

② 当电梯轿厢高于或低于平层位置 0.5m 以内时，执行如下救援程序：

a）关闭电梯总电源（应保留照明电源）。

b）用层门开锁钥匙打开电梯层门、轿门。

c）疏导乘客离开轿厢，防止乘客因恐慌引发的骚乱。

d）重新关好电梯层门、轿门。

e）在电梯没有排除故障前，应在各层门处设置禁用电梯的指示牌。

（二）发生火灾时的电梯应急运行措施

1）立即向消防部门报警。

2）由专业人员（持证）按下电梯的消防按钮（电梯有消防功能），使电梯进入消防运行状态，以供消防人员使用；对于无消防功能的电梯，应立即将电梯直驶至首层并切断电源或将电梯停于火灾尚未蔓延的楼层。在乘客离开电梯轿厢后，将电梯置于停止运行状态，用手关闭电梯轿厢层门、轿门，切断电梯总电源（包括照明电源）。

3）井道内或电梯轿厢发生火灾时，立即停止运行，疏导乘客安全撤离，切断电源，用灭火器进行灭火。

4）有共用井道的电梯发生火灾时，应当立即将其余尚未发生火灾的电梯停于远离火灾区，或交给消防人员使用。

5）相邻建筑物发生火灾时，应当立即停止运行电梯，以避免因火灾停电造成的困人事故。

（三）发生地震时的电梯应急运行措施

1）已发布地震预报的，应根据地方政府发布的紧急处理措施决定是否停用电梯以及何时停用。

2）震前没有发生临震预报而突发地震的，如强度较大，在电梯内有震感时，应立即停止运行，疏导乘客安全撤离。

3）地震后应当由专业人员（持证）对电梯进行检查和调试运行，正常后方可恢复使用。

（四）发生湿水时，在对建筑设施及时采取堵漏措施的同时，还应采取的电梯应急运行措施

1）当楼层发生水淹没而使井道或底坑进水时，应当将电梯轿厢停于进水层的上两层，切断总电源。

2）如机房进水较多，则应立即停止运行，切断进入机房的所有电源，并及时处理漏水的情况。

3）对已经湿水的电梯，要及时进行除水除湿处理，在确认已经处理后，经试运行无异常方可恢复使用。

4）电梯恢复使用后，要详细填写湿水检查报告，对湿水原因、处理方法、防范措施等纪录清楚并存档。

（五）电梯使用管理单位的事故善后处理工作

1）如有乘客重伤，应当按事故报告程序进行紧急事故报告。

2）向乘客了解事故发生的经过，会同事故调查部门调查电梯故障原因，协助做好相关的取证工作。

3）如属电梯故障所致，应当督促电梯维保单位尽快检查并修复。

4）及时向相关部门提交事故情况汇报资料。

附录

代码表

附表 1　代码分配

	电梯				自动扶梯和自动人行道			
	表编号	已用[①]	保留[②]	可选[③]	表编号	已用[①]	保留[②]	可选[③]
故障	附表 2	00 ～ 08	09 ～ 24	25 ～ 39	附表 5	60 ～ 65	66 ～ 69	70 ～ 74
报警	附表 4	90	91 ～ 94	95 ～ 99	—	—	—	—
事件	附表 3	40 ～ 47	48 ～ 54	55 ～ 59	附表 6	75 ～ 76	77 ～ 84	85 ～ 89

① 附表 2 ～附表 6 中指定的代码。
② 保留用于以后增加的代码。
③ 已用代码和保留代码以外的可供自由使用的代码。

附表 2　电梯故障代码

代码	故障	说明
00	电梯无故障	电梯由故障状态进入正常状态
01	电梯运行时安全回路断路	轿厢运行时安全回路中任何安全装置动作
02	关门故障	同样的故障只上报一次，直至关门到位后消除
03	开门故障	同样的故障只上报一次，直至开门到位后消除
04	轿厢在开锁区域外停止	轿厢意外制停在门区以外的位置
05	轿厢意外移动	在开锁区域内且开门状态下，轿厢无指令离开层站的移动，不包含装卸操作引起的移动
06	电动机运转时间限制器动作	动作时间见 GB7588—2003 的 12.10 和 GB21240—2007 的 12.12
07	楼层位置丢失	控制系统丢失电梯位置信息后执行复位运行
08	其他阻止电梯再起动故障	其他上面未述及的防止电梯起动运行的故障

附表 3　电梯事件代码

代码	事件	说明
40	电梯恢复自动运行模式	电梯由其他模式进入自动运行模式
41	主电源断电	电梯无电输入
42	进入停止服务	符合 GB 7588—2003 和 GB 21240—2007 中 14.2.2 的停止装置被触发后的电梯状态

（续）

代码	事件	说明
43	进入检修运行模式	电梯进入 GB 7588—2003 和 GB 21240—2007 中 14.2.1.3 的检修运行控制模式
44	进入消防返回模式	符合 GB/T 24479—2009 中 3.6 或 3.11 的火灾报警系统被被触发后电梯返回指定层的模式
45	进入消防员运行模式	符合 GB 26465—2011 中 5.7 的消防（员）电梯开关被触发，并在消防员控制下的运行模式
46	进入应急电源运行	主电源断电后，电梯自动切换到应急电源运行并就近平层开门放人
47	进入地震运行模式	地震传感器被触发后的运行模式

附表 4　电梯报警代码

代码	报警	说明
90	报警按钮动作	对 GB7588—2003 和 GB 21240—2007 中 14.2.3 规定的紧急报警装置操作的监视

附表 5　自动扶梯和自动人行道故障代码

代码	故障	说明
60	无故障	由故障状态进入正常状态
61	安全回路断路	运行过程中安全回路中任何安全装置动作
62	超速保护	GB 16899—2011 中 5.4.2.3.1 定义的装置动作
63	非操纵逆转保护	GB 16899—2011 中 5.4.2.3.2 定义的装置动作
64	梯级或踏板的缺失保护	GB 16899—2011 中 5.3.6 定义的装置动作
65	其他阻止自动扶梯和自动人行道再起动的故障	其他上面未述及的阻止自动扶梯和自动人行道起动运行的故障

附表 6　自动扶梯和自动人行道事件代码

代码	事件	说明
75	恢复自动运行模式	由其他模式进入自动运行模式
76	进入检修运行模式	GB 16899—2011 中 5.12.2.5 定义的检修开关被激活后的运行模式

参考文献

[1] 陈家盛 . 电梯结构原理及安装维修 [M]. 北京：机械工业出版社，2014.

[2] 张元培，等 . 电梯与自动扶梯的安装维修 [M]. 北京：中国电力出版社，2006.

[3] 刘勇，于磊 . 电梯技术 [M]. 北京：北京理工大学出版社，2014.

[4] 李秧耕，何乔治，何峰峰 . 电梯基本原理及安装维修全书 [M]. 北京：机械工业出版社，2005.

[5] 常晓玲 . 电器控制系统与可编程控制器 [M].3 版 . 北京：机械工业出版社，2021.

[6] 王宝强，杨春帆，姜雪松 . 最新电梯原理使用与维护 [M]. 北京：机械工业出版社，2006.

[7] 张琪，现代电梯构造与使用 [M]. 北京：清华大学出版社，2004.

[8] 张琦 . 现代电梯构造与使用 [M]. 北京：清华大学出版社，北京交通大学出版社，2004.

[9] 覃贵礼 . 组态软件控制技术 [M]. 北京：北京理工大学出版社，2007.

[10] 张杰，等 . 现代电梯控制技术 [M]. 哈尔滨：哈尔滨工业大学出版社，2005.